绿色发展视角下
中国油气能源
效率变动及优化对策研究

LÜSE FAZHAN SHIJIAO XIA ZHONGGUO YOUQI NENGYUAN
XIAOLÜ BIANDONG JI YOUHUA DUICE YANJIU

曾勇 张淑英 李德山 秦章晋 ◎ 著

四川大学出版社

项目策划：梁　平
责任编辑：杨　果
责任校对：孙滨蓉
封面设计：璞信文化
责任印制：王　炜

图书在版编目（CIP）数据

绿色发展视角下中国油气能源效率变动及优化对策研究 / 曾勇等著. — 成都 : 四川大学出版社, 2020.4
ISBN 978-7-5690-3355-7

Ⅰ. ①绿… Ⅱ. ①曾… Ⅲ. ①油气资源—能源综合利用—研究—中国 Ⅳ. ①TE09

中国版本图书馆CIP数据核字(2020)第011158号

书名　绿色发展视角下中国油气能源效率变动及优化对策研究

著　者	曾　勇　张淑英　李德山　秦章晋
出　版	四川大学出版社
地　址	成都市一环路南一段24号（610065）
发　行	四川大学出版社
书　号	ISBN 978-7-5690-3355-7
印前制作	四川胜翔数码印务设计有限公司
印　刷	郫县犀浦印刷厂
成品尺寸	170mm×240mm
印　张	14.75
字　数	282千字
版　次	2020年4月第1版
印　次	2020年4月第1次印刷
定　价	68.00元

◆ 读者邮购本书，请与本社发行科联系。
电话：(028)85408408/(028)85401670/
(028)86408023　邮政编码：610065
◆ 本社图书如有印装质量问题，请寄回出版社调换。
◆ 网址：http://press.scu.edu.cn

四川大学出版社
微信公众号

序

我国已经开启全面建设社会主义现代化强国新征程，经济转向高质量发展阶段。目前的核心问题就是建设现代化经济体系，推动经济发展质量变革、效率变革、动力变革，提高全要素生产效率、消费效率。

20 世纪末期，油气资源超越煤炭成为世界范围内的主要能源。同时，连续多次石油危机为各国能源发展敲响了警钟，以美、英、日、俄等为首的国家逐步将“节能增效”纳入政策制定范畴。世界一次能源、天然气、石油的单位 GDP 消耗量由 1991 年的 3.4011、1.1713、0.6380 万吨标准煤/亿美元，分别降至 2017 年的 2.4104、0.7974、0.5630 万吨标准煤/亿美元。由此，世界范围内油气能源效率持续提升。21 世纪，在煤炭工业逐步淘汰的过程中，石油发展进入稳定期，天然气迈入鼎盛期，油气能源在我国全国范围内的作用持续增强。截至 2018 年底，我国煤炭占比同比增长 1.4 个百分点，比重约 59%，油气占比分别为 20.03%、7.52%；单位 GDP 石油、天然气能源消耗也由 1991 年的 0.8209、0.096 万吨标准煤/亿美元降至 2016 年的 0.1084、0.0363 万吨标准煤/亿美元。至此，中国油气能源效率水平持续提升。

现阶段，中国是世界上最大的能源消费国，同时已经成为全球第一大油气进口国，油气能源安全风险持续上升。一方面，中国石油产量 2016 年、2017 年连续下降，消费量持续增长，致使 2017 年、2018 年石油对外依存度达到历史最高值，分别上升至 68%、72%。另一方面，虽然 2017 年、2018 年天然气产量分别增长 8.5%、8.3%，但是，2017 年中国天然气消费增长 15%，占全球天然气消费净增长的 32.6%；2018 年中国天然气消费增长 18%，占全球天然气消费净增长的 22%，导致中国天然气对外依存度 2018 年上升为 43%。[①]可见，提高中国油气能源全要素能源效率时间紧迫，意义重大。

西方经济学的能源替代理论指出：资本、劳动、能源三者间存在相互替代性，在一国经济发展的不同阶段，可根据其实际情况，调整对各要素需求的侧重点。目前，煤炭带来的环境负效应凸显，油气资源价格水平较高、波幅较大。为更好地适应我国经济发展，需要从降低能源要素着手，增强节能科技研

① 数据来源：《BP 世界能源统计年鉴》2019 年版。

发，降低能耗，提升能效。

“十二五”时期，能源安全性、创新性、效率性均有不同程度的提升，为新一轮能源转型变革奠定了基础，揭开了篇章。其间，降低能耗、淘汰过剩产能、补足能源短板、提升安全保障等方面成效显著，但由能源问题导致的经济发展不平衡、不充分、低效率问题逐步显现。为适应“绿色发展”要求，须从全人类生活及经济环境建设高度着手，解决资源、环境、经济矛盾。“十三五”指明未来能源发展重心在于“提效率、调结构”。这一举措不仅是对基本国策的切实贯彻，也是加速经济发展方式转变、解决资源环境问题、建设美丽中国的必然要求。

本书基于国内外关于能源效率问题的研究，归纳总结相关理论基础，为后续实证研究提供佐证。首先，从美国、英国、日本、俄罗斯等着手探寻油气能源效率的变动趋势、规律及内在原因，由此提出可为我国借鉴的“节能增效”建议；其次，根据相关统计数据分析了我国区域范围及省域范围油气能耗变动走势，分析地域间能耗差异缘由；再次，基于2001—2016年中国30个省份面板数据，运用内生增长理论模型、Undesirable-Window-DEA模型以及方向距离函数模型，对东、中、西部地区及各省（市、自治区）全要素油气能源效率数据进行测算，并从一般均衡角度研究了经济增长、环境约束、油气能源消费之间的关系；再其次，为突出油气能效重点，将其与煤炭、电力等要素效率进行对比，总结得出油气是当前及未来很长时期的发展重心，解决油气能效问题，不仅有助于油气行业健康发展，同时也是突破能源技术问题、环境经济矛盾问题的关键所在；最后，结合国内外研究成果及上述研究结论，为绿色发展视角下的中国油气能源效率优化调整提出了有效建议。

本书由“绿色发展视角下中国油气能源效率变动及优化对策研究”课题组共同完成，汇聚了西南石油大学、中石油西南油气田分公司、西南科技大学等高等院校和油气企业的专家学者以及中青年教师、博士研究生。大纲的起草和核心章节由曾勇、张淑英、李德山、秦章晋提出并完成撰写。在本书撰写过程中还要感谢杨雨锟、何玉、杨洁、林富民等几位硕士研究生的完善与校对。同时，我们还要衷心感谢为本书出版提供帮助和支持的有关领导和同志！

本书内容较丰富，涵盖范围较广，由于撰写时间较为匆促，加之著者能力水平有限，故仍存在一些不足之处，望广大读者朋友提出宝贵意见，以便进一步完善和修订。

著　者

2019年10月

目　　录

1 概 论

1.1 选题背景

能源是人类生产生活的基本载能体资源。其通过直接或间接的转换，为人类活动的开展提供光、热、动力等各种形式的能量保障。能源又可分为包括煤炭、石油、天然气等传统化石能源及水能、风能、太阳能、生物质能等可再生能源在内的一次能源，以及诸如石油制品、电能以及蒸汽等经过加工转换而成的二次能源。

能源消费具体是指国家和人民开展生产生活过程中消耗的能源资源量，该指标能够将国家或地区经济发展水平及人民生活指标等信息进行充分的反映。一般而言，一个国家人均能耗量越大，国民生产总值也随之增大，社会富裕程度也就越高。除此之外，工业化进程与能源消费强度之间存在紧密的关系。工业化初期，对能源的需求较大，其消耗量将呈现出显著的上升，这种增长趋势会持续到工业化进程的中期阶段；工业化中后期，经济增长方式发生转变，对能耗的依赖程度也随之降低。就全球范围的能耗数据来看，我国占据了能源消费第一的位置，同时也是经济增速最快的国家之一。党的十九大报告提出，目前我国正处于现代化经济体系建设的攻关期，经济增长方式、增长速度均产生了较大的变化，对我国能源消费量及能效水平将不可避免地产生影响。因此，探索经济发展过程中的能源消费、能源效率变动情况，探究其潜在变化规律，对于实现我国经济高质量发展具有重要意义。在资源、环境约束下，为保障我国能源安全，推动经济由高速运转向高质量发展，提高科技创新动力、促进能效水平提升是当前我国能源发展的必经之路。同时，在绿色发展理念的引领下，节能减排的迫切性逐步增强，要实现能源消费结构的优化升级，推动能源清洁化、绿色化发展，油气能源的重要性日益增强。因此，研究绿色发展视角下油气能源效率，是当前国内外经济社会发展的客观要求，同时也是社会公众所关心和需要的。

在新时代绿色发展理念背景下，我国政府倡导加快推进能源革命，着力构建高效、安全、低碳、环保的现代化能源体系，其中油气能效又作为重点和关键点得到社会的广泛关注。中国油气能源供需矛盾日益凸显，加之环境约束趋紧，传统的高耗能经济发展模式难以维持；同时，各地区发展受经济水平、资源禀赋、产业及能源结构的影响呈现出较大的差异，尽管“十三五”规划已经对绿色发展指明了目标和方向，但仍缺少对能源效率、节能减排指标的合理分解和有效测算。故需精准掌握我国及各区域的油气能源效率情况以及节能减排指标，解决节能减排实施过程中的问题与困境，以促进节能减排工作切实深入的开展。

“十二五”时期，我国油气资源环境得到良好的发展，具体表现为保供能力提高、发展质量提升、创新能力持续增强，大力推动了新一轮能源转型变革。从能源保供来看，油气能源产量不断攀升，管网建设逐步完善，储运能力显著提升；从能源结构来看，煤炭占比下降 5.2 个百分点，天然气占比提高 1.9 个百分点，非化石能源提高 2.6 个百分点，清洁化步伐持续加快，污染防治行动逐步深化；从科技创新水平来看，油气勘探开采技术不断突破，创新驱动发展迈入新阶段。目前，能源供需矛盾凸显致使发展不平衡、不充分、效率低等问题逐步显现。为缓解经济发展与资源、环境的矛盾，需要从质量提升、存量调整、增量优化等方面着手，实现过剩产能的有效化解、能源结构的转型升级，切实做到在绿色发展理念的引领下，积极、全面推进能源革命，加快推进清洁低碳、安全高效现代化能源体系的构建。基于此，在绿色发展视角下，系统深入研究中国油气能源效率变动及优化对策，对于化解过剩产能、补足能源发展短板、深入推进传统能源节能减排、提升能源安全保障能力来说意义重大。

油气能源效率高低与国民经济发展的速度及质量、人类生活水平及生态环境建设均具有显著相关性。探究油气能源效率的影响因素，既可掌握各影响因素对油气资源利用效率的影响，还有利于践行国家的绿色、和谐、协调发展理念，切实提高经济发展水平、环境质量及生态文明程度。受产业结构、对外开放度等各方面的影响，我国的油气能源利用效率低于发达国家的整体水平，提升其效率、优化其消费结构既是推进我国生态文明建设的关键举措，又是支撑经济可持续发展的重要基础；同时，也是实现绿色、健康、可持续发展愿景，建设美丽中国的重要途径。随着中国经济发展进入“新常态”，油气能源效率的提升对于生态文明建设和经济发展质量的重要性日益增强，节能减排目标实现的迫切性持续提高。《“十三五”能源发展规划》指明，未来能源发展重心在于提效率、调结构，消费增速应控制在年均 2.5%左右，较“十二五”低 1.1 个百分点；单位 GDP 能耗至少下降 15%；非化石能源消费占比在 15%以上，天然气占比力求突破 10%，煤炭占比控制在 58%以下。基于此，研究我国能源效率变化及影响因素，对探索提升我国整体能源效率方法和途径，缓解发展的不平衡、不充分问题具有重要的现实意义。

1.2 国内外文献综述

1.2.1 国外研究现状

1.2.1.1 能源效率的研究现状

1. 能源效率的定义

20 世纪 80 年代起，能源效率及其相关问题逐渐受到国内外学者的关注和研究，其中关于其理论界定的研究成果持续拓展。20 世纪末期，世界能源委员会（World Energy Council，WEC）在《应用高技术提高能效》中对能源效率的概念进行了较为清晰的界定，“能源效率即减少提供同等能源服务的能源投入，具体可用某一生产过程中的最终产出量与能源投入量间的比值进行表示”。这一概念一经提出后受到国内学者的广泛认可和深入探究。Patterson（1996）基于此进行了概念上的加深。他认为能源效率本身属于一般性概念，能够通过有效的能源服务及其相应的能源投入指标数值的对比结果进行测算。Bosseboeuf 等（2007）则从经济、技术两方面着手，对其定义进行了深化。他认为经济能源效率是指在有限甚至更少的能源投入情况下获得更多且更有效的产出和能源服务；而技术能源效率则是指由技术进步促进的生产生活方式优化调整或政策、管理体制改善，从而实现能源投入量的降低。

2. 能源效率的测算

能源效率测算在不同的领域表现出差异化的定义和核算方式，由此产生的测度指标也不尽相同。美国国会经济委员会于 1981 年提出了基于市场化价格测算单一要素能源效率的方法，即将能源投入及 GDP 进行价格化，并取其对比值。这一测度方式的应用范围较广，普适性较强。Patterson（1996）通过研究发现，该指标测算方式对于除能源以外的劳动、资本及技术等要素贡献值表述不清晰，甚至未将其充分考虑在内，由此认为单一要素能源效率测算方法存在较大的缺陷和不足。Hu 和 Wang（2006）认为，单一的能源投入并不能得到有效产出，必须和其他要素投入相结合。基于这样的现实，他们首次提出了全要素能源效率的概念，将传统能源测算指标称为部分要素能源效率，将其构建的指标称为全要素能源效率。

1.2.1.2 能源消费与经济增长的研究现状

能源是现代工业发展的基本动力保障，是资源环境的重要组成部分，同时也是人类一切生产活动的物质基础。自然资源尤其是不可再生能源保证了经济和社会的持续发展，基于此，国内外学者逐步投入到能源与经济增长的关系研究中。20 世纪 80 年代以前，以古典及新古典经济学为代表的传统经济学理论认为自然资源储备对地区经济发展的影响力较强。如 Norton Ginsburg（1950）提出，对于国家和地区发展来说，自然资源的充足程度和多样化能够在较长时间内维持经济的快速增长活力；Viner（1960），Lewis（1961）认为，对于一个国家或地区的经济持续发展来说，自然资源的储备起着决定性作用；Rostow（1961）认为，自然资源能够为发展中国家提供充足的动力，帮助其从欠发达过渡到工业“起飞”；Rasche，Tatom（1974）为探析能源与经济增长间的内在规律，首次将能源要素引入柯布－道格拉斯函数，通过研究指出不可再生能源的耗竭性对于家庭消费和经济持续增长存在较强的约束力；Kraft（1978）基于 1947—1974 年美国能源消耗和 GNP 数据，进行了格兰杰因果检验，研究发现美国能源消耗不是其 GNP 的格兰杰原因，但其 GNP 是能源消耗的格兰杰原因。而后，学者们开始将资源消耗引入经济增长的模型中来探讨能源消耗与经济增长之间的内在关联机制。80 年代中期到 90 年代末期，由“Romer－Lucas 革命”引发的“新经济增长理论热潮”激起了国内外学者的广泛关注，以及对经济增长内在机理的积极探寻。如 Baumol（1986）提出，随着经济逐步发展，有限的自然资源存量将逐渐减少，此间技术进步将促进其贡献程度的提升，故自然资源的经济存量也将随之提高；Stern（1993）基于美国 1947—1990 年间能源、资本、劳动以及 GDP 数据，构建了 VAR 模型，进行了多元 Granger 因果检验，测算结果表明能源消耗总量并非经济增长的格兰杰原因，但能源结构变动是经济增长的格兰杰原因；Aghion 和 Howitt（1998）将不可再生资源引入垂直创新增长模型中，研究发现在不可再生资源的约束下，经济可持续增长必须依靠外生技术进步；Yemane（2004）基于上海 1952—1999 年各种工业“能源消耗”与产出数据，进行格兰杰因果检验，分析得出能源消耗是经济增长的格兰杰原因，反之不成立；Groth（2007）构建了一个包含不可再生资源且无外生技术进步的经济增长模型，研究发现即便不可再生资源存量有限，经济长期稳定增长也是可能存在的；Brunnschweiler，Bulte（2008）基于60个国家的矿产资源及经济发展数据进行分析研究，发现对于经济的发展及良性制度建立来说，矿产资源的丰富程度具有显著的正向促进作用；Michaels（2011）基于美国石油及经济增长数据进行分析，发现两者关系在其南部地区较为凸显；Weber（2012）基于美国科罗拉多、得克萨斯、怀俄明州三个州的历史数据，分析表明随着天然气产量增加，地区人均收入均呈现出不同程度的增长；Dube，Polese（2015）基于加拿大135个城市1971—2006年间的数据进行实证研究，结果表明在城际层面一次能源消费量与经济增速呈现出正相关关系；Rocchi等（2015）对巴西利卡塔地区的资源与经济关系进行了研究，结果表明对于地区经济发展和居民收入情况来看，资源的影响并不显著；Ayres等（2013）认为相比于资本和劳动，能源要素对于经济的推动力更为重要和显著；Dolgopolova等（2014）分别以经合组织国家和非欧佩克国家为研究对象，对能源消耗与经济增长进行格兰杰因果关系检验，研究表明长短期结果存在差异性，不同能源对经济增长的影响有所不同。

1.2.1.3 环境约束、能源效率与经济增长的研究现状

1. 环境约束与经济增长的关系研究

Dennis，Medows等（1972）发表的《增长的极限：罗马俱乐部关于人类困境的报告》引起了人们对于能源和环境的重视，此后，越来越多的学者开始投入到环境与经济增长的关系研究中。在全球气候变暖、环境污染愈发严重的情况下，人们对于环境与经济增长之间的关注程度也日益增加。Forster（1972）通过构建环境污染物函数，对环境与经济增长进行了实证研究，最终结果显示在既定的经济均衡增长路径下，资本利用产生的污染刚好被自然环境所净化；Nordhaus（1974，1977）开创性地研究了经济增长与环境约束关系的内在机理，并说明了具体的影响方式；Grossman，Krueger（1991，1995）基于66个国家12年的空气及水资源污染数据对环境污染和人均收入的关系进行了研究，结果表明环境污染程度随人均收入先增后减，具体呈现出倒“U”型关系；Lopez（1994）将环境因素引入新古典经济增长模型中，经过推演发现，劳动、技术及物质资本与环境污染替代弹性对经济增长与环境污染关系起决定性作用；Stockey（1998）通过AK模型，对环境污染问题进行揭示，研

究发现环境质量与人均收入之间存在倒“U”型关系；Dasgupta，Maler（2003）通过研究发现，环境质量的下降导致资金投入需求增多；同时，当经济活动产出的污染物致使生态系统到了无法修复的程度时，经济和社会将实现在低生产效率水平的稳定；Chakraborty，Gupta（2014）将环境质量引入Lucas人力资本模型，分析研究了在人力资本及物质资本积累过程中，环境质量产生的具体影响；Ikefuji，Horii（2012）将环境污染引入Lucas人力资本内生模型中，研究了市场经济条件下，环境税率对经济持续增长的作用机制；Bretschger，Suphaphiphat（2014）构建了包含发达国家和发展中国家的人力资本内生增长模型，分别对环境污染在不同发达地区的影响情况进行了研究，着重讨论减缓气候变化环境政策的作用情况。

2. 能源效率与经济增长的关系研究

在经济逐步发展的过程中，能源消费不再是能源问题的唯一焦点，能源资源本身的有限性，使得学者们逐步将研究视角转向能源利用效率。能源效率是用来衡量其利用效率的重要指标，其具体是指既定能源量下所实现的经济产出大小，该数值越大，则能源利用效率越高。经济快速发展通常伴随着巨大的能源消耗，在各国争相发展的情况下，能源稀缺性逐渐暴露出来。基于此，国内外学者开始投入到能源效率与经济增长关系研究中来。Putnam（1953），Clark（1960）研究发现，在一国经济发展过程中，能源强度将呈现出先快速上升，而后逐步下降，最终回归到相对平稳的消费状态，即经济增长与能源强度间呈倒“U”型关系；Denison（1967），Maddison（1987）研究发现，各部门生产水平和增长速度的差异性，致使能源要素自发地由低向高转移，故低能效部门逐渐淘汰，产业结构逐步向低投入、高效率的创新驱动模式转变；Newell等（1999）研究发现，能源效率的提高对一定区域条件下要素产出弹性存在积极促进作用，进而有利于经济发展方式的升级转变；Toman，Jemelkova（2003）和Ang（2006）指出，对于世界主要工业化国家而言，既定的经济产出中能源强度与工业发达程度呈正比；Xing－Ping Zhang等（2011）基于DEA Window Analysis模型对1980—2005年23个发展中国家的能源效率进行了测算，发现各国能源利用效率差异化明显；同时，通过Tobit回归模型验证得出能源效率与人均收入间存在“U”型曲线关系。

3. 环境约束、能源效率与经济增长的关系研究

能源作为经济增长的投入要素，被人们广泛地利用于生产、生活的方方面面，被认为是一种取之不尽、用之不竭的生产原材料。随着人口的扩张和经济

活动规模的扩大，人们逐渐开始关注到其稀缺性和部分能源的不可再生性。20世纪70年代，连续多次“石油危机”给各国经济带来了严重冲击，资源耗竭性对经济发展的影响也逐渐显现出来。此后，能源在为发达国家带来繁荣经济的同时，给生态环境带来了严重的污染问题。能源供应趋紧、环境恶化问题在经济不断发展的同时日益严重，并对人类的生存和经济社会的发展造成了不可磨灭的影响。而后，由能源子系统、经济子系统和环境子系统组成的多层次、多要素、复合交织的能源—经济—环境复杂系统应运而生，国内外学者也逐渐重视对于能源、环境与经济增长的关系研究。

21世纪初，日本长冈理工大学基于能源、经济、环境三者关系构建了经济—能源—环境模型，通过其对节能、减排、增效政策及规划下的能源、经济、环境发展趋势进行预测和研究，从而对能源长期发展战略的制定和实施提供依据及支撑。Schou（2000）将不可再生资源和环境污染作为生产要素引入Uzawa－Lucas模型中，分析研究了资源有限性对经济增长的影响及作用，结果表明其制约作用并不显著；Le Kama（2001）构建了包含环境污染和不可再生能源的增长模型，并基于此讨论了经济长期均衡的最优增长路径；Lenzen（2002）通过构建系统发展水平指标体系对3E系统发展状态进行评价分析；Carla，Carlos（2004）基于能源消费、环境保护、经济增长及社会福利等多重因素，设立了多目标线性规划模型，并实现了其应用领域的进一步拓展；Lazzaretto，Toffolo（2004）将能源、经济、环境三者视为一个复杂的巨系统，能源、经济以及环境为组成巨系统的子系统，以系统动力学方法为基础构建了多目标优化模型，探讨了单一子系统以及各子系统耦合情况下，优化模型的差异；Nick D. Hanley（2006）基于苏格兰地区的数据，对该地区经济与能源效率的关系及作用机理进行研究，结果显示政府仅仅将能源效率提高作为政策目标，将造成单位能源产品成本降低，刺激消费和生产的增长，进而导致环境污染程度提升；Sweeney，Klavers（2007）将能源、资源和环境因素引入Ramsey－Cass－Koopmans模型，利用新古典增长模型对不可再生能源的最优跨期开采、利用路径进行分析；Bretschger，Smulders（2010）建立了包含环境污染与自然资源的环境保护积累方程，协同传统资本积累方程构建形成了两部门经济体系，研究表明长期内，经济增长将得以保持，各要素增长率较为一致；Grimaud，Rouge（2014）构建一个包含不可再生能源和环境质量的内生增长模型，就减排技术对环境质量的影响进行分析研究，结果显示碳税和补贴等政策能有效强化减排技术的作用，降低环境质量对经济带来的负面影响。

1.2.1.4 能源效率影响因素的研究现状

长期以来，各国对能源效率有效提高的方式和策略具有较强的关注度，为解决效率问题，减缓经济发展负担，国内外学者对能源效率的影响因素进行了深入、广泛的研究。Denision（1967），Maddison（1987）从政府的市场化改革力度和经济体结构两个角度探究了其对能源效率的作用情况。Sinton，Levine（1994）和 Lin，Polenske（1995）基于 20 世纪 80 至 90 年代的序列数据对各部门能源效率的作用进行了研究，结果表明子部门能源效率的提升是实现行业能效提升的关键。Garbaccio（1999）基于投入产出分析法和因素分解法探究了技术进步对能源效率的影响，结果表明其正面促进作用显著。Boyd 和 Pang（2000）通过实证研究，检验得出能源相对价格对能源效率的影响力较强。Popp（2002）认为国家开放程度对能源效率存在显著影响：一方面，开放水平越高，科学技术越先进、获取的经验越丰富，本国发展程度越高，能源效率也随之提升；另一方面，开放程度的提升将吸引更多竞争对手的关注，倒逼本土企业进行改革、强化管理，刺激能效水平提升。Hepbasli，Ozalp（2003）基于土耳其的数据样本，从国家产业政策着手，对产业政策和能源效率变化进行了横向比较，结果表明产业政策对能源效率具有较强影响力。Cornillie 和 Fankhauser（2004）基于苏联和中东欧转型国家情况研究，发现企业重组步伐的加快、能源价格的有效提升有利于能源效率水平的提高。Schleich（2004）认为对于能源效率来说，由政府主导的能源审计具有显著影响力，其能够减少能效提升过程中不必要的投入和损失，并给予其充足的资金保障。Crompton，Wu（2005）基于中国能效数据进行实证研究发现，科学技术进步、经济结构优化、能源价格改善是促成能效水平提升的关键。Fisher（2006）认为长期内，技术进步对于能源效率的影响较为显著。Ma 和 Stern（2007）采用分解法研究发现 1980—2003 年产业和部门结构变化对中国的能源效率具有负面影响，但在 1994—2003 年间，产业内部结构变化对中国的能源效率具有正面影响。Clara（2010）基于德国、哥伦比亚纺织业数据，探究了技术研发资金、能源价格及相关政策对能源效率的影响及作用，结果表明三者均存在显著促进作用。Bi 等（2014）基于 Slacks 的 DEA 模型，对中国火力发电能源效率进行测算和分析，结果表明其存在显著的地域差异性。Florens 等（2015）测算了欧洲钢铁行业的能源效率数据，研究得出能源价格对其具有正面促进作用。Khaled 等（2015）对道路运输部门能源效率进行测算，发现燃料价格的适当提升有助于该行业能效水平的提高。Zheng 和 Lin（2017）将中国造纸工业作为研究对象，分析发现规模经济能够促进该行业能源效率的提升。Liu 等（2017）研究得出工业集聚能全面促进中国能源效率的提高，但其表现出显著的区域异质性。

1.2.1.5 全要素能源效率的研究现状

单要素能源效率是指在实际能源效率测算过程中，将能源作为单一要素投入，这种测算方式夸大了能源在经济产出中的作用，致使指标涵盖范围不全面，测算结果失真可能性较大。由此，Hu 和 Wang（2006）首次提出了全要素能源效率的概念，并提出其能够通过潜在能源投入与实际能源投入的比例进行测算，其中潜在能源投入表示在不存在任何浪费情况下的能源消耗量。基于 Hu 和 Wang 提出的全要素能源效率概念，学者们进行了大量的理论和实证分析，将全要素能源测算方式系统化，将其测算模式划分为多投入－单产出、多投入－多产出两种。

1. 多投入一单产出模式

当前对全要素能源效率的测算方法主要有随机前沿分析法（SFA）、非参数方法（DEA）以及基于生产力论框架的能源效率方法（PDA）。DEA 方法是将资本、劳动、能源等投入和产出（GDP）等要素均纳入 DEA 模型中，其所得的目标能源投入与实际能源投入的比值即为全要素能源效率值。Freeman 等（1997）较早利用 DEA 方法对能源效率进行了测算。Boyd 和 Pang（2000）将 DEA 方法进一步完善，用其进行能效测算，并将其结果与单要素能源效率结果加以对比。Zhang 等（2011）利用数据包络模型对 1980—2005 年间 23 个发展中国家的能源效率进行了测算，并通过动态 Tobit 模型对测算结果进行分析研究。结果表明，长期内巴拿马、墨西哥、博茨瓦纳的能效水平最高，叙利亚、菲律宾、斯里兰卡、肯尼亚则最低，中国在政策推动下能效提升速度最快。Chin 等（2013）构建单一产出的 DEA 模型，并通过其测算了台湾地区各行业的全要素能源效率，结果表明金融、房地产及保险行业能效水平处于领先地位。Honma 和 Hu（2011）利用单一产出的 DEA 模型对 1995—2005 年间 14 个发达国家 11 个行业的能效数据进行了测算，结果表明金属行业能效水平最低。除国内生产总值（GDP）外，部分学者将工业增加值作为产出变量，对全要素能源效率进行测算。如 Wang 等（2012）基于能源消费、资本、劳动及工业总产值构建了单一产出的 DEA 模型，分析测算了 2005—2009 年间中国 30 个省（市、自治区）的全要素能源效率，研究表明我国整体能效水平提升空间大，西部地区能源投入冗余现象较为凸显。

2. 多投入一多产出模式

随着全要素能源效率的不断深入，越来越多的学者认识到，投入能源资源获取经济效益的同时，往往会对环境造成一定的压力。在此种情形下，多投入一多产出的全要素能源效率测算模式应运而生。该模式是由单一产出模式发展而来，其不仅考虑了经济产出，还将环境污染等指标引入具体测算过程中来。而后，学者对于该种模式的关注度持续增强，构建了包含非期望产出的全要素能源效率测算方法。Fare R.，Grosskopf Setal（1993）以环境经济学基本原理作为分析基础，将污染物作为非期望产出，利用线性规划方式对全要素能源效率进行了测算；Chung 等（1997）将环境因素引入生产过程中，从而构建了环境规制模型，科学、合理地反映了生产全过程；Mukherjee（2008）利用 DEA 模型测算了 1970—2001 年美国能耗量最大的 6 个行业的能源效率，结果表明纸制品行业能效水平最高；Shi 等（2010）将固定资产、劳动、能源消费、工业增加值以及废气排放等指标充分考虑，并构建了多产出 DEA 模型，对 2000—2006 年间中国 28 个省（市、自治区）的行业能效数据进行了测算，结果显示东中西部地区差异化水平较高，并呈现出“东高西低”的显著变化趋势。通过对上述学者的研究成果进行归纳总结，发现 DEA 方法可用于评价多投入、多产出的决策单位绩效，具有单位不变性特点，且无须指定投入产出的生产函数关系；同时，其不受主观权重设定的影响，故可以有效评价具有复杂生产关系决策单位的效率。

1.2.2 国内研究现状

1.2.2.1 能源效率的研究现状

1. 能源效率的定义

对于能源效率方面的研究，国内起步较晚，王庆一（2005）基于国外学者对能源效率概念的研究成果，从经济意义和物理意义两个层面对其概念进行了深入划分；其中，经济意义上的能源效率指标可划分为能源的物理成本效益和单位 GDP 能耗。史丹（2006）将能源效率分为经济效率和技术效率两方面，前者是指能源作为燃料和动力时的投入与产出之比，后者是指能源作为原材料的投入与产出比。魏一鸣，廖华（2010）认为所谓“提高能效”是指在获得同等能源服务的过程中，减少能源要素投入。

2. 能源效率的测算

魏楚，沈满洪（2007）详细对比和分析了四类能源效率测度指标，并提出其优劣势，同时认为能源效率定义上的差异将直接导致测算结果的差异；魏一鸣，廖华（2010）将能源效率的测度指标划分为七大类，明确指出了每类指标的原理、特点以及适用范围，并提出了能源效率测算指标在实际运用过程中可能会存在的问题和误区。

1.2.2.2 能源消费与经济增长的研究现状

20世纪90年代初期，可持续发展理念逐步深入，学者的相关研究成果也随之丰富。赵丽霞，魏巍贤（1998）将能源作为第三种要素引入生产函数，深入剖析了经济增长与能源消费间的相关关系；林伯强（2003）基于经济增长、电力消费和资本三要素，构建了协整和误差修正模型，由此深入探寻三者间的协整关系，结果表明经济增长是电力消费的单向格兰杰原因；韩智勇等（2004）基于1978—2000年间中国经济增长及能源消费数据，进行了协整检验及格兰杰因果检验，结果表明长期内两者不存在稳定的关系，但短期内互为因果；彭水军，包群（2006）通过内生人力资本及技术进步模型对经济增长、技术进步、人力资本以及能源消费间的关系进行分析，研究发现较高的人力资本积累及高效的研发创新活动，在一定程度上能够抵消资源约束导致的不利影响，从而促进经济持续、健康增长；张党辉（2011）将能源变量引入Solow模型中，基于此构建了新古典经济增长模型，并提出能源对于经济存在显著约束作用；胡援成，肖德勇（2007）运用两部门内生增长模型，对我国1999—2004年各省的能源与经济数据进行测算分析，结果显示资源开发对区域经济发展存在显著约束；邵帅，杨莉莉（2011）通过构建四部门内生增长模型，对区域发展和能源消费间关系进行研究，结果显示对我国区域创新投入和产出来说，能源依赖表现出显著挤出效应，这一情况可由市场优化配置加以缓解；陈浩，曾娟（2011）通过Tapio脱钩模型对1996—2008年武汉市经济增长与能源两者的脱钩状态进行探究，结果发现在这期间能源消耗是二者脱钩状态强烈波动的主要影响因素；范秋芳等（2015）选取我国29个省（市、自治区），基于能源消费弹性系数将29省（市、自治区）划分为四个区域，并对各区域经济增长及能源消费进行格兰杰因果检验，结果显示区域间存在明显差别的因果关系；陈向阳，李亦君（2018）对广东省1995—2014年的统计数据进行了协整检验、误差修正模型、脱钩模型和环境库伦涅茨曲线，实证检验能源消费与经济增长之间的关系，结果发现两者之间呈现出一种先递增后递减的倒“U”型关系。

1.2.2.3 环境约束、能源效率与经济增长的研究现状

1. 环境约束与经济增长的关系研究

国内关于经济增长与环境约束相关性研究起步较晚，近十年成果相对丰富。彭水军，包群（2006）将环境质量引入内生增长模型中，通过实证分析发现技术进步及人力资本能有效抵消环境约束对经济增长的制约；刘凤良，吕志华（2009）基于Lucas人力资本内生增长模型建立了一个考虑环境质量和环境税的内生增长模型，讨论了既定增长路径下，环境税对环境质量及经济增长的影响，并提出促进环境质量和经济发展水平提升的关键在于良好的环境政策保障；黄菁（2010）以新古典经济和内生增长理论作为基础，将环境污染存量引入效用函数中进行研究，结果指出严格的污染排放控制标准和较强的人力资本积累对经济长期均衡发展存在显著促进作用；黄菁，陈霜华（2011）将环境污染与治理引入人力资本内生增长模型中，深入探讨了环境污染及治理对经济增长的影响及内在机理，并提出要实现环境对经济增长约束力的减少，应从清洁能源技术方面加以突破；何正霞，许士春（2011）基于Lucas人力资本和Romer技术进步内生增长模型，讨论了环境约束下的经济增长问题，结果表明人力资本、技术进步、消费跨期替代弹性、环境污染、时间贴现率等因素均会影响最有增长路径的产生；黄茂兴，林寿富（2013）对均衡增长路径下环境政策进行分析，结果表明有效的环境管理对经济增长、环境存量以及环境承载能力具有正面影响；李德山，徐海锋，张淑英（2018）利用面板Tobit模型对我国30个省（市、自治区）金融发展与二氧化碳效率之间的关系进行实证检验，结果表明短期内金融发展与环境质量间不存在显著相关性，而当经济发展到一定程度，绿色信贷将推动二氧化碳排放效率的提高，进而促进环境质量的提升。

2. 能源效率与经济增长的关系研究

高振宇，王益（2006）基于1995—2003年我国30个省份的能源数据对能源生产率进行测算，并采用聚类分析将其分为高、中、低效三个区域，结果表明影响能源生产率的因素主要包括产业结构、经济发展水平以及能源价格等；同时，各区域经济发展通过带动技术进步，从而推动能源生产率的提升。谢威，李建中等（2010）利用回归模型及格兰杰因果检验法对能源效率及经济增长关系进行界定，发现两者间存在显著的双向因果关系。汪克亮，杨力等（2013）基于我国区域经济及能源消费数据，构建了环境库兹涅茨曲线模型，结果表明经济增长与能源效率呈现出“U”型曲线关系。余华银，韩璐，宋马林（2013）基于超效率SBM模型对1992—2002年间我国29个省（市、自治区）的能源效率数据进行了测算，并利用面板门限回归模型探究了能源效率与经济增长的关系，结果表明两者关系存在显著的区域异质性。张建伟，杨志明（2013）利用两种效应来解释能源效率对经济增长的作用：一是增长效应，即能源作为一种生产要素，协同资本、劳动力要素对经济增长共同作用；二是结构变动效应，即在市场作用下，能源资源经过优化配置，推动产业结构优化升级，进一步促进经济快速增长。

3. 环境约束、能源效率与经济增长的关系研究

关于资源、环境与经济增长关系的研究，国内起步较晚，相关理论基础及模型推演成果相对较少，大多都是基于内生增长理论框架下的研究。1984年，我国首次组织科研人员对经济、环境、能源三者关系进行探讨，70多名专家学者基于“广义能源效率战略工程”进行深入探析，发现传统发展模式已为我国环境带来了巨大负担，如若延续，除环境负效应凸显外，能源供应对经济增长的抑制力也将持续增强。曾珍香，顾培亮（2000）基于能源、环境与经济发展的限制关系，对中国3E复杂系统的持续发展过程进行了深入探讨，研究发现其中存在相互耦合的限制因子及利导因子；彭水军，包群（2006）将不可再生能源引入生产函数中，构建了四部门内生增长模型，对市场均衡及社会最优均衡状态下的经济增长动力机制进行了研究；李德山（2012）以3E系统作为研究背景，对我国能源效率变动特征进行了分析，结果显示要实现能源效率的提升，需要技术创新、政策扶持、能源价格调整以及产业结构优化这几方面协同发力；陈真玲等（2013）基于Lucas内生增长模型，构建了一个包含不可再生能源和环境污染约束下经济最优发展路径，研究表明环境污染、资源约束性对经济增长均存在负面影响；石刚（2014）基于Romer的内生增长模型框架，将能源和环境质量引入技术进步内生增长模型中，讨论了均衡增长路径下的经济最优增长问题，并强调了环境质量产出弹性、技术进步、消费者偏好以及人力资本的重要性；吴继贵，叶阿忠（2016）在内生增长模型的基础上，综合考虑了环境污染、能源消费、技术进步等对经济增长的影响，研究表明能源对经济增长、环境污染均存在推动作用，而环境污染对经济增长的负作用并不能通过技术进步加以缓解；牛晓耕（2018）在内生增长理论框架下，基于我国30个省（市、自治区）1990—2014年间的样本数据，利用理论和实证分析方法，发现对于经济增长来说，物质资本积累的作用力超过环境、创新、劳动等各要素投入。

1.2.2.4　能源效率影响因素的研究现状

国内研究者提出影响能源效率的主要因素有产业结构、经济发展、科技进步、经济结构变动、外商直接投资（FDI）、政策制度、贸易情况、财政收支、能源价格、市场化水平以及自然资源等。

第一，经济社会发展对能源效率的影响。谢志军，庄幸（1996）认为，对外开放不断扩张，使得我国科技水平提高，进而促进能源效率提升。路正南（1999）认为，产业结构优化升级促进能源效率改进，并对其行业发展起着重要作用。史丹，张金隆（2003）认为，各产业对能源品种存在差异化需求，致使其结构变动对能源效率产生的作用力不同，但整体有助于效率水平的提升。史丹（2006）认为，当我国能源弹性系数较小时，经济结构变动促使单位能耗降低，推动经济高速增长。沈利生（2007）基于投入产出方法研究了贸易结构对能源消耗的影响，结果表明其正面促进作用显著，受贸易活动的影响，进口产品能源节省量多于出口产品能源消耗量，从而刺激能效水平提升；同时，随着时间推移、经济社会环境变化，这种正面影响力有所下降，只有准确把握贸易结构的改变方向，才能有效实现节能降耗目标。齐志新，陈文颖，吴宗鑫（2007）认为工业内部结构调整对能源效率具有较大影响。魏楚，沈满洪（2007）基于1995—2004年我国经济结构、财政支出及对外贸易等数据，利用数据包络模型分析了以上因素对能源效率的影响，结果表明上述因素的影响力较为显著。师博，沈坤荣（2008）提出市场分割会阻碍资源优化配置的实现，进而影响规模经济的形成，最终导致能源效率的浪费。陈德敏等（2012）认为，FDI对能源效率的正面促进作用较为显著，同时在忽视环境约束的影响下，工业化与能源效率存在正相关关系。尤济红，高志刚（2013）以新疆地区数据作为样本，发现经济发展水平能显著促进能效水平的提升。林伯强（2015）将中国工业行业作为研究对象，分析指出能源效率与对外贸易两者间存在正反馈作用。周四军等（2016）认为，对于能源效率改善来说，GDP属于有利因素，产业结构、能源消费结构以及FDI为不利因素。

第二，技术进步对能源效率的影响。程中华，李廉水（2006）运用DEA模型对中国35个工业行业能源效率指标进行测算，结果表明技术效率对能效提升具有较强的推动作用；齐志新，陈文颖（2006）从结构和技术两方面分析能源效率变动，结果表明1980—2003年间，技术进步是能效提升的主要因素；吴巧生，成金华（2006）分析得出，各部门能效水平提高推动我国整体能效水平提升，其中工业部门技术进步的助推作用最为显著；王群伟，周德群

（2008）结合我国宏观经济数据，构建能源回弹效应测算模型对能源效率的影响因素进行研究，分析发现技术进步对能效的影响在不同时段表现出差异性；刘畅、孔宪丽和高铁梅（2009）基于中国29个工业行业的面板数据进行了实证分析，结果表明科技经费支出对高耗能产业能效具有较强推动作用；王俊松，贺灿飞（2009）基于1994—2005年我国能源数据进行实证分析，发现技术进步是能效提升的主要原因；谭忠富，张金良（2010）认为，改革开放以来，技术进步对能源效率水平提升的贡献最大；李德山（2012）认为技术进步对能源效率的提升存在一定的作用，但同时其可能会刺激能源消费量增长，出现能源回弹效应。

第三，能源消费及价格变动对能源效率的影响。张瑞，丁日佳（2006）运用协整分析法探讨各种能源比重与能源效率的关系，结果表明煤炭比重与能效存在反向协整关系，石油、天然气则相反；胡宗义等（2008）认为，“十一五”期间能源价格的提高能刺激能效水平的提升；李德山（2012）提出，能源价格的适当提升有助于能源强度下降，进而改善能源效率；陈关聚（2014）运用随机前沿技术对2003—2010年间中国制造业30个行业的全要素能源效率进行了测算，结果表明能源结构对能效的影响较为显著，且在行业间、能源比重间存在较大差异性；李金昌、杨松和赵楠（2014）的研究表明，外商直接投资和产业结构优化对能源强度下降存在显著推动作用，煤炭比重及居民消费则相反，能源价格的影响作用不显著。

第四，其他因素对能源效率的影响。史丹（2002）认为，市场经济从改进企业效率、优化资源配置两方面着手对能源效率产生影响；同时，由于体制原因，我国能源低效率普遍存在。刘红玫、陶全（2002）认为，所有制改革通过影响运营、管理效率实现对能源效率的积极促进。魏楚、沈满洪（2008）认为，适当降低国有经济比重、深化国有经济改革能有效促进能源效率提升，通过测算提出国有经济占比降低一个百分点，能源效率将得到0.15%～0.16%的改善；胡本田，皇慧慧（2018）基于我国2000—2015年的投入产出数据以及环境规制体系指标，进行了实证研究，分析得出政府环境规制对我国能源效率的提高具有显著的促进作用，但存在一定的滞后性。

1.2.2.5 全要素能源效率的研究现状

基于Hu和Wang对全要素能源效率的定义，国内学者也逐渐将研究视角从能源效率转向全要素能源效率上来。师博，沈坤荣（2008）运用数据包络模型对1995—2005年间我国省际范围内的全要素能源效率进行了测算分析，结果表明能效水平呈现出“东高西低”的特征；陈关聚（2014）利用随即前沿分析对我国制造业全要素能源效率进行了测算研究；吴文洁（2018）、陶长琪（2018）基于非径向、非角度 SBM－DEA 模型分析框架，测算了我国全要能源效率的省际数据；陈佳（2018）采用 Undesirable－DEA 模型对我国东、中部十个省（市、自治区）的全要素能源效率进行测算，结果表明东部地区要显著高于中部地区。

在国外学者研究的基础上，我们发现除多投入－单产出模式外，DEA 方法还可用于评价多投入、多产出的决策单位绩效，其具有单位不变性特点，且无须指定投入产出的生产函数关系，同时不受主观权重设定的影响，能够有效评价复杂生产关系决策单位的效率。如袁晓玲等（2009）将综合性环境污染指标引入 DEA 方法，并对各省能源效率加以测算；张伟，吴文元（2011）将废气排放作为非期望产出引入多投入－多产出的 DEA 模型，并对中国长三角都市圈的全要素能源效率进行测算，结果表明能源过度耗费、废气过度排放，均是导致能源效率增速下降的原因；曾勇，张淑英，李德山（2018）基于 2002—2016 年间我国 30 个省市的面板数据，利用窗口 DEA 模型对天然气能源效率进行了分析，研究发现各省市天然气效率两极分化现象严重，而东中部地区之间的差距正逐步缩小；张谦，宋辉（2018）运用可变规模报酬（VRS）的 DEA 法对 2006—2015 年间江苏省 13 个地级市的全要素能源效率进行测算，并结合 Malmquist 指数加以分解；卫泽（2018）运用多阶段 DEA 模型对我国全要素能源效率进行测算，同时建立面板 Tobit 模型，分析了金融发展与全要素能源效率之间的关系，结果表明金融发展能够有效促进全要能源效率提升。

1.2.3 研究述评

对于能源消费与经济增长之间的关系，国内外学者通过深入的理论和实证分析，发现两者之间存在联系，但对于不同地区、不同经济发展阶段来说，两者关系存在显著差异。总的来说，各国经济发展对能源仍具有较强的依赖性，如何在缓解过度依赖的同时，促进经济的高质量、持续健康发展，是目前我们应当关注和研究的重点。

对能源、环境和经济增长的研究，已经形成了从理论分析到实证分析相对完善的框架体系，现有的文献为后续的研究奠定了良好的理论基础，提供了丰富的研究思路。基于对国内外文献的梳理，发现其中仍存在某些不足：第一，包含不可再生能源和环境质量的内生增长模型对于能源部门的生产过程缺乏充分的讨论，仅将两因素考虑在内，使结果与实际的出入较大；第二，在现有的内生增长模型框架下，并未对能源、环境与经济增长之间的关系形成统一的认识，研究过程中模型的构建、对象的选取以及变量的选择等因素，造成了结果差异化；第三，随着经济发展方式、能源消费及环境保护理念的转变，原有的理论、实证模型难以适应当前需求，在方法、理论等方面仍需深入、优化和完善。

对于能源效率的影响因素研究方面，在数据获取和方法选择的限制下，现有研究仍存在以下几点不足：第一，现有研究多集中于单一因素的影响，缺少多因素综合作用的研究；第二，用单一指标代表能源效率是普遍研究现象，实际上其不能充分、完全体现能源效率内涵；第三，已有研究对经济与能源效率的关系探讨较为割裂，并不能实现各影响因素对能效边际效应的准确度量。

对于全要素能源效率研究方面，现有的文献已经对其进行了大量的深入研究，但也存在一些不足之处：①已有文献对全要素能源的测算大部分仅在多要素中掺杂了能源要素投入，测算结果既可作为能源效率，也可作为资本、劳动等其余要素效率。②目前少有研究将环境因素引入全要素能源效率评价体系加以综合考虑。③学者较为频繁地采用 Malmqulist－Luenberger 指数法分析研究非期望产出，但其中并未切实考虑到技术进步的作用，最终得到的效率指数可能存在偏差。④现存的研究多从时间或空间单一角度进行研究，能够把二者相结合，全面分析时空特征的研究较少。

1.3 研究主要内容

1.3.1 研究目的与意义

1.3.1.1 理论意义

本书的理论意义主要有以下几点：首先，基于绿色发展视角，综合石油、天然气等能源消费、经济发展、环境层面等多角度，重新测度我国全要素油气能源效率，将能源开采、利用过程中不可避免的气体、噪声、资源污染等非期望产出考虑在能源效率测度体系中，与实际能源利用过程的契合度更高，对于油气能源的精准测算来说更有效，有利于细化、深化我国能源效率研究。其次，尝试将十三届三中全会提出的“绿色发展理念”融入当前资源消耗不充分、能源供需不平衡等社会热点问题中，着重测度、评价绿色发展视角下我国全要素能源效率的整体及省际情况，实现对绿色发展理论应用的拓展，对绿色发展理论内涵的丰富。最后，在对全要素油气能源效率测算过程中，重点从时间、区域两个维度进行分析和考察，着重剖析我国整体及东、中、西各区域的全要素油气能源效率及其变动特征，为提升重点区域油气能源的绿色发展利用提供一定的参考价值。

1.3.1.2 实践意义

当前，我国经济发展正处于转型关键期，能源在其中更是发挥着极其重要的支撑和保障作用。随着经济快速发展，能源问题日趋严峻：一方面，传统能源粗放式开采、消费使生态环境不堪重负，污染问题层出不穷；另一方面，在经济新常态及绿色经济发展的快速转型时期，油气能源供需矛盾日益突出，加之清洁、绿色等能源保障成效相对缓慢，多重原因共同作用，迫使我们加速高能效的实现，以调整能源供需矛盾。为切实贯彻绿色发展理念在能源领域的应用，本书将实证、规范分析相结合，科学、准确测度油气能源效率，深入剖析新经济时期能源效率提升路径，切实为解决目前油气行业危机及社会热点问题、促进绿色经济快速发展贡献力量；同时，“内生增长理论”的应用，也为油气行业和相关政府部门进行供给侧改革、需求侧管理等相关政策的出台与实施提供了有效的理论及实证依据。

1.3.2 研究目标与内容

1.3.2.1 研究目标

（1）在分析相关理论的基础上，研究国外主要国家油气能源效率的现状及发展趋势，找出油气能源效率变化的规律。

（2）根据中国油气能源效率实际，深入分析、研究我国油气能源效率的现状及主要特点。

（3）通过构建动态一般均衡模型，对能源消费与经济增长的关系进行理论分析。

（4）应用 Undesirable－Window－DEA、方向距离函数等计量模型，从时间维度、区域维度两方面实证分析、研究环境约束下我国油气全要素能源效率，并分析其影响因素。

（5）根据 DEA 模型对中国油气能源效率进行优化和调整，从油气供给侧和需求侧角度为我国有关领导及相关部门提供参考依据和对策建议。

1.3.2.2 研究内容

第一部分概论。结合节能减排、绿色发展、建设美丽中国的目标，以及我国油气能源行业、生态环境的现实背景对我国油气能源供需及油气能源效率现状进行剖析；同时，通过对相关文献成果加以归纳总结，指出本研究的现实及理论意义所在。

第二部分相关理论基础。对内生增长理论、可持续发展理论以及全要素能源效率测算原理进行梳理，综合当前国内外研究学者的观点，分析其中的优势与不足，为本书后续的研究奠定良好的基础。

第三部分国外主要国家油气能源效率演变趋势分析。主要是对世界主要国家（如美国、英国、日本、俄罗斯、印度等）油气能源效率的现状及发展趋势进行梳理，分析研究并找出油气能源效率变动的规律，提出有利于中国油气效率提高的经验借鉴。

第四部分中国油气能源效率的现状及趋势分析。从统计学角度分析研究我国整体及各区域、各行业的油气能源效率现状、变化趋势及特征。

第五部分能源消费与经济增长的一般均衡理论分析——基于内生增长理论模型。基于 Romer 和 Lucas 的内生增长理论，结合中国能源生产和消费的实际情况，将资源部门引入经济系统中，探讨能源、人力资本、技术创新、环境污染与治理对经济增长的影响，提出中国经济实现平衡增长的路径。

第六部分环境约束下中国全要素油气能源效率分析。应用 Undesirable-Window-DEA，从时间维度、区域维度两方面实证比较研究环境约束下我国全要素石油、天然气能源效率及其影响因素。

第七部分中国全要素石油天然气能源效率对比分析。分别比较研究石油效率与煤炭、电力效率和天然气效率与煤炭、电力效率及石油、天然气效率的异同。

第八部分绿色发展视角下中国油气能源效率优化调整的对策建议。结合前面的研究，从油气能源供给侧和需求侧提出调整优化油气能源效率，提高油气能源利用率的对策建议。

第九部分主要结论与研究展望。首先，对全书的研究成果进行总结，阐述文章主要研究结论；其次，就当前我国应当如何优化油气能源效率，以促进国民经济的绿色、健康发展的建议进行概括性归纳；最后，指出本书研究存在的不足与缺陷，为后续可进行、有意义的研究指明方向。

1.4 研究方法与关键技术路线

1.4.1 研究方法

（1）文献研究法。通过收集、梳理国内外重要参考文献，界定环境约束、经济增长、油气能源消费、全要素油气能源效率的内容实质，对全要素油气能源效率的测度研究进行一个宏观的掌握和细致的考量。梳理环境规制、经济增长和能源消费与全要素油气能源效率关系的现有研究成果，总结当前研究存在的不足，充分掌握能源效率及其影响因素分析的相关理论，为后续多角度多方面环境、经济与全要素油气能源效率之间关系分析奠定理论基础，并在此基础上提出改善建议，进一步提升全要素油气能源效率。

（2）理论联系实际方法。将内生增长理论模型运用到实际的经济、能源消费关系研究中，提出平衡增长路径，为后续全要素油气能源效率的定量研究奠定理论基础。

（3）定性分析法。在进行绿色发展视角下中国全要素油气能源效率的研究中，从定性的角度全面分析能源效率，确定相应的测算指标，为后续定量分析提供论证基础。

（4）定量分析法。运用 Undesirable－Window－DEA 模型、方向距离函数模型测算中国全要素油气能源的效率，并从时间、区域两个维度对测算结果进行分析，同时为后续的比较分析提供数据计算结果，加强建议的合理性、针对性、可操作性、实用性。

1.4.2 关键技术路线

本研究属跨学科综合研究，涵盖能源经济学、产业经济学、计量经济学、宏观经济理论、石油工程管理等多个学科领域。本书将从绿色发展视角下提升中国能源效率的角度出发，紧扣我国重大发展战略的实施和存在的关键问题，综合利用各学科领域的先进方法进行研究，为我国政府相关部门提供及时、有效、可操作的政策建议。首先，在梳理分析相关理论基础上，分析、研究目前国外主要国家油气能源效率的变化过程及发展趋势，找出油气能源效率的变化规律，为中国油气能源效率提高和油气产业发展政策提供借鉴经验；其次，全面、深入分析我国油气能源效率的现状、特点及存在的主要问题；再次，基于内生增长理论模型，分析能源消费与经济增长之间的关系；再其次，基于数据包络评价模型（DEA 模型），从时间维度、区域维度两方面，实证测算、比较研究环境约束下我国全要素石油、天然气能源效率及其影响因素；最后，结合我国的环境污染和治理现状，基于绿色发展视角，从油气能源供给侧和需求侧角度研究并提出进一步提高我国油气能源效率的对策和建议（图 1-1）。

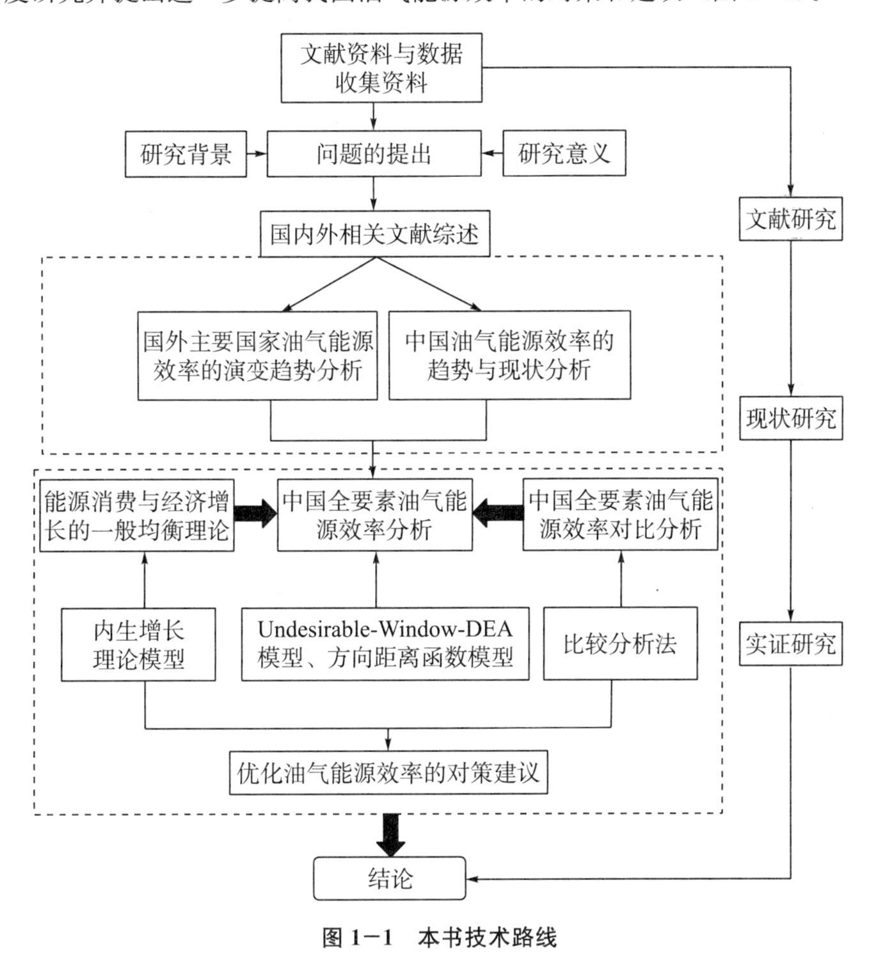

图 1-1　本书技术路线

1.5　可能创新点

（1）测算方法的创新。已有参考文献多用单要素能源效率测算方法、能源强度计算方法对能源效率值进行衡量；同时，即便采用全要素能源效率测算框

架，也仅仅将能源作为一种投入要素进行测算，最终结果既能作为能源效率，也能作为资本、劳动等其他要素效率。因此，本书根据 Hu 和 Wang 的思路计算油气能源效率：油气能源效率=（实际油气消费量-调整油气消费量）/实际油气消费量。这样可以更准确地测算油气能源效率。

（2）考虑环境问题，即绿色发展。已有研究对环境约束、要素替代等问题重视程度不高，导致测算结果存在偏差。因此，本书考虑了能源种类之间以及能源与资本和劳动力要素之间的替代性；同时，在模型中引入了实际生产过程中存在的非期望副产品，如环境约束。已有研究多采用 Malmqulist-Luenberger 指数法对非期望产出约束下的能源效率进行研究，但其忽视了技术进步的重要性，使得效率指数存在偏差。因此，本书采用窗口至前沿最远距离的 DEA 模型，通过动态方式反映油气能源效率的真实变化情况，避免不能跨期比较问题产生。

（3）以往大多文献只关注可再生资源与经济增长之间的内在关联机制，但就我国而言，煤炭、石油、天然气等不可再生资源仍然占据较大比重，因而他们忽视了不可再生能源对经济增长的作用。因此，本书基于已有文献基础，充分借鉴 Romer（1990）的水平创新增长模型，构建了一个包含不可再生能源的内生增长模型，以此分析能源消耗、研发创新与经济增长之间的内在关联机制。

2 相关理论基础

2.1 内生增长理论

内生增长理论（The Theory of Endogenous Growth）是西方宏观经济理论的一个分支，产生于20世纪90年代，经济保持不断增长且能够不依赖外力作用是其核心思想。内生的技术进步是保证经济稳定增长的决定因素，强调不完全竞争和收益递增。

2.1.1 内生增长理论的演变

两百多年以来，经济学界对于经济增长的动因各持己见，在经历由外生到内生发展过程以后才形成了现代经济增长理论，可以概括为以下三个阶段：资本积累说、外生增长理论及内生增长理论。

2.1.1.1 资本积累说

随着时间的流逝，生产性资源的积累被认为是当时国民经济增长的要素之一。在19世纪40年代，资本积累说为现代经济增长模式奠定基本框架，该学说以哈罗德-多马模式为典型代表，这种模型指出资本积累是经济增长的唯一动因，这一时期被称为“资本积累说”阶段。哈罗德在模型里假设资本报酬率是常数，也就假定了资本和劳动在增长过程中具有不可替代性。在这种假设条件下，经济增长难以满足模型中的恒等式，因此满足哈罗德模型中经济的增长条件是非常苛刻的。因得出经济增长是不稳定的结论，所以该经济增长模型不能称为正统理论。其生产函数如下：

$$\Delta Y/Y = s \times \Delta Y/\Delta K$$

其中，Y 是产出，ΔY 是产出变化量，$\Delta Y/Y$ 是经济增长率；s 是储蓄率；ΔK 是资本存量 K 的变化量。$\Delta Y/\Delta K$ 是每增加一个单位的资本可以增加的产出，即资本（投资）的使用效率。

2.1.1.2 外生增长理论

19 世纪 60 年代，索罗等人提出了技术进步论，该理论为外生增长理论构建了较为完整的理论框架。他们认为技术进步是经济增长的动因，并验证了经济增长的机制，描述不同国家经济增长水平之间存在的差异，这一时期主要观点是外生增长理论。该理论打破了资本积累说的局限性，推翻了资本与劳动不可替代的假设，构建了新的增长模型，该模型成为经济增长的均衡条件。但是，在索罗模型中，人口自然增长率这一外生变量决定了均衡经济增长率，而且此模型不适用于所有的经济增长。1975 年，索罗提出了全要素生产率分析方法，并应用这一方法检验新古典增长模型时发现，87.5%的产出不得不归于一个外生变量“余值”，即技术进步①。

2.1.1.3 内生增长理论

内生增长理论不同于新古典增长理论，又被称为新增长理论，它把知识和技术创新融入经济增长模型中。在内生理论的发展过程中，学者阿温的《边干边学的经济含义》提出生产过程中积累的经验也可以作为一种投入。学者宇泽弘文在《经济增长总量模式中的最优技术变化》中将新古典增长模式引入教育部门，教育部门通过对生产部门技术水平的提高来实现产出的增加。但这些模型中的经济增长条件都是由外生的人口增长率决定的，并没有摆脱新古典增长理论中的不良结果，也不能进一步解决索罗余值提出的将技术进步内生化的问题。以罗默和卢卡斯为代表的经济学家在新古典增长理论的基础上提出了“内生技术变化”的说法，探讨了经济可能长期增长的前景。他们提出经济的增长是经济体系内部力量的原因，而不是依靠外部力量，加强了关于知识外溢、人力资本投资、收益递减、边学边干、劳动分工和开放经济的探讨，使内生增长理论更加成熟化。通过对内生增长理论的研究分析，麦迪逊、赫斯顿等学者运用搜集的数据资料和经济实证提出对新古典理论的挑战。后来的经济学家站在前人的肩膀上继续探讨经济增长理论，不断推翻与新古典增长理论相悖的结论，从而推动新经济增长理论的发展。

2.1.2 内生增长理论的构成

内生增长理论框架主要由罗默的知识外溢长期增长模式、阿温的边干边学

① 王荣：《基于内生增长理论的高科技企业增长研究》，中国科学技术大学，2006 年。

增长模式及卢卡斯的人力资本外在性增长模式构成。

2.1.2.1 知识外溢增长

罗默在继承斯密、马歇尔及阿温等人递增收益思想的基础上，结合收益递增、外在性和知识生产中的收益递减要素，提出有内生技术变化的竞争性均衡长期增长模式。在他提出的模型中，长期增长的决定因素是专业化知识的积累，它自身不仅有递增的边际生产力，还能让资本和劳动也产生收益递增，从而增加整个经济规模的收益。他在模型构建过程中得出均衡增长率，在动态分析中得出可以无限增加人均产出。受经济总知识存量、厂商知识投资决策及储蓄率因素的影响，增长率可能随时间的变化而单调递增，这是因为知识总量具有正向溢出效应，即社会知识存量越多，经济增长率就会越大，厂商对专业化知识的投资能增加总知识的存量，储蓄越多知识的增长就会加快。

2.1.2.2 边干边学增长

在《边干边学与国际贸易的动态效应》中，阿温修正并延伸了原来的边学边干模式，提出有限的边干边学和发明相互依存的交互模式。在该模式中，他强调实验室的研究活动与生产车间的经验具有相互作用。他认为，若没有引进新技术，所有产品的边干边学是定量的，并且迟早会耗尽，边干边学就不可能继续进行下去。所以边干边学必须依靠发明才能够持续下去。由于新发明的技术只能提供有限的支持，需要大量成本的发明可能的盈利也依赖边干边学，生产成本的下降和生产率的提高归于生产经验积累的功劳。阿温还强调，经济的长期增长是边干边学和发明的共同作用导致的；也就是说在发明条件下，如果对发明的投入过高或者市场未达到一定规模，则厂商的盈利就会很低；在学习条件下，成规模的市场和较低的发明投入，会扩大发明的盈利空间，并会带来产前的社会经验。所以，市场规模、知识积累和发明都会对均衡增长率发挥作用。

2.1.2.3 人力资本外在性增长

卢卡斯在《论经济发展的机制》中运用贝克尔和舒尔茨的人力资本理论，引入宇泽弘文的框架进行分析，并结合罗默的处理技术，提出以人力资本的外在效应为核心的内生增长模式。在该模式中，他将内部效应和外部效应进行区分，指出人力资本的外部效应具有真实作用，此效应具有扩展性，会出现人到人的扩展，所以对任何生产要素的生产率都能做出贡献。人力资本外在性增长模式进一步强调对人力资本的投资，特别是外在效应具有递增收益，而正是这种递增收益使人力资本成为增长的源泉。他在模型构建中得出：人力资本的增长率是决定经济增长率的关键因素，有效的人力资本投入会增加人力资本增长率。

2.1.3 内生增长理论中的增长模式

内生增长理论的增长模式主要包括罗默的内生技术变化增长模式、阿辛格的熊彼特式创造性破坏技术变化增长模式和格鲁斯曼－赫普曼的产品质量阶梯内生技术变化增长模式。内生增长主要在完全竞争假设条件下考察长期增长率的决定，具有两种详细的研究思路：一是以罗默、卢卡斯为代表的用全景及范围的收益递增、技术外部性解释经济增长的思路，典型的模型是知识溢出模型和人力资本模型。二是利用资本持续积累解释经济内生增长的思路，雷贝洛模型是其代表模型。

2.1.3.1 内生技术变化增长模式

罗默通过把技术变化和垄断力量结合起来延伸了对外在性的研究，提出了经济主体投资决策的内生技术变化的垄断竞争均衡增长模式，该经济主体的出发点是利润最大化，突破了对投入要素的知识和技术特征的假设。在罗默的提法中，知识区别于一般意义上的经济品，也区别于一般的公共品，这种产品具有非竞争性和部分排他性。他所说的知识特征会产生要素报酬非递减技术，导致竞争性均衡能被垄断竞争所替代。在均衡中，增长的源泉是抽象化的知识和技术创新，这种抽象物体是由配置到设计部门的人力资本生产出来的，生产率可以被积累。上面的叙述说明，在专业化中间产品和设计部门知识积累的外溢效应所产生的经济作用下，持续增长可以成为现实。罗默模式中的假设有资本、劳动、人力资本及知识四种投入和两个部门：

一是研究部门。通过使用人力资本和知识产生新知识或新的中间品，然后利用设计和资本生产作用于最终产品部门投入的中间品，其生产函数为：

$$Y = AX^{\alpha}L_1^{1-\alpha}$$

其中，A 是知识水平；X 是投入的资金；α 为常数，是资金 X 的指数；L_1是投入的人力资本。

二是最终产品部门。它负责用中间品、劳动及人力资本生产出最终产品，其生产函数为：

$$Y = L_2^{1-b}\int_0^A x_i^b \mathrm{d}i$$

$$L = L_1 + L_2$$

其中，L_2是的人力资本；b 为常数，是 x_i 的指数，代表中间品投入的作用；A 是知识水平；L 是人力资本总数；x_i 表示中间第 i 种中间品的投入。

2.1.3.2 熊彼特式创造性破坏技术变化增长模式

熊彼特指出，创新即建立新的生产函数，将生产要素重新组合，也就是把一种新的生产要素和生产条件的新结合体引入生产体系中去，用以实现对生产要素或者生产条件的新组合，正是这种新的组合能够最大限度地获取超额利润。而周期性的经济波动是引起创新过程的非连续性和非均衡性，不同“新组合”对经济发展的贡献也不相同，由此形成不同时间的经济周期。资本主义是经济变动的一种形式或方法，不是一成不变的，也不会永远存在下去。当经济进步使得创新活动本身成为日常活动时，企业家会随着创新的减弱，投资机会减少而消亡，资本主义将自动进入社会主义。熊彼特将五个创新细化为新产品、新生产方法、新市场、新供应商及新组织。

学术界在熊彼特创新理论的基础上开展了进一步的研究，使创新的经济学研究日益精致和专门化，学者阿辛格和霍维特从熊彼特“创造性破坏”思想角度出发，引用延伸了罗默等的分析框架，研究了为提高产品质量为目的的产业创新历程，提出了创造性破坏产出的内生增长模式。此模式提出，经济增长的动力源泉是竞争性厂商的产品创新。厂商受成功创新专利产生的垄断利润驱使，但都会被创新一一打破，所以说创新是一个带有破坏性的过程，在为厂商带来垄断利润的同时也破坏另外厂商的垄断。

2.1.3.3 产品质量阶梯内生技术变化增长模式

经济学家格罗斯曼和赫尔普曼在《增长理论中的质量阶梯》中延伸了阿格辛等的“垂直产品创新”的分析框架，以产品质量提高为基本思想，提出产品质量阶梯持续提高的内生技术变化增长模式。他们认为，所有产品都有随机提高的质量阶梯且是不均匀分布的，技术是产品质量提高的基础，提高质量阶梯要由发明者通过研究发现来推动，每一个成功的发明者都拥有绝对的专利，可以谋取垄断利润的同时终止先前的垄断。但是这种产品质量阶梯不是永恒的，它会被质量阶梯更高的产品取缔，旧产品不断被新产品替代，产品质量的阶梯得以不断提高。这一模型强调，经济不断增长的原动力是产品质量阶梯的不断提高。

2.2 可持续发展理论

2.2.1 理论背景及概念

2.2.1.1 理论提出的背景

在19世纪70年代之前的西方经济学理论中，最大化增进国民财富被人们当作经济活动的根本目标，当时经济活动的最核心评判标准是国民经济是否取得最大增长，上述的这种发展观念被称为“单纯经济增长发展观”。在社会发展过程中，有些人意识到虽然发展中国家的模式为国民经济的发展积累了财富，但其发展方式、教育卫生和人口增长等状况并未得到改善，甚至有些国家朝着期许的负方向发展，由此看来经济增长并不一定能带来社会进步。西蒙曾提到经济增长不同于社会发展，经济增长是指总量的增加，但发展除此之外还包括社会发展的目标。此阶段的人们往往更关注经济增长和发展之间的不同，在发展方面只关注医疗卫生和就业等情况，还未涉及生态环境和人类之间的统筹协调发展，无视经济发展对环境的破坏导致出现严重的生态环境问题。19世纪80年代以来，人们逐渐将注意力转移到生态环境上来，发展理论从根本上发生变化，此后的发展理论不仅涉及社会发展，还将资源的合理利用、环保等融入发展理论中，从此可持续发展理论开始被广泛传播。

2.2.1.2 可持续发展概念的提出

可持续发展（Sustainable Development）的概念最早是在1972年的联合国人类环境研讨会上正式提出的。1981年，美国学者布朗在出版的《建设一个可持续发展的社会》中系统地对可持续发展进行阐述，他提出通过控制人口增长、保护资源基础和开发可再生资源来实现可持续发展。1987年，挪威学者Gro Harlem Brundtland在世界环境与发展委员会出版的《我们的未来》中将可持续发展定义为“既能满足当代人的需要，又不对后代人满足其需要的能力构成危害的发展”。她定义的可持续发展被广泛接受和引用，也是现代可持续发展延伸的基础。

2.2.2　可持续发展的内涵

可持续发展从字面上来看包含“可持续”和“发展”两个基本方面，但又不仅是“可持续”和“发展”两者的简单加总。可持续发展内涵丰富，从不同的角度来看具有不同的属性，以下做简单描述。

2.2.2.1　生态属性

可持续发展与生态属性相结合强调的是生态环境的可持续性，也就是经济社会的发展必须要考虑到生态环境的承受力，不能一味地发展经济而以牺牲生态环境为代价，也不能因过度保护环境而阻碍社会进步，两者之间相辅相成，互为因果，是一种动态平衡的关系。后来，人们在对可持续发展的深入研究分析中认识到人类社会发展的终极目标就是回到保护环境并强化自然环境对经济发展的承载力，即人类的经济和社会发展不能超越资源和环境的承载力。

2.2.2.2　社会属性

社会属性与可持续发展的结合就是要以实现提高人类生活质量和全面推动社会进步为目标，社会发展是以“人”为中心，就是要满足人类的生存、享乐和健康的要求，处理好物质文明和精神文明之间的关系。

2.2.2.3　经济属性

经济属性与可持续发展的结合强调经济增长的必要性，即可持续发展不仅是重视经济数量上的增长，还要追求质量的改善和效益的提高。要求改变“高投入、高消耗、高污染”的粗放型经济增长方式，在有限的资源环境承载能力范围内发展经济，积极倡导适度消费和清洁生产，以减轻对环境的压力。

上述对可持续发展三种属性的简述，所处角度不同，着眼点也不同，但就我国的发展现状来看，社会生产力和人们对美好生活的追求仍然存在矛盾。经济可持续发展占据可持续发展的主导地位，生态和社会的可持续发展为经济可持续发展提供了坚强的资源和社会保障，反过来，经济可持续发展又为生态和社会可持续发展提供了强有力的物质和资金支持，因此这三者是相辅相成的，但是只有经济可持续发展得到体现，才可能实现生态和社会的可持续发展①。

---

①　任卓：《生态敏感区经济可持续发展研究》，武汉大学，2014年。

2.2.3 可持续发展的原则

可持续发展的三个基本原则分别是公平性原则、共同性原则及持续性原则，下面做简要介绍。

2.2.3.1 公平性原则

公平性原则侧重于机会选择的公平，是可持续发展的主要原则之一。它具有两层含义：一层是横向公平，另一层是纵向公平。横向公平是代内公平，即本代人之间的公平，可持续发展要满足当代人的生存需求，在大自然赋予的资源面前人人享有均等消费的权利。可持续发展不仅强调可持续性，也强调发展，但就世界整体格局来看，仍有约90%的国家未达到发达国家的水平，且只有经济发展到一定水平才有能力解决生态环境问题。可持续发展也不允许处于发达国家的近10%的人口因其有能力而消耗世界上绝大多数的资源，这样的发展显然不具有公平性，也不能维持全球发展的可持续性。纵向公平是代际公平，即时代之间的公平，大自然赋予人类赖以生存的资源是有限的。从伦理层面出发，先辈、当代以及未来各代人应当拥有同等的权利来提出对自然资源的需求，因与未来各代人相比，当代人在自然资源的消费方面处于一种极其优越的地位，当下的我们要不逾矩、不剥夺后代人生存的权利。代际公平要求任何一代都不能主导自然资源，应该同样享有公平选择的机会。公平性的两层含义也是可持续发展的社会属性体现。

2.2.3.2 共同性原则

实现可持续发展是全球的共同目标，它所体现出来的可持续性是得到各国广泛认可的，即使不同国家之间的风俗习惯、经济发展水平和历史渊源存在差异，但各国都应在消费资源满足需求的同时履行相应义务，为实现可持续发展的目标共同努力。《我们共同的未来》写道："进一步发展共同的认识和责任感，是这个分裂的世界十分需要的。"即实现可持续发展要求全人类共同促进人与人之间、人与自然之间的和谐，这是人类共同的义务和责任。可持续发展的核心是协调人与自然的关系，人类在利用自然赋予的资源的同时能够考虑到他人和生态环境，能够从共同性角度出发维持互惠互利的关系，是实现可持续发展目标的基础。

2.2.3.3 持续性原则

持续性原则强调的是社会经济发展带来的负面影响不能超出生态环境的承载能力。自然环境是人类生存发展的先决条件，资源的持续供应和生态系统的可持续性是维系人类社会不断发展的基础。在生态更新周期内确定不可再生资源的消耗标准，合理开发利用并使其继续具有再生产能力，所以人类根据这一原则调整生产生活方式显得尤为重要。

在以上对可持续发展原则的描述中可知，要实现可持续发展的全球性目标，应该顺应自然发展的规律，各国共同采取措施，发达国家带动发展中国家，发展中国家也不能急于求成而牺牲环境，应及时调整产业结构，提高经济发展质量。

2.2.4 可持续发展与绿色发展

2.2.4.1 绿色发展的内涵

绿色发展是在传统发展基础上的一种模式创新，是建立在生态环境容量和自然环境承受能力的约束条件下，将保护环境作为实现可持续发展重要支撑的一种新型发展模式。基本思想如下：它是某个国家或区域在国民经济发展过程中依靠科技不断进步，一方面大幅度降低对不可再生资源的消耗，另一方面提高对可再生资源和替代资源的开发利用，逐渐提高其在资源消耗中的占比。目的是调整产业结构，并转型到绿色、清洁、可持续利用的以可再生资源为主体的能源利用结构体系，最终实现能源系统的可持续发展。绿色发展有以下特点：绿色发展强调经济增长与能源、生态、社会和谐发展，强调把生态和能源作为经济增长的内在要素，强调经济体系、生态系统和能源系统协调共生；实现绿色发展是一个渐进的过程，需要经历社会制度、相关法律法规及配套措施的逐步建立和完善；绿色发展是社会经济范围的一场革命，它不仅促进经济增长，也是对传统高污染、高排放、低质量的经济增长模式的彻底改革；绿色发展强调的是地球上重要自然资本的持续性发展，侧重点在于扩展自然资本，是资源利用方式的革新，也就是将原有高污染的生产方式转变为绿色、清洁环保、可持续利用的资源利用体系。

2.2.4.2 绿色发展的要求

党的十八届五中全会提出绿色发展的理念，用于指导我国长远的科学发展规划及发展方式。狭义上，绿色发展是要发展环境友好型产业，着眼于降低能耗和物耗，保护和修复生态环境，致力于发展循环经济和低碳技术，使经济社会发展与自然协调。广义上，绿色发展要满足以下要求。

第一，均衡发展。人的劳动产出是社会生产的基本形式，人口的可持续是维持可持续发展的基础，所以，实现人口资源环境与社会经济的协调发展是可持续发展的基本要求。但我们必须均衡人口发展，使人口的发展与环境资源、能源及生态的承载能力相符合，协调社会经济发展水平，适应城市化水平。因此，人口的均衡发展不仅是实现绿色发展的基本前提，而且是实现绿色发展的基本要求。

第二，节约发展。环境资源是生产资料和生活资料的基本来源，是构成国民经济和社会发展的物质基础。从是否具有可再生性质的角度出发，资源分为可再生和不可再生两种。所以，对于可再生资源的开发利用不可超出其更新速度，对于不可再生资源的利用不可超出其代替品的周期。一般来说，节约发展是建设资源节约型社会的手段，资源节约型社会是节约发展的目标。节约和集约利用资源是节约发展促进可持续发展的理念和方式，所以要全面节约和高效利用资源，树立节约集约循环利用的资源观，加快建设资源节约型社会，显然，节约发展是绿色发展的重要内容和基本要求。

第三，低碳发展。能源是生产生活燃料及动力来源，也是影响可持续发展的基础。一般来说，降低对碳的依赖是低碳发展的核心，要实现低碳循环发展，建设清洁低碳、安全高效的现代能源体系，即要降低经济体对引起二氧化碳等温室气体的生产和消耗程度。所以，在推进煤炭清洁技术发展的基础上，应大力发展低碳科技，推动低碳产业体系发展。

第四，清洁发展。生态环境为人类提供生产和生活空间，是容纳生产和生活废弃物的场所。生态环境的承载能力、自我净化能力是有限的，所以人类活动不可超出其阈值。实质上，清洁发展是针对环境污染末端治理的缺陷提出的控制环境污染的方式，主要是减少废物的排泄并通过无害化的手段实现科学发展。内涵上，清洁发展与狭义的绿色发展是一致的，既要推进发展又要保护环境。由此可见，清洁发展是绿色发展的一部分。所以，我们在推进传统清洁能源利用发展的同时，也要大力提倡清洁生产。

2.2.4.3 可持续发展与绿色发展的关系

（1）绿色发展是伴随着可持续发展、生态环境、低碳生活等概念的出现而产生的。

(2) 绿色发展包含于可持续发展，是一种符合可持续发展理念的发展方式，是对可持续发展的细化。

(3) 绿色发展在某种程度上是可持续发展的重要衡量尺度，因此研究绿色发展就是研究可持续发展，与人类社会可持续发展的共同要求相吻合。

2.3 全要素能源效率测算原理

2.3.1 全要素能源效率的定义

能源效率分为物理能源效率和经济能源效率。前者指一种能源转化为另一种能源后，两种能源产出之比；后者把能源作为一种投入，即经济产出与能源投入之比。在经济学和管理学领域，学者们研究的基本是经济能源效率，度量能源强度最简单的方法为单位 GDP 能耗即能源强度①。

不同学者从不同角度出发，对能源效率的定义不相同，但多集中于从技术、经济及物理等角度对能源效率进行定义。在能源效率定义方面，Patterson 把能源效率的指标分为热力学、物理热力学、经济热力学及经济性四种指标。前三者能源的投入以热力单位计量，而经济性指标用货币对能源投入进行计量。史丹站在经济和技术角度看能源效率，认为经济上的能源效率就是利用较少的投入以获取更多的经济产出；而技术层面的能源效率是因为技术的进步，生活方式的变化及管理效率的提高带来的能源消费量的降低。中国学者蒋金荷将度量一个国家或区域能源效率的方法分为经济方法和物理方法两种，经济方法指的是产生单位 GDP 所消耗的能源量，物理方法中的总能源效率是开发效率、生产效率及终端消费效率的乘积。Jin-Li Hu 等将能源效率划分为能源方面的技术效率和经济效率，前者指某种能源在经过技术加工变成另外形式的能源后两者的比，后者指所投入的能源和带来的经济产出的比例。

2.3.2 全要素能源效率测算——DEA 基本原理

DEA 是数据包络（data envelopment analysis）的简称，是由数学、运筹学及管理学交叉形成的新研究领域。英国学者 Farrell 在研究农业生产历史时

① Patterson M G：What is energy efficiency? Concepts，indictors and methodological issues，Energy Policy，1996，24（5）：377－390.

最先提出数据包络思想，后来运筹学家 Rhode，Cooper 及 Chames 在其思想上正式提出这一相对效率的研究方法。基于 DEA 方法不需要为效率前沿作假设方程，而是根据决策单元的实际数据采用局部逼近的方法建立前沿函数模型，以达到降低风险的目的，而且 DEA 方法还具有避免主观因素和简化算法的显著优越性。所以本书使用数据包络的方法来测算全要素能源效率。

DEA 方法是用数学规划来评价相同类型的评价单元是否技术有效的一种非参数统计方法[①]。它的研究对象是一组同类型的、具有代表经济意义的决策单元（decision making units），然后根据这些输入和输出数据进行相对有效性的评价。一般情况下，同类型的决策单元是指具有相同的目标和任务、相同的外部环境和相同的输入和输出三个特征的决策单元集合。全要素生产理论中投入成本和产出形成“生产可能性集合”，在投入成本一定的情况下，投入成本是产出最大化的组合成为“生产效率前沿”，两者是数据包络的基础理论来源。当决策单元落在效率前沿时，则是有效单元；反之，则为无效单元。

---

① 马海良、陈其勇、史路平：《长三角能源效率问题研究》，化学工业出版社，2013 年。

3　国外主要国家油气能源效率的演变趋势分析

随着全球经济的不断发展，世界各国对能源消费、利用的重视程度逐步提高，如何实现经济的高质量发展、提升整体能源利用效率成为各国的工作重心。本章选择能源强度作为能效水平及其变动的分析工具。能源强度可以通过能源消费量与经济产出之比测算得出；就国家层面来讲，它表示能源消费量与国内生产总值的比值，主要反映了该国或地区能源利用的经济效益，与能源效率呈反向变动关系。本章基于该基本概念，重点分析了美、英、俄、日、印等国外主要国家整体能源效率、油气能源效率的变化趋势，探索其中的规律，寻求各国提能效、降能耗的经验教训，并为我国提出相应借鉴建议，以实现能源消费、利用方式的优化升级，促进经济高质量、可持续发展。

3.1　国外主要国家能源效率的演变趋势

在世界整体经济规模持续扩张的同时，能源消费量也随之上涨。从 1991 年至 2017 年，全球一次能源消费量以年均 2.12％比率持续上升，而单位 GDP 能耗呈现出波动中下降的趋势。这说明在此期间，世界整体能源效率逐步提升。1991 年，世界单位 GDP 能耗量为 3.0411 万吨标准煤/亿美元；2017 年，降低至 2.4104 万吨标准煤/亿美元。具体变化情况如图 3－1、表 3－1 所示。

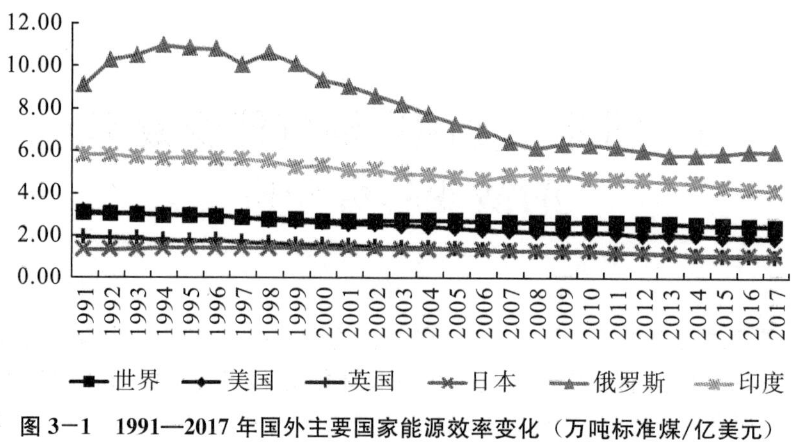

图 3－1　1991—2017 年国外主要国家能源效率变化（万吨标准煤/亿美元）

表 3－1　1991—2017 年国外主要国家能源效率变化

（万吨标准煤/亿美元）

年份	世界	美国	英国	日本	俄罗斯	印度
1991	3.0411	3.1010	1.8965	1.3115	9.0874	5.7795
1992	3.0093	3.0426	1.8771	1.3170	10.2576	5.7780
1993	2.9778	3.0236	1.8507	1.3408	10.4719	5.6596
1994	2.9266	2.9598	1.7581	1.3787	10.9381	5.5907
1995	2.9097	2.9433	1.7216	1.3933	10.8005	5.6462
1996	2.8927	2.9300	1.7609	1.3770	10.7733	5.5960
1997	2.8173	2.8265	1.6607	1.3817	10.0379	5.5761
1998	2.7659	2.7234	1.6250	1.3790	10.5922	5.4840
1999	2.7244	2.6455	1.5658	1.3993	10.0614	5.1894
2000	2.6760	2.6000	1.5267	1.3783	9.3079	5.2648
2001	2.6559	2.5147	1.5066	1.3681	9.0036	5.0498
2002	2.6584	2.5084	1.4387	1.3586	8.5757	5.0825
2003	2.6798	2.4485	1.4156	1.3418	8.1658	4.8649
2004	2.6937	2.4072	1.3945	1.3445	7.7036	4.8487
2005	2.6836	2.3316	1.3579	1.3343	7.2281	4.7155
2006	2.6468	2.2532	1.3095	1.3125	6.9690	4.5886
2007	2.6196	2.2022	1.2658	1.2812	6.3928	4.8262

续表

年份	世界	美国	英国	日本	俄罗斯	印度
2008	2.6062	2.1583	1.2498	1.2767	6.1058	4.9131
2009	2.6095	2.1136	1.2402	1.2334	6.3113	4.8682
2010	2.6250	2.1343	1.2494	1.2627	6.2600	4.6398
2011	2.6060	2.0829	1.1650	1.1988	6.1552	4.6150
2012	2.5780	1.9864	1.1625	1.1742	5.9635	4.6031
2013	2.5603	2.0079	1.1346	1.1422	5.7682	4.4950
2014	2.5134	1.9797	1.0379	1.1028	5.7734	4.4749
2015	2.4636	1.9082	1.0266	1.0793	5.8308	4.2621
2016	2.4399	1.8811	0.9954	1.0651	5.9542	4.1842
2017	2.4104	1.8450	0.9739	1.0592	5.9376	4.0946

注：1. 表内数据由能源消费总量（单位：万吨标准煤）、国内生产总值（单位：亿美元）计算得出，故单位为万吨标准煤/亿美元。2. 原始数据来源于《BP世界能源统计年鉴》（1992—2018）、世界银行数据库。3. 能源消费总量原始单位为百万吨油当量，具体测算过程中按照“1吨油当量=1.4286吨标准煤”折算。

从图3－1、表3－1可以看出，1991—2017年间世界整体能源效率显著提升，2002—2011年间出现小幅波动，将导致这一现象的主要原因分析如下：

第一，21世纪初期世界经济动荡加剧。2001年，世界热点地区错综复杂的政治形势、接连不断的民族冲突以及日益凸显的战争威胁、单边主义、恐怖主义给世界经济发展带来了沉重的打击。此后，整体经济走势脆弱、乏力，大多数国家的经济仍在低迷中徘徊，经济发展速度严重滞后于能源消费增速，使得世界能源效率在相当长一段时间里呈现出明显的下降趋势。2008年，全球性经济危机席卷而来，对各国经济造成冲击。2010年，各国经济不断从疲软中恢复，能源需求也随之提升。两次严重的经济危机，对世界整体经济发展形成了巨大的阻碍，同时，在一定程度上影响了各国的能源需求。但短期的金融危机难以对能源刚性需求造成冲击，因此，在经济危机的影响下，世界整体能源效率呈现出暂时性下降。只有经济从危机中完全复苏，能源效率变化才重新回到正轨。

第二，对经济高质量发展的追求。随着经济社会的进步，人们更致力于追求可持续发展目标，对于综合安全、资源环境、社会福利等各方面都有更高的

要求，这就迫使世界各国在追求经济增长的同时，不断促进能源使用效率的提升，减少由能源消费不均衡、资源浪费严重导致的国家安全及环境污染问题，使得世界单位 GDP 能耗量的变化整体呈现出平稳下降的趋势，世界范围内整体能效水平随之上升。

3.1.1 美国能源效率的演变趋势

长期以来，美国以能源消费大国的身份活跃于国际市场。1960 年前后，美国的一次能源消费量就已经达到了全球消费总量的 35%；截至 2014 年，美国的累积能源消费总量已经占到世界的 25%。随着美国经济不断增长，其能源消耗量不断上升；同时，在技术进步、科技创新、产业创新、需求管理等的共同作用下，能源效率也实现了进一步提升。

从图 3－2、表 3－1 中可以看出，1991—2017 年间美国单位 GDP 能耗呈现出逐年下降的趋势，说明在此期间美国能源效率逐步提升。单位 GDP 能耗由 1991 年的 3.1010 万吨标准煤/亿美元下降至 2017 年的 1.8450 万吨标准煤/亿美元，年均下降幅度为 1.5%。综合看来，1991—2001 年，美国能源效率变化趋势与世界整体变化幅度大致相同；2002—2017 年，相较于世界整体能源效率提升幅度，美国能源效率提升幅度更大。

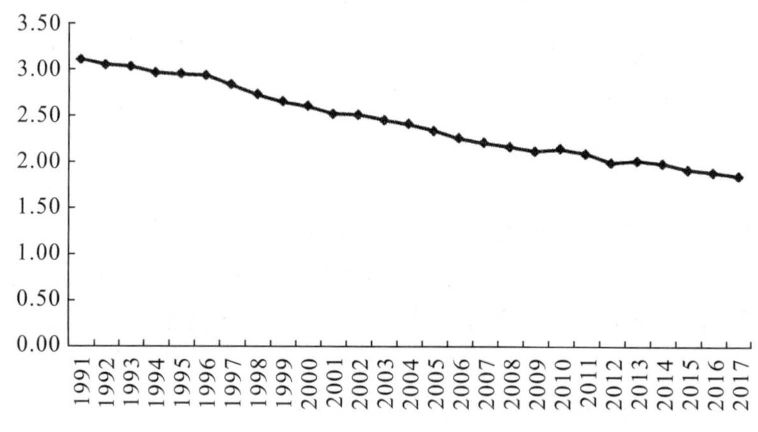

图 3－2　1991—2017 年美国能源效率变化（万吨标准煤/亿美元）

自 20 世纪 90 年代起，美国能源消费增速呈现出明显放缓的趋势，整体能源效率得以显著提升，主要原因在于：政府为缓解国家安全及成本负担，推出一系列节能增效政策，积极推动节能事业的发展；企业积极开展和应用节能技术，进一步促进能效的提高，加之产业结构不断优化升级，一系列综合措施为节能降耗目标的实现提供保障。

3.1.2　英国能源效率的演变趋势

21 世纪初期，英国能源消费总量呈现出显著下降的趋势。英国能源消费总量由 2006 年的 32204.50 万吨标准煤下降至 2017 年的 27336.26 万吨标准煤，年均下降幅度为 1.26%，占世界一次能源消费总量比重由 2.01%降至 1.42%。一方面，“去工业化”进程减少了英国的能耗负担；另一方面，节能技术的不断研发、环保政策的引导，为能效的提升、经济的可持续发展提供了技术支撑。

如图 3－3、表 3－1 所示，1991—2017 年间，英国单位 GDP 能耗呈现出逐渐下降的趋势，表明这一时期英国能源效率提升效果显著。单位 GDP 能耗由 1991 年的 1.8965 万吨标准煤/亿美元下降至 2017 年的 0.9739 万吨标准煤/亿美元，年均下降 1.8%，低于世界整体水平，说明英国整体能源效率水平较高。同时，其整体变化趋势同世界、美国较为一致，且下降幅度更大，表明这一时期，英国节能增效成果显著，整体能效水平走在世界前列。

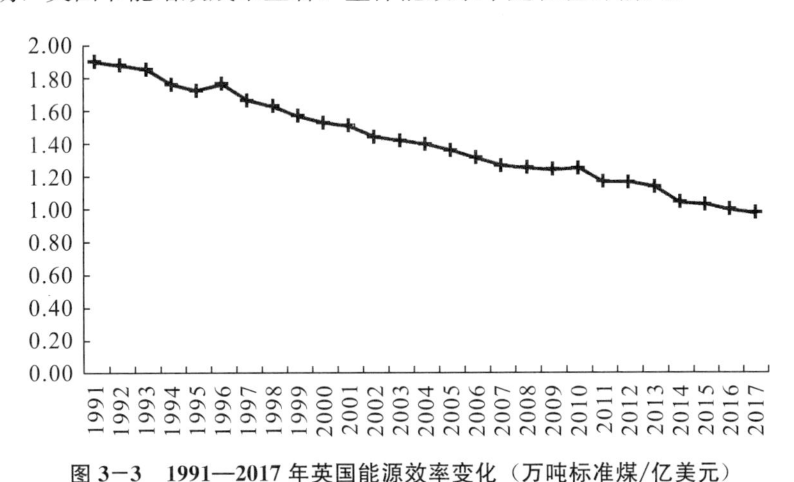

图 3－3　1991—2017 年英国能源效率变化（万吨标准煤/亿美元）

第二次世界大战以后，英国的发展经历了最辉煌的十年，随着工业化的完成，能源消耗量达到顶峰，去工业化道路减少了对能源的刚性需求，能源消费量持续降低；2007 年以后，全球性金融危机为其带来了深重的打击，产业“空心化”、制造业“边缘化”使得英国经济严重失衡；对金融服务业的过度依赖、居民收入增长趋缓、楼市价格低迷等诸多因素制约了英国经济的增长，使得整体能源消费量大幅下降；与此同时，多部节能法律的出台促进了节能环保产业的发展，推进建筑节能与新能源技术的开发，能源耗费量得以降低，能源

利用效率进一步提升，为经济、社会健康发展提供了良好的保障。

3.1.3 日本能源效率的演变趋势

日本作为能源需求大国，其自然资源的匮乏、地理环境的限制，造成国内传统化石能源的高对外依存度，绝大多数能源消耗依赖进口。2011 年 3 月，大地震发生后，日本政府认识到了核电快速发展的负面影响，以及高对外依存度对国家安全带来的威胁。作为主要发展能源的核电被迫全面停运，一定程度上推动了石油切换到天然气及可再生能源的进程，加之技术的推动，各部门能源消耗总量大幅下降，整体能源效率得以显著提升。

如图 3−4、表 3−1 所示，日本单位 GDP 能耗量整体呈现出下降趋势，能源效率总体变化情况可以分为以下几个阶段：第一阶段，波动下降期。1991—1999 年间，单位 GDP 能耗由 1.3115 万吨标准煤/亿美元增至 1.3993 万吨标准煤/亿美元，年均增幅为 0.74%。第二阶段，缓慢上升期。2000—2009 年间，单位 GDP 能耗由 1.3783 万吨标准煤/亿美元降至 1.2334 万吨标准煤/亿美元，年均降幅为 1.05%。第三阶段，持续上升期。2011—2017 年间，单位 GDP 能耗由 1.2627 万吨标准煤/亿美元降至 1.0592 万吨标准煤/亿美元，年均降幅为 2.3%。

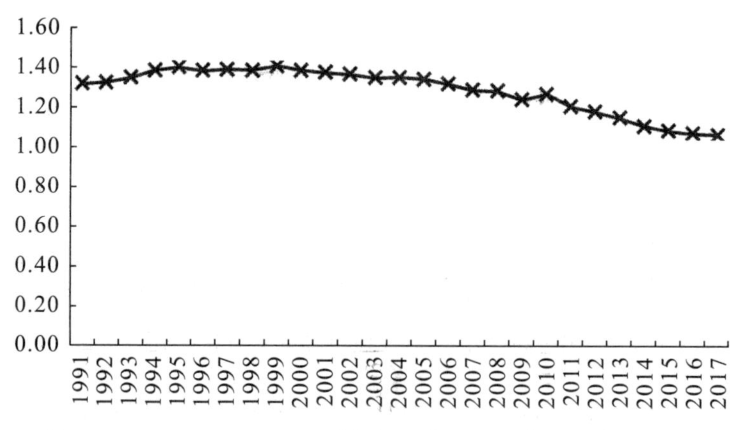

图 3−4 1991—2017 年日本能源效率变化（万吨标准煤/亿美元）

从整体上看，日本能效水平长期处于世界前列。一方面是由其地理位置和资源禀赋情况决定的；另一方面，在《巴黎协定》的约束、“3E+S”能源发展原则的指引下，其节能降耗取得显著成效。从阶段性变化来看，在金融危机、环境污染以及能源安全问题的影响下，日本政府逐渐意识到节能降耗的重要性，自 2010 年起，在维持经济稳定发展的同时，整体能耗量大幅降低，能源效率以较大幅度快速提升。这一系列的变化与节能意识、环保理念、结构优化、经济发展等密切相关。

3.1.4 俄罗斯能源效率的演变趋势

俄罗斯一直以来都依靠能源贸易推动整体经济发展，在国际能源市场上能源出口大国的地位越来越受到重视，同时又以能源消费大国的身份活跃于全球能源市场。苏联解体后，在长时间内对俄罗斯的经济发展及国内政治环境造成了一定程度的冲击。在这段时期内，其能源消费总量大幅降低，国内经济一度陷入停滞；1997 年左右，经济才逐渐呈现出回暖的迹象，此种情况下，能源需求也随之增长。

如图 3－5、表 3－1 所示，俄罗斯的能源效率变化情况可以分为如下三个阶段：第一，波动下降期。1991—1997 年间，随着经济高速发展、工业化持续推进，消耗了能源，单位 GDP 能耗由 9.0874 万吨标准煤/亿美元上升至 10.0379 万吨标准煤/亿美元，年均增长 1.49%。第二，持续上升期。1998—2008 年间，经济转轨、产业结构调整以及节能增效措施的逐步实施，致使能源刚需逐步下降；同时，“绿色技术”的大规模使用、能源产业的升级改造刺激能效水平的快速提升，单位 GDP 能耗由 10.5922 万吨标准煤/亿美元下降至 6.1058 万吨标准煤/亿美元，年均下降约 3.85%。第三，平稳上升期。2009—2017 年间，受技术水平和经济危机的限制，能效水平产生波动，但在绿色发展理念的指引下，整体能效仍保持上升趋势，单位 GDP 能耗由 6.3113 万吨标准煤/亿美元微降至 5.9376 万吨标准煤/亿美元，年均下降 0.67%。

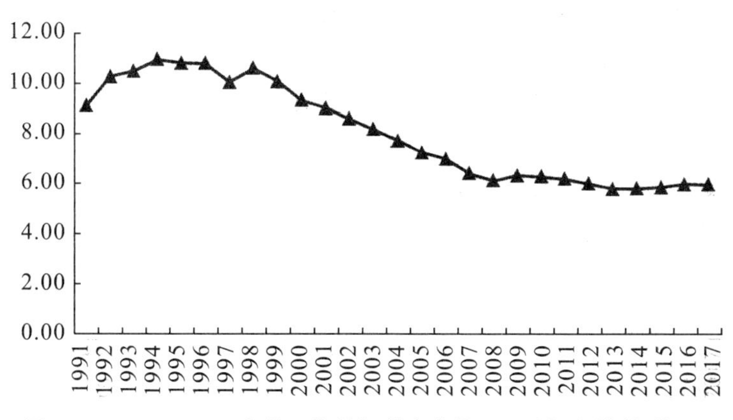

图 3－5 1991—2017 年俄罗斯能源效率变化（万吨标准煤/亿美元）

整体看来，俄罗斯能源效率远低于世界平均水平：一方面，丰富的能源资源为其经济发展、财政稳定提供了保障；另一方面，长期实行粗放型经济增长方式，对其环境及经济安全带来了冲击。经历了2008年全球性金融危机后，其低能效、高能耗经济发展的脆弱性暴露无遗。面对国内能源过度浪费的情况，俄罗斯政府提出积极推进节能产业的发展，将发展动力由资源依赖调整为科技创新，逐步实现多元化经济发展目标。当前已采取节能产品进口零关税、能源服务业向公众开放等一系列措施，为节能行业的发展提供了诸多机会，带动了国内能源效率的进一步提升。

3.1.5 印度能源效率的演变趋势

作为人口及能源消费大国的印度，在矿产资源的约束和经济的快速扩张下，能效水平逐步提升。自2000年起，其能源需求总量呈倍数增长，在能源消费及能源增效上投入的资金量超过1400亿美元/年。石油输出国组织（Organization of the Petroleum Exporting Countries，OPEC）的《能源展望报告》显示，印度将于2040年超越中国，成为世界第一大能源消费国。在能源需求日益增长、安全保障日趋迫切的情况下，印度政府正逐步规划新的能源战略，包括提升能效、降低能源损失以及发展可再生能源。

由图3－6、表3－1可知，印度的能源效率变化大致可以分为以下两个阶段：第一，快速上升期。1991—2005年间，节能法律的颁布为能效提升提供了有利驱动，单位GDP能耗由5.7795万吨标准煤/亿美元下降至4.7155万吨标准煤/亿美元，年均下降1.23%。第二，缓慢上升期。2006—2017年间，经济快速发展拉动能源需求增长的同时，印度政府提出多项提效降耗计划，最终实现了能源效率的持续提升，单位GDP能耗由4.5886万吨标准煤/亿美元下降至4.0946万吨标准煤/亿美元，年均下降0.90%。

就目前印度的发展现状看来，其能源效率仍然处于较低水平，相关技术发展也较为滞后。经济快速发展的同时，能源需求及消耗也将持续增多；但政府不断推出的节能法律、计划、措施将使得社会公众、高能耗企业的环保意识逐渐觉醒，为印度节能增效战略的实施创建了良好的环境、提供了坚实的基础。

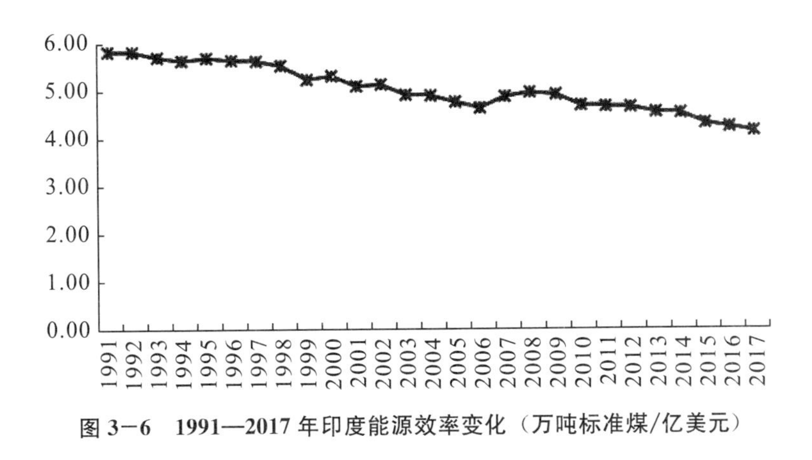

图 3－6　1991—2017 年印度能源效率变化（万吨标准煤/亿美元）

3.1.6　国外主要国家能源效率变动原因及规律

3.1.6.1　国外主要国家能源效率变动原因

1. 经济社会持续发展

第一，从经济发展速度来看，快速发展的经济将刺激能源消耗量大幅上升，对节能降耗工作开展形成阻碍。一方面，经济快速增长期能源刚性需求较大，受科技水平限制，能源效率难以实现显著提升。如印度、中国等发展中国家，经济仍处于高速、中高速扩张时期，能源需求持续旺盛，能源效率仍处于较低水平。另一方面，经济发展逐渐稳定，经济增速放缓，能源需求也将稳定在一定水平，故使得能源强度下降、能源效率提升。如美、英、日等发达国家，1997 年至今，GDP 增速始终保持在 5%以下，随着其经济逐渐稳定，能源消费及需求也将随之降低，整体能源效率位于世界前列。此外，经济增长还将带动科学技术进步，进一步促进节能增效技术的发展，从而增强整体能源使用效率。

第二，从经济发展战略来看，一国的发展战略将直接影响其节能增效措施的运行。如世界资源大国俄罗斯，丰富的资源基础为其经济发展提供保障，长此以往使其忽视了“节能增效”问题，导致其能源效率严重滞后于发达国家和新兴经济体。21 世纪以来，俄罗斯逐步推动经济转轨，政府逐渐意识到“可持续发展”的重要性，逐步构建节能型经济发展模式，在一系列节能增效措施的作用下，能效水平得以显著提升。

第三，从经济社会发展水平来看，一国的经济体量将直接决定该国的能源消耗强度，进而对能源效率产生影响。当经济处于发展初期时，能源强度将随其增长逐渐上升。当经济发展到一定阶段，能源强度将到达顶峰，随即开始下降。如印度，19 世纪中叶处于英国殖民地时期就开始推进现代化建设。1947 年独立后，现代化得以全面发展。近年来，随着现代化不断推进，城市化率由 1995 年的 26.50％增长至 2016 年的 32.5％，绝对城镇人口数量名列前茅。随着基础设施逐渐完善，城市交通、服务等逐步健全，城镇化、现代化进程不断加快；与此同时，能源效率也随着其经济社会发展水平的变化呈现出先降后升的趋势。

2. 能源结构转型升级

从消费结构上来看，经济增长对能源质量有更高的要求。随着经济体量不断增大，天然气、核电等高能效、低污染能源的地位有所上升。就美、英、日等发达国家的情况来讲，20 世纪初期开始，在资源耗费、环境污染、能源安全等多方压力下，其能源消费结构逐步优化升级，煤炭这类高污染、高能耗资源的利用明显处于较低水平，整体能效水平得以显著提升。从 1991—2017 年间能源消费情况的变化中可以看出，发达国家均在控制煤炭等低能效能源消费的增长，加大对天然气的利用程度。同时，在资源紧缺的情况下，能源消费结构转型遭遇“瓶颈”，各国将重心转移到新能源产业和探寻页岩气、可燃冰等清洁能源上来，传统能源利用方式得以突破，能源消费多样化得以实现，进一步刺激了能效的提升。对于发达国家来说，现有的能源消费结构倾向于多元化的方向调整，无论从经济、效率、环保等各方面看来都是极其有益的。而对于正处于经济快速扩张时期的印度来说，能源需求强度大，独有的文明、宗教造成了其自身严重的局限性，致使工业发展受阻，同时，越过工业化阶段，仅依靠服务外包产业增强国力是不可行的。因此，在较长的一段时间内，煤炭、石油等能源仍保持其原有的较高地位，以煤为主的消费结构难以转变，传统化石能源利用的高耗能、高污染特性对能效提升形成阻碍。

3. 经济危机的短期影响

经济危机对能源效率的影响往往具有整体性、短期性，即危机仅在短期内造成整体能源效率的波动。经济问题对国家能源效率产生影响的方式主要有两种：

第一，全球性的经济危机，造成各国经济暂时性疲软，能源刚需仍维持较高水平，致使能效水平表现出短暂性下降趋势。如 2007 年，次贷危机全面爆发，为美国能源市场带来两方面的影响。其引发的全球性金融危机影响实体经济发展，在经济停滞和制造业不景气的双重压力下，对美国能源需求造成短期冲击，但能耗降幅显著低于经济增速的下降幅度，故使得能效水平产生波动。

第二，国际能源市场动荡，导致能源出口依赖型国家经济问题频发，不利于科技技术进步、能效水平的提升。如俄罗斯，近几年连续出现的经济负增长情况。一方面，2014 年原油价格暴跌对于过度依赖能源经济的俄罗斯来说，影响重大。另一方面，卢布大幅下跌使得 2014 年俄罗斯通货膨胀率提高至 9%，导致其国内企业债务负担巨大，甚至面临破产的风险，再次对其经济造成冲击。多重压力致使俄罗斯国内经济问题加剧，在能源刚性需求维持不变的情况下，致使其能源效率短暂性下降。

4. 产业结构优化调整

产业结构的调整，不仅指三次产业比重的变化，还包括主导产业的选择、产业的高质量发展等。处在不同产业发展阶段的国家，能源效率水平具有显著的差异。

第一，从三次产业结构变动来看，以服务业发展为主的国家，整体能源效率普遍处于较高水平。如美、英、日等发达国家，工业化逐步完成，产业结构也随之优化调整，最终形成低能耗、高附加值的产业结构，能源刚需逐渐下降，在经济维持稳定的同时，实现整体能源效率的提升。对服务业同样发达的印度来说，情况则不尽相同，能效显著低于发达国家及世界整体水平，这主要是由其自身经济发展方式决定的。印度长期以产品加工服务推动经济快速发展，早期获得了显著成效；但随着国内外经济、政治环境变化，越过工业化寻求发展的方式逐步显露其弊端。由此，印度政府不得不调整其产业结构，发展实体经济以避免风险、危机等的发生，这就决定了在很长一段时间内印度仍将面临高能耗压力。在技术水平较为落后、科研资金较为缺乏的情况下，这对印度能效提升形成了较大的冲击。

第二，从主导产业选择来看，美、英、日等发达国家主要以高附加值、高科技产业作为主导产业，因此其能源消费量呈现出稳中有降的趋势，进一步推动油气能源效率的提升。印度以服务业、旅游业、交通运输行业作为支柱产业，虽然第三产业能耗较小，但随着其高速公路翻新和楼房建设等项目不断推进，交通运输行业将得到进一步发展，成品油作为主要原料消耗，其需求及消费将逐步提升，在技术水平的限制下，对能效提升造成一定程度的冲击，致使其能效短期内出现波动现象，整体提升速度较为缓慢。

第三，从产业高质量发展来看，20 世纪 80 年代中后期的英国，面对日益严重的环境污染和能源安全问题，政府采取一系列节能减排措施，减少甚至停止矿产资源开采以及高能耗、高污染企业的生产，对工业类产业进行大规模的削减或重组，推动高科技、金融服务等“新兴产业”快速发展。在高耗能行业规模不断缩小的同时，英国能源消耗量也随之大幅下降。与此同时，产业“空心化”、制造业“边缘化”使得英国经济严重失衡。对金融服务业的过度依赖、居民收入增长趋缓、楼市价格低迷等诸多因素危害到英国经济的增长，促使2008年后能源消费持续下降。为解决这一普遍性问题，欧美国家开始“再工业化”道路。“再工业化”的不断发展，一方面对能源消费体系提出了新的要求，认为化石能源为主的消费结构大大增加了国家经济运行成本；另一方面推动了整体能效上行趋势，对高质量、高水平、低碳化发展的重视程度更高，大大减轻了工业发展的高能耗负担。

5. 能源发展战略选择

20世纪初期，奥巴马政府选择以能源产业作为应对美国危机、复兴国内经济的关键力量，加大对新能源产业发展的支持力度，以其刺激国内整体经济的复苏。同时设立“上限交易”机制，严格控制国内碳排放。自此，美国能源消费结构及能源消费方式不断得以调整，能效水平显著提升。长期来看，其效果是比较明显的。

19世纪中后期，英国工业化不断推进，为其带来经济飞速增长的同时，也造成了严重的生态环境问题。在城市化不断推进的过程中，人们的收入水平、生活质量需求不断提高。1994年，政府积极响应社会公众需求，颁布了《可持续发展：英国的战略选择》，作为节能增效工作开展的基本制度保障；同时，陆续出台了《家庭节能法》《气候变化法案》《英国能源白皮书》等，加快推进节能环保产业发展，推进建筑节能与新能源技术的开发，使得能源耗费有效降低，能源利用效率得以显著提高。

大量使用煤炭发电导致印度国内产生大规模的空气污染问题。与此同时，多次旱灾对供水安全造成了严重的冲击，政府已无暇顾及电厂的用水情况。2015年底，为减少煤炭消耗对水资源及空气造成的影响，印度政府表示“希望戒掉大量使用煤炭来发电的陋习”。此后，石油、天然气作为主要替代能源，地位得以逐步提升。但在解决污染问题的同时，资源稀缺性又为印度带来了能源高依存度造成的能源安全问题。为了贯彻其低碳发展的战略，保障国家安全，印度政府加大节能增效工作力度，扭转国内能源消费，此间能源效率提高成效显著。

综合各国情况来看，低碳、可持续发展战略是当今世界的首要选择。在此情况下，世界整体能源消费都将朝着绿色、低碳、高效的方向发展，各国也将加大节能增效工作的开展力度，发展战略的选择将对能源效率水平的变化趋势造成直接影响。

6. 能源市场变动

能源市场价格变动、行业改革以及产业发展都将直接对能源需求造成影响，进而使得能源效率产生波动性变化。

第一，从能源价格上来看，市场价格的波动将在短期内直接对能源使用国造成冲击，在一定程度上影响其能源消费及能源效率走势。例如1990年的石油危机，不断上涨的国际油价对正经历能源转型的日本形成巨大的冲击，促进其能源结构向多元化的方向发展，使日本政府意识到节能增效工作的重要性。

第二，从能源行业改革来看，改革在短期内将导致能源价格的波动。尤其在改革初期，国家还可能面对由改革造成的价格不合理、供应不足或供过于求的局面，进而对能源效率造成影响。如英国持续了近60年的煤炭行业改革，2010年印度天然气行业定价机制改革等均对能源消费造成了影响，一方面推动了替代能源效率的提升，另一方面对整体能耗强度形成冲击。

第三，从能源产业发展来看，近些年来各国均加快对能源利用和开采技术研究、探索的步伐，从资金投入、社会参与、财政优惠等各方面入手加大其研究开发力度。如美国能源部鼓励各州政府采用更高的能效标准，日本政府出台的《关于合理使用能源的法律》等鼓励手段及措施，使得世界整体能源效率持续提升。

总之，从各国能源效率变动情况综合看来，能源市场波动、行业变革等对国内能源消费效率走势确实存在较大的影响。其中价格冲击仅在较短时间内起作用；就长期来看，进行能源市场改革、加大技术研发力度，才能真正对节能增效工作的有序开展起到促进作用。

7. 资源禀赋、地理位置等客观因素

1970年，美国的石油对外依存度为10%，到2004年该指标上升至65%，严重危害到美国的能源安全，能源效率作为保障能源安全的重要突破口，逐步受到美国政府的重视。经过能源转型的逐步推进，能源开发利用技术的不断突破，国内油气产量、能效大幅提高，石油消费比重于2010年降至37.19%，同时对外依存度首次下降到50%的“警戒”水平以下，大大推动了美国能源独立进程。而具有较高石油对外依存度的日本，随着“油主煤辅”的能源结构逐渐形成，其对石油的依赖程度逐渐增大，国内能源安全受到极大威胁。21世纪以前，日本石油的对外依存度长期维持在50%以上的水平。为缓解这一情况，减少能源风险，日本开始加大对能源增效技术的研发力度，不断提升传统能源及新能源的利用效率。此后，在多方共同努力下，节能增效工作获得显著成效。长时间的资源依赖型发展模式，阻碍了俄罗斯积极开展科技创新、探寻节能高效路径，随着资源约束性及可耗竭性逐渐显现，经济转型难度也随之提升。

综合来看，一国的资源禀赋、地理位置等客观因素对于能源效率具有较强的影响力。一方面，在保障能源安全、维持经济稳定发展的要求下，资源相对贫乏的国家需要通过提高科技水平来实现能源效率水平的提升，以保障社会生产活动的有效开展；另一方面，传统化石能源具有不可再生性，即便资源储备非常丰富，资源也将随经济社会的发展逐渐耗竭，因此各国有必要加大能源利用技术研发力度，减少资源的耗费，并逐步开发可再生资源，为国家的可持续发展提供保障。

3.1.6.2 国外主要国家能源效率变动规律

1991—2017年间，世界各国经济发展、产业结构、能源消耗等方面均产生了一系列变化，各国发展阶段、发展方式以及发展重心的差异化使得能效水平波动也呈现出不同的状态，总的看来，受各因素的影响，世界能源效率表现出以下几种变动走势。

1. 世界整体能源效率逐步提升

从1991—2017年世界能源效率变化走势可以看出，除经济危机、能源市场波动等对能效变化造成短暂性影响外，整体能源效率水平呈现出逐年提升的趋势。从资源富足程度来看，在可预见的未来，仍然是以化石燃料为主，并且将更多地依赖于天然气及非常规油气，可再生能源仍将维持较低水平，主要起辅助作用。因此，在环境及资源约束下，各国不得不加强科技创新能力培养，以推动能效水平提升，以期能缓解传统高耗能增长方式遗留的环境污染问题。无论从世界环境政策，还是公众能源消费观念的角度出发，节能增效始终是保障现阶段经济社会持续发展、结构升级优化及能源安全的重要途径和手段。同时，英、美等发达国家“再工业化”的实施，以及印度等国工业化的逐步推进，也将对未来能源效率走势产生较大的影响。但这一阶段的“工业化”与以往不同，是新型的、低碳的、高质量的工业化，尽管在短期内仍依赖于高能耗，对能效产生暂时性冲击，但实现其长期发展必将走绿色、环保、可持续的道路。因此，未来世界整体能源效率仍将保持持续上升的趋势。

2. 发达国家能源效率位于世界前列，且呈现出显著上升趋势

从美、英、日等发达国家能源效率变动情况来看，整体呈现出显著上升的趋势。1991—2017 年间，各国整体能源效率水平均处于世界前列，且上升幅度大于世界整体能效提升幅度。经济发展逐步稳定的同时，能耗强度随之降低，能源效率水平逐步提升。与此同时，发达国家产业结构持续优化升级，高耗能、重工业的产出占比持续降低，带动能源需求下降。此外，发达国家经济发展的同时，大力投入资本进行技术研发，能源开采及利用技术不断得以提升，进一步促进能源使用效率的提高，有助于缓解能源资源的过度浪费，推进节能增效工作的进一步开展。因此，无论是从实际变化情况，还是历史经验总结来看，随着发达国家整体经济趋于稳定发展、产业结构不断优化调整、能源技术逐步提升、节能增效意识逐渐深入，能源刚需将大幅下降，整体能源效率水平也将得以显著提升，并呈现出持续上升的趋势。

3. 新兴经济体国家能源效率波幅较大

从俄、印两大新兴经济体能源效率变动情况来看，所处发展阶段、资源禀赋、科学技术水平以及产业构成等都将对其能耗及能效走势产生巨大的影响。

与我国 20 世纪末期经济发展水平大致相同的印度来说，其仍处于高速扩张时期。持续快速发展的国民经济，极大程度上推动了国内能源需求，并且其仍具有较大的发展空间，能源消费仍将不断提高。据估计，到 2040 年，印度将超越中国成为第一能耗大国。同时，其还将面临实体经济发展缺失、能源资源匮乏、国民节能意识不强、能源安全及环境污染等问题。因此，仅凭最近几十年的数据，难以对其未来能源效率走势进行估计。

俄罗斯情况有所不同，1991—2017 年间，其整体能源效率持续提升。除经济疲软对能源需求带来影响外，更多的是因为政府提出的节能降耗计划。从 2008 年开始，政府逐渐意识到过度能源依赖对国内能源、经济安全带来的不利影响，加之资源有限性、环境污染的限制，节能增效是保障社会经济稳定发展的关键措施，俄罗斯不得不加大科技创新投入，加快推进节能产业发展，摒弃过去资源依赖型经济发展方式，转而加强创新驱动，提升国内整体能源效率，减少国内资源的过度消耗。

综合来看，新兴经济体国家能源效率变动走势存在较大差异，其原因包括资源富足程度、整体发展状况、主导产业选择以及政府态度等方面。因此，仅靠历史数据难以对其能效波动情况进行清晰的预测，但随着其经济社会发展到一定阶段和水平，能源效率也将随之提升到新的高度。

3.2 国外主要国家油气能源效率的变化趋势

19世纪80年代，煤炭超越木材成为首要能源；随着技术水平不断提高，20世纪60年代，原油取代煤炭；至今，石油在世界能源消费中仍占据主要地位。20世纪末期，石油占世界一次能源总量比重逐年下降，天然气作为清洁高效能源，得以广泛的利用。在经济社会发展、环境保护、能源安全的要求下，世界逐渐形成了石油、天然气、煤炭消费三分天下的局面；同时，在绿色发展的新要求、新背景下，石油、天然气逐步替代煤炭，重要性逐渐提升。在未来的一段时间里，油气资源将是世界各国能耗的主要来源。探究各国油气能源效率的变化，从中总结出经验及启示，对于我国经济社会发展，乃至世界整体的发展都具有重要意义。

3.2.1 国外主要国家石油能源效率的变化趋势

3.2.1.1 世界石油能源效率的演变趋势

石油作为战略性资源，在世界各国、各领域都得到广泛的利用。然而在其支撑世界经济发展的同时，资源有限性、环境污染性等特征逐渐显现出来，毫无顾忌地大规模开采和利用石油与世界绿色发展形势相悖，提高石油能源效率成为各国解决能源安全及环境污染问题的关键手段。1991—2017年间，在绿色发展理念的指引下，全球石油能源消耗比重逐步下降，由38.52%下降至33.08%。在此期间，由于各国的经济水平、技术水平、产业结构、发展战略选择、资源禀赋等各方面均存在巨大的差异，致使世界整体石油效率也随之产生了一系列变化。从图3-7、表3-2可以看出，1991—2017年间，世界整体石油能源效率呈现出逐渐上升的趋势，单位GDP能耗由1.1713百万吨油当量/亿美元下降至0.7974百万吨油当量/亿美元，年均下降1.18%。造成这一变动趋势的原因可以归结为以下两方面：

第一，资源有限性迫使各国加大提能增效力度。过去世界能源消费主要以煤炭为主，后因烟粉尘污染现象严重，加之石油资源的突破性开采，各国逐渐开始降低对煤炭的依赖度，大规模地使用石油资源。在此过程中，各国工业、制造业等高能耗行业得到迅速发展，技术水平逐步提升，石油作为不可再生能源，其相对稀缺性逐渐显现出来。为降低耗费成本、减少资源浪费情况，美、英、日等国逐步开始加大技术投入，研发提能增效的关键性技术，促使世界整体石油利用技术得以突破，石油能源效率得以提升。

第二，绿色发展理念引导世界经济向低碳化方向发展。在石油代替煤炭为世界经济发展助力的同时，其开采、利用仍然对环境造成了污染，为各国空气、水资源质量带来了巨大的负面影响。为防止这一现象进一步恶化，世界各国提出要发展绿色经济、保障资源环境。此后，天然气作为清洁能源逐步得以利用，石油消费比重逐步下降，这使得单位 GDP 耗费石油量逐步降低，石油能源效率也随之提升。

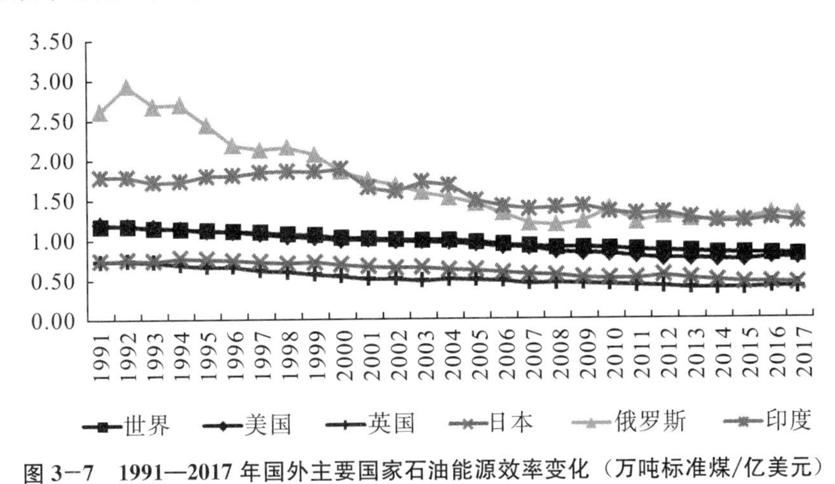

图 3-7 1991—2017 年国外主要国家石油能源效率变化（万吨标准煤/亿美元）

表 3-2 1991—2017 年国外主要国家石油能源效率变化

（万吨标准煤/亿美元）

年份	世界	美国	英国	日本	俄罗斯	印度
1991	1.1713	1.1899	0.7263	0.7342	2.6103	1.7848
1992	1.1712	1.1744	0.7333	0.7455	2.9258	1.7839
1993	1.1451	1.1524	0.7195	0.7327	2.6746	1.7195
1994	1.1358	1.1370	0.6844	0.7678	2.6958	1.7330
1995	1.1165	1.1035	0.6598	0.7592	2.4496	1.7974
1996	1.1048	1.1007	0.6592	0.7402	2.1868	1.8023
1997	1.0933	1.0680	0.6148	0.7231	2.1366	1.8475
1998	1.0718	1.0416	0.5924	0.7015	2.1631	1.8606
1999	1.0557	1.0228	0.5648	0.7156	2.0759	1.8535

续表

年份	世界	美国	英国	日本	俄罗斯	印度
2000	1.0231	0.9920	0.5373	0.6864	1.8496	1.8882
2001	1.0131	0.9967	0.5060	0.6576	1.7472	1.6485
2002	0.9999	0.9778	0.5010	0.6446	1.6762	1.5979
2003	0.9944	0.9723	0.4824	0.6508	1.5851	1.7180
2004	0.9888	0.9608	0.4958	0.6183	1.5241	1.6762
2005	0.9650	0.9366	0.4934	0.6150	1.4494	1.4875
2006	0.9372	0.9067	0.4773	0.5837	1.3247	1.4151
2007	0.9131	0.8949	0.4439	0.5591	1.1956	1.3773
2008	0.8930	0.8418	0.4486	0.5478	1.1771	1.3926
2009	0.8925	0.8251	0.4427	0.5159	1.2232	1.4121
2010	0.8828	0.8114	0.4311	0.5052	1.3830	1.3409
2011	0.8643	0.7832	0.4131	0.5053	1.2102	1.3121
2012	0.8535	0.7510	0.4034	0.5386	1.2782	1.3311
2013	0.8421	0.7522	0.3861	0.5030	1.2381	1.2639
2014	0.8251	0.7369	0.3748	0.4753	1.2400	1.2125
2015	0.8171	0.7339	0.3792	0.4503	1.2424	1.2149
2016	0.8113	0.7663	0.3952	0.4519	1.3166	1.2574
2017	0.7974	0.7540	0.3885	0.4371	1.3010	1.2068

注：1. 表内数据由石油消费总量（单位：万吨标准煤）、国内生产总值（单位：亿美元）计算得出，故单位为万吨标准煤/亿美元。2. 原始数据来源于《BP 世界能源统计年鉴》(1992—2018)、世界银行数据库。3. 能源消费总量原始单位为百万吨油当量，具体测算过程中按照“1 吨油当量=1.4286 吨标准煤”折算。

3.2.1.2 美国石油能源效率的演变趋势

丰富的油气资源为美国能源结构转型升级、工业化进程以及经济社会发展提供了保障，作为重要的战略资源储备，石油在美国的重要性可想而知。1991—2017 年间，石油消费作为主导能源，消费量持续上升，由 107773.58 万吨标准煤增至 130474.04 万吨标准煤。在此过程中，石油能源效率经历了如下变化。

从图 3−8、表 3−2 的数据可以看出，1991—2017 年间，美国石油能源效率的变化呈现出持续上升的趋势，单位 GDP 能耗由 1.1899 万吨标准煤/亿美元下降至 0.7540 万吨标准煤/亿美元，年均下降 1.36%。美国石油能源效率与世界整体石油能源效率的变动走势大致相同，整体上升幅度较世界提升幅度更为明显。

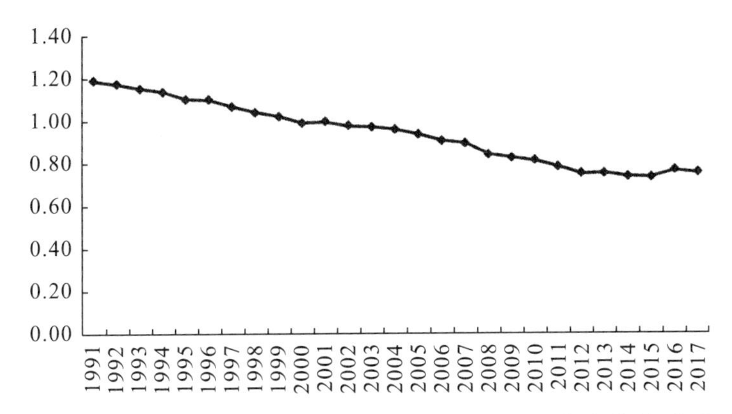

图 3−8　1991—2017 年美国石油能源效率变化（万吨标准煤/亿美元）

自 20 世纪 70 年代，节约能源的概念提出后，美国能源管理机构就出台了一系列节能增效措施，其中主要包括：建立健全高效能源效率政策与管理体制，加强美国联邦所属机构的建筑和交通工具的能效管理，完善科学技术研发体系，充分调动各国主体积极性的激励政策，提供切实有力的支持保障措施，等等。在系列政策的指引和作用下，石油能源效率显著提升。

3.2.1.3　英国石油能源效率的演变趋势

“低碳经济”这一概念最早由英国政府提出，为更好地推广、实施新经济发展模式，英国政府先后出台了系列政策措施，对各部门、各领域的碳排放标准都设置了明确的目标。积极合理运用能源、强化能源效率对经济发展的重要性，对英国能源消费结构转型升级，各种能源的消费强度、利用效率及节能减排工作开展均产生了显著的影响。

从图 3−9、表 3−2 的数据可以看出，1991—2017 年间，英国石油能源效率变化可以分为以下两个阶段：

第一阶段，持续上升期。1991—2007 年间，英国政府采取一系列节能减排措施，减少甚至停止矿产资源开采以及高能耗、高污染企业的生产，对工业类产业进行大规模的削减或重组，大力发展其金融服务业、高科技等“新兴产业”等；同时，“低碳经济”的提出为能源效率的提升提供了理论基础、法律基础以及经济基础，使得英国石油能源效率呈现出持续上升的趋势，单位GDP能耗由0.7263万吨标准煤/亿美元下降至0.4439万吨标准煤/亿美元，年均下降2.29%。

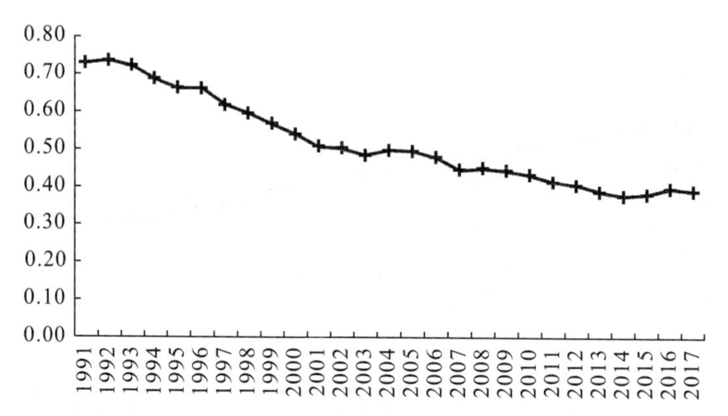

图3-9 1991—2017年英国石油能源效率变化（万吨标准煤/亿美元）

第二阶段，缓慢上升期。2008—2017年间，产业“空心化”、制造业“边缘化”使得英国经济严重失衡；对金融服务业的过度依赖、居民收入增长趋缓、楼市价格低迷等诸多因素危害到英国经济的增长；此后，英国不得不走“再工业化”的道路，短期内造成石油消费的波动，能源效率随之受到影响，单位GDP能耗由0.4486万吨标准煤/亿美元下降至0.3885万吨标准煤/亿美元，年均下降1.34%。英国石油能源效率与世界整体石油能源效率的变动走势大致相同，第一阶段整体上升幅度较世界提升幅度更为明显，第二阶段上升趋势逐渐平缓。

3.2.1.4 日本石油能源效率的演变趋势

作为一个能源资源匮乏的国家，日本对能效管理及节能降耗的重视程度较高。20世纪70年代，接连发生的石油危机事件迫使日本政府出台系列法律、法规，加快构建完善的监管体系，以加强对能源效率的提升、减少经济增长对能源的过度依赖，在此期间还创新性地提出能源管理制度，并通过融洽的政企关系和适当的激励实现了整体能效技术的提升与推广。石油作为日本的主导能源，其能效也随之产生了一系列变化。

从图3-10、表3-2的数据可以看出，1991—2017年间，日本石油能源效率的变化呈现出持续上升的趋势，单位GDP能耗由0.7342万吨标准煤/亿美元下降至 0.4371 万吨标准煤/亿美元，年均下降 1.50%。与此同时，日本石油能源效率与世界整体石油能源效率的变动走势大致相同。

自 1973 年起，日本就不断推进节能工作的开展，从组织节能活动、发展节能产业、树立节能意识等多个方面实现多样化节能。《节能法》《能源革新战略》等一系列节能政策，制定了严格的规章制度，积极呼吁并要求民众及社会各部门节能降耗，集结各方力量增强节能政策的实施力度，促进全社会减少对能源消耗的需求，进一步促进了节能行业的发展。石油作为重要的战略资源储备，对日本经济发展具有不可忽视的作用。为保障能源安全，实现整体能源的低能耗、高能效发展，政府和社会公众逐步深化其节能意识、加大改革力度，在此过程中，石油能源效率得以逐步提高。

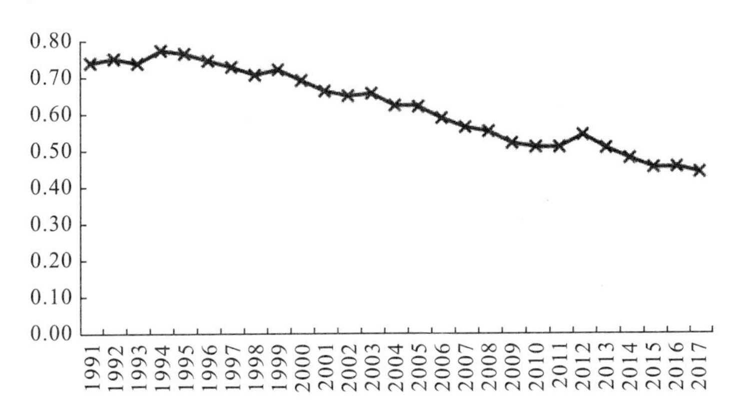

图 3－10　1991—2017 年日本石油能源效率变化（万吨标准煤/亿美元）

3.2.1.5　俄罗斯石油能源效率的演变趋势

传统化石能源消耗对环境带来的负担和冲击有目共睹，为此各国逐步从降低能源依赖着手，促进能源资源消耗的下降、能效水平的提升，作为典型资源依赖型国家的俄罗斯更是如此。俄罗斯经济发展主要以能源工业为主，这一发展模式使其面临巨大的资源成本，能源危机、环保污染等问题也更为严峻。为避免危机加剧，俄罗斯政府逐渐提高其用于提能降耗的科研经费，逐渐重视相关环节的能源立法及战略选择，但整体能效的提高仍受到科技、信息、市场等方面的限制，进一步造成石油能源效率产生如下阶段性变化。

从图 3－11、表 3－2 的数据可以看出，俄罗斯能源效率的变化大致可以分为以下两个阶段：第一阶段，持续上升期。1991—2010 年间，单位 GDP 能耗由 2.6103 万吨标准煤/亿美元降至 1.3830 万吨标准煤/亿美元，年均下降

2.35％。第二阶段，缓慢下降期。2011—2017年间，单位GDP能耗由1.2102万吨标准煤/亿美元上升至1.3010万吨标准煤/亿美元，年均上升1.07％。

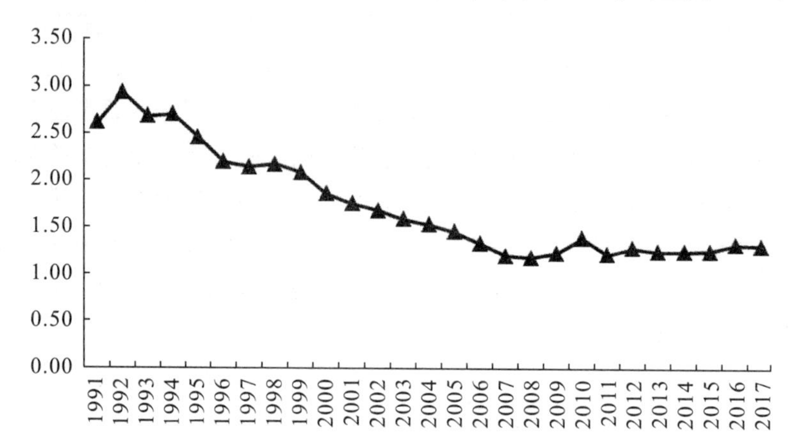

图3－11　1991—2016年俄罗斯石油能源效率变化（万吨标准煤/亿美元）

自2007年起，俄罗斯石油能源效率呈现出小幅波动的态势。一方面，经济疲软对能源强度造成了严重的影响，在石油消费持续缓慢增长的同时，经济下行压力影响了能耗强度的下降。另一方面，俄罗斯经济发展主要依靠能源贸易，石油市场的波动对国内石油资源消耗带来影响，加之经济转型的迫切需求，多方面共同作用导致石油消费产生波动，进而造成整体石油能效指标的变化。

3.2.1.6　印度石油能源效率的演变趋势

印度正处在经济快速扩张时期，能源需求强度大，独有的文明、宗教造成了其自身严重的局限性，致使工业发展受阻；同时，越过工业化阶段，仅依靠服务外包产业增强国力是不可行的。因此，在较长的一段时间内，石油等传统化石能源仍保持其原有的较高地位。在资源和环境约束下，如何有效促进石油能效提升，以推动工业化、完善实体经济、保障国内能源安全，是印度政府当前的工作重点。

从图3－12、表3－2的数据可以看出，印度石油能源效率的变化大致可以分为以下三个阶段：

第一阶段，持续下降期。1991—2000年间，印度政府启动国家节能奖以鼓励、表彰部分努力减少能源密度且维持生产力水平的工业企业，但在节能意识、能源管理、资金投入以及统筹规划等方面缺乏，制约了石油能源效率的提升，使得单位 GDP 能耗由 1.7848 万吨标准煤/亿美元升至 1.8882 万吨标准煤/亿美元，年均上涨 0.58%。

第二阶段，波动上升期。2001—2005 年间，印度政府先后推出了多部节能法案，从强化节能法律框架、完善机构性安排着手，切实保障节能增效活动的有效开展，推动了石油能效的提升；同时，国际油价波动对严重依赖石油进口的印度产生了较大的影响，在短期内造成石油能源消耗强度的剧烈波动，单位 GDP 能耗由 1.6485 万吨标准煤/亿美元降至 1.4875 万吨标准煤/亿美元，年均下降 1.95%。

第三阶段，持续上升期。2006—2017 年间，印度政府推行了一系列提高能效计划，包括规范下游能源密集型企业能耗量、针对各中小企业制定具体能效实施手册、利用创新设备替换传统家庭能耗设备，使得单位 GDP 能耗由 1.4151 万吨标准煤/亿美元下降至 1.2068 万吨标准煤/亿美元，年均下降 1.23%。

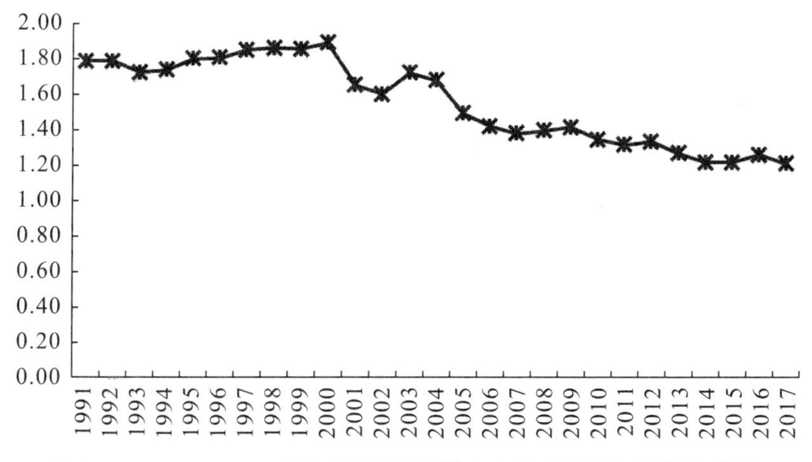

图 3-12　1991—2017 年印度石油能源效率变化（万吨标准煤/亿美元）

3.2.2　国外主要国家天然气能源效率的变化趋势

3.2.2.1　世界天然气能源效率的演变趋势

在绿色发展理念的指引下，世界能源消耗逐步由煤炭、石油等高能耗、高污染能源转向天然气等清洁能源。在过去 20 多年能源消费结构转型升级过程中，天然气能源消费量及其比重均呈现出大幅上升趋势，消费量由 1991 年的 245490.62 万吨标准煤上升至 2017 年的 450866.16 百万吨油当量，比重由

1991 年的 20.98%上升至 2017 年的 23.36%。在天然气广泛得以利用的同时，能源效率进一步成为阻碍经济社会发展、资源节约和环境保护的瓶颈问题；同时，部分国家天然气未作为主体能源得以利用，阻碍了世界整体天然气效率的提升。1991—2017 年间，天然气能源效率仅仅以较小幅度缓慢增长，单位 GDP 能耗由 0.638 万吨标准煤/亿美元微降至 0.5630 万吨标准煤。具体变化如图 3－13、表 3－3 所示。

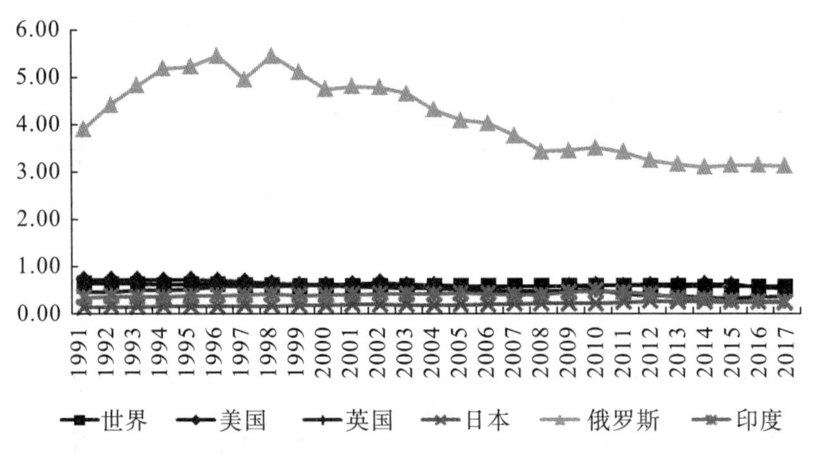

图 3－13　1991—2017 国外主要国家天然气能源效率变化（万吨标准煤/亿美元）

表 3－3　1991—2017 年国外主要国家天然气能源效率变化

（万吨标准煤/亿美元）

年份	世界	美国	英国	日本	俄罗斯	印度
1991	0.6380	0.7165	0.4485	0.1342	3.8883	0.3363
1992	0.6297	0.7155	0.4442	0.1386	4.4037	0.3562
1993	0.6261	0.7138	0.4939	0.1402	4.8080	0.3455
1994	0.6116	0.7022	0.4894	0.1484	5.1656	0.3497
1995	0.6145	0.7133	0.5097	0.1470	5.2083	0.3705
1996	0.6231	0.6997	0.5785	0.1521	5.4332	0.3778
1997	0.5992	0.6737	0.5719	0.1562	4.9421	0.3930
1998	0.5951	0.6341	0.5771	0.1629	5.4331	0.4063
1999	0.5923	0.6078	0.5951	0.1716	5.0898	0.3825
2000	0.5897	0.6071	0.5946	0.1739	4.7277	0.3880

续表

年份	世界	美国	英国	日本	俄罗斯	印度
2001	0.5870	0.6172	0.5712	0.1891	4.7915	0.4024
2002	0.5921	0.6568	0.5523	0.1852	4.7681	0.4154
2003	0.5906	0.6028	0.5383	0.1803	4.6422	0.4109
2004	0.5870	0.5964	0.5412	0.1662	4.2911	0.4060
2005	0.5819	0.5653	0.5065	0.1839	4.0651	0.4243
2006	0.5743	0.5475	0.4748	0.1890	4.0089	0.4209
2007	0.5749	0.5652	0.4670	0.1984	3.7511	0.3875
2008	0.5788	0.5717	0.4819	0.2084	3.4132	0.3840
2009	0.5727	0.5763	0.4635	0.2055	3.4336	0.4439
2010	0.5915	0.5929	0.4943	0.2132	3.4919	0.4805
2011	0.5850	0.5882	0.4164	0.2382	3.4001	0.4449
2012	0.5858	0.6042	0.3771	0.2602	3.2160	0.4056
2013	0.5785	0.6109	0.3680	0.2476	3.1383	0.3334
2014	0.5670	0.6128	0.3243	0.2445	3.0834	0.3057
2015	0.5635	0.6088	0.3237	0.2432	3.1231	0.2556
2016	0.5655	0.5447	0.3607	0.2363	3.1198	0.2532
2017	0.5630	0.5249	0.3448	0.2336	3.1057	0.2532

注：1. 表内数据由天然气消费总量（单位：万吨标准煤）、国内生产总值（单位：亿美元）计算得出，故单位为万吨标准煤/亿美元。2. 原始数据来源于《BP 世界能源统计年鉴》（1992—2018）、世界银行数据库。3. 能源消费总量原始单位为百万吨油当量，具体测算过程中按照“1 吨油当量＝1.4286 吨标准煤”折算。

从图 3－13 及表 3－3 的数据可以看出，1991—2017 年间，世界整体天然气效率提升效果不明显，且近几年单位能耗量仍维持在 0.56 万吨标准煤/亿美元左右的水平，究其原因主要可归结于以下两方面：

第一，许多国家对天然气的利用程度较低，阻碍其利用技术的提升。一方面，经济逐步稳定为天然气资源消耗减负。诸如美国、英国、日本等发达国家，天然气利用较为广泛，且经济的持续稳定发展、工业化的完成、服务业的不断壮大，致使其整体能源消费朝向清洁化的方向，使得天然气消费量持续扩张，单位 GDP 消耗天然气能源量则逐渐降低。另一方面，经济发达带动技术进步，同时天然气资源的大规模消耗对长期资源供应提出了新要求，倒逼天然气相关科学技术的进步，进一步刺激能效的提升。

第二，各国天然气资源禀赋差异较大，致使各地区能效差异化显著。就俄罗斯的情况来看，长期以来的能源依赖型经济增长方式以及丰富的天然气资源储量对其天然气资源的利用程度造成了巨大的影响，资源浪费现象普遍存在。随着绿色、环保理念逐渐深入，俄罗斯逐渐开始加大对能源开采、利用方面的技术投入，在“绿色技术”的广泛利用、节能增效工作的逐步推进下，能源效率得以显著提升。相反，对天然气资源较为贫乏的日本来说，提能增效是解决其能源供需问题、促进经济可持续稳定发展的重要措施。因此，长期以来，日本能源利用技术都走在世界前列，天然气效率也处于较高水平。各国天然气利用及其技术方面的差异化，使得部分地区存在滞后性，进一步导致效率提升效果不显著。

3.2.2.2 美国天然气能源效率的演变趋势

21 世纪初期，美国市场、政策、技术等多方合力，拉开了页岩气革命的序幕。2007 年，页岩气产量约为 360 亿立方米，非常规天然气产量的大幅上升带动了天然气产量的增长，为美国天然气能源利用起到了保障，推动了美国可持续发展进程，不仅对能源消费结构转型提供了关键作用，对能源效率也产生了巨大的影响。

从图 3－14、表 3－3 的数据可以看出，美国天然气能源效率的变化大致可以分为以下四个阶段：第一阶段，缓慢上升期。1991—1999 年间，单位 GDP 能耗由 0.7165 万吨标准煤/亿美元降至 0.6078 万吨标准煤/亿美元，年均下降 1.69％。第二阶段，波动上升期。2000—2006 年间，单位 GDP 能耗由 0.6071 万吨标准煤/亿美元降至 0.5475 万吨标准煤/亿美元，年均下降 1.4％。第三阶段，持续下降期。2007—2015 年间，单位 GDP 能耗由 0.5652 万吨标准煤/亿美元升至 0.6088 万吨标准煤/亿美元。第四阶段，持续上升期。2016—2017 年间，单位 GDP 能耗由 0.5447 万吨标准煤/亿美元下降至 0.5249 万吨标准煤/亿美元，年均下降 1.82％。

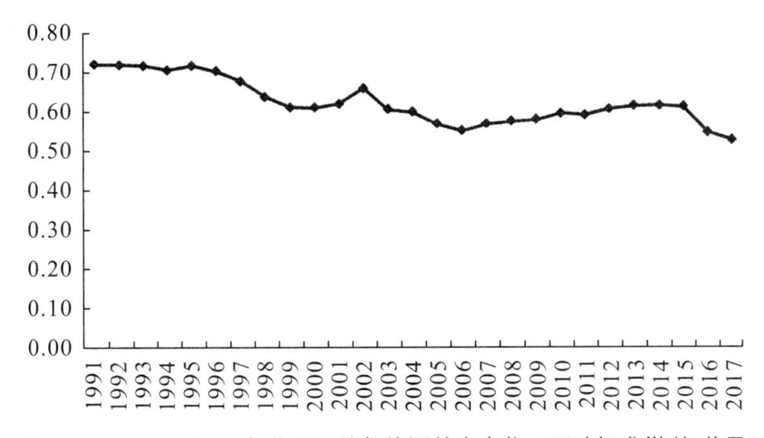

图 3－14　1991—2017 年美国天然气能源效率变化（万吨标准煤/亿美元）

20 世纪末期，为适应未来社会经济发展需要，美国能源部结合国家发展现状和国内外能源环境，推出了新的能源发展战略，并将提高能源系统效率，通过广泛采用新技术来增加对能源资源的有效应用等作为五大能源发展战略的基本目标之一。在油气资源相对匮乏的背景下，一系列有效的战略措施推动了美国天然气效率的提升。21 世纪初期，页岩气革命推动了美国的能源结构调整进程，在“减煤”过程中，天然气贡献了极大的力量，这一时期美国将重心放在煤炭消费减少上，一定程度上对天然气能效的提升形成了阻碍。此后，在绿色发展背景下，美国油气并重的能源消费结构逐步稳定，在节能降耗政策的指引下，能源效率呈现出持续上升的态势。

3.2.2.3　英国天然气能源效率的演变趋势

在英国 60 年能源转型过程中，石油、天然气等一系列替代能源相继发力。首先由煤炭时代转变为石油、天然气时代，逐步走向低碳能源时代。目前，英国的能源消耗主要分为三部分，即石油、天然气以及包括煤炭在内的其他能源。同时，在低碳经济发展和环境保护强化的共同作用下，天然气消费的比重将保持较高增速，未来将形成以天然气等清洁能源为主的消费结构。1991—2017 年间，英国天然气消费及其比重均呈现出波动上升的趋势，消费量由 1991 年的 7285.86 万吨标准煤上升至 2017 年的 9677.34 万吨标准煤，比重由 23.65％上升至 35.4％。在此过程中，天然气能源效率也产生了一系列变化。

从图 3－15、表 3－3 的数据可以看出，英国天然气能源效率的变化大致可以分为以下两个阶段：第一阶段，波动下降期。1991—2010 年间，单位 GDP 天然气能耗由 0.4485 万吨标准煤/亿美元上升至 0.4943 万吨标准煤/亿美元，年均增长 0.51%。第二阶段，波动上升期。2011—2017 年间，单位 GDP 天然气能耗由 0.4164 万吨标准煤/亿美元降至 0.3448 万吨标准煤/亿美元，年均下降 2.46%。

1952 年，英国遭遇了最严重的空气污染事件，迫使其展开为期 60 年的能源转型。在此期间，英国政府逐步采用石油、天然气能源替代煤炭资源的使用。20 世纪末期，英国天然气消费量逐渐扩张，煤炭消费比重由 40%逐渐下降到 21 世纪初 30%左右的水平。在技术水平的约束下，快速增长的天然气消费量必将导致能源效率的下降。2012 年，英国为全面提高能效，制定了能源战略，其中涉及住宅、运输、制造业等方面能源使用方法，并提出实行能效考核制度，对企业及公共部门提高能效给予财政支持。天然气作为英国的主要能源，在节能降耗政策措施的引领下，能源效率持续上升。

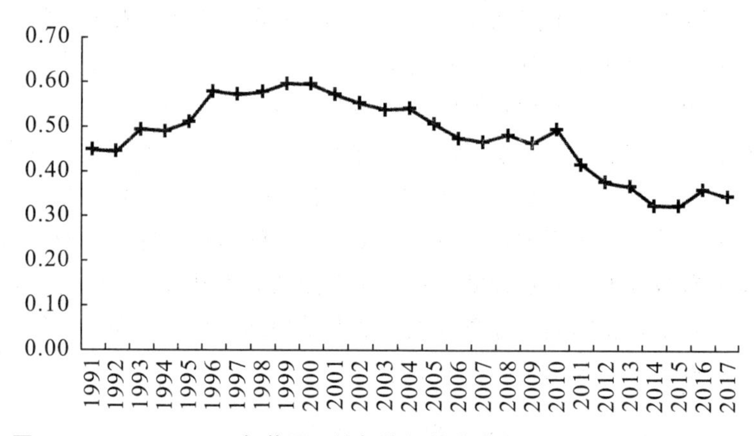

图 3-15 1991—2017 年英国天然气能源效率变化（万吨标准煤/亿美元）

3.2.2.4 日本天然气能源效率的演变趋势

在长期追求经济高速增长的同时，日本环境破坏日益严峻，自然公害持续泛滥。与此同时，对美贸易摩擦致使油气行业遭受重大影响，国际油价的敏感神经一触即发，日本政府逐渐认识到天然气在能源消费中的重要性，认识到产业结构升级调整的重要性。在日本政府不懈努力下，能源结构得以优化升级，产业结构实现由“厚重”向“轻薄”的转变，产业逐渐向高附加值化、服务化的方向发展。这一过程中，对高能耗制造业进行了合理改造，推动了大家电、汽车组装等低能耗产业的发展，进一步影响了整体天然气效率的走向。

从图 3-16、表 3-3 的数据可以看出，日本天然气能源效率的变化大致可以分为以下三个阶段：第一阶段，持续下降期。1991—2003 年间，单位 GDP

能耗由 0.1342 万吨标准煤/亿美元上升至 0.1803 万吨标准煤/亿美元，年均增长 1.97%。第二阶段，快速下降期。2004—2012 年间，单位 GDP 能耗由 0.1662 万吨标准煤/亿美元降至 0.2602 万吨标准煤/亿美元，年均下降 6.28%。第三阶段，缓慢上升期。2013—2017 年间，单位 GDP 能耗由 0.2476 万吨标准煤/亿美元降至 0.2336 万吨标准煤/亿美元，年均降幅 1.13%。

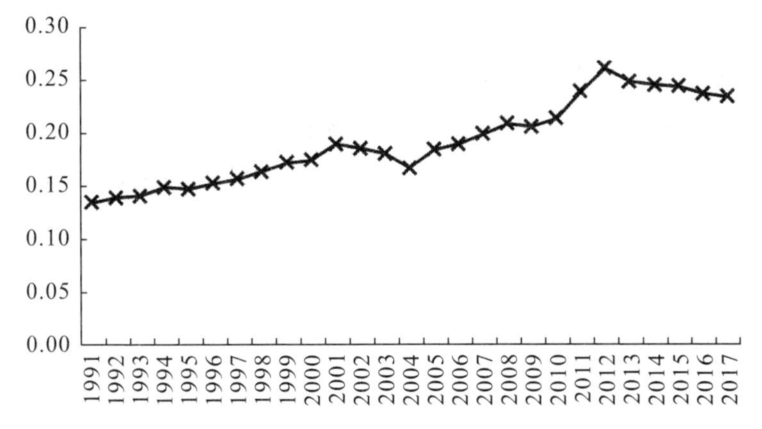

图 3－16　1991—2017 年日本天然气能源效率变化（万吨标准煤/亿美元）

20 世纪 70 年代，先后两次石油危机，使日本经济发展蒙上阴影，政府逐渐重视对天然气资源的利用，就节能、节油以及替代能源开发等方面制定了一系列政策和措施，在国内外环境变化及政策助推下，日本能效得以显著提升。危机过后，公众的节能意识有所下降，同时伴随着技术瓶颈的出现，天然气消费的持续扩张，对天然气能源效率造成影响，整体呈现出显著下降趋势。此后，日本政府为缓解能源安全，保障国内资源供给，加大力度发展研发节能降耗技术，对油气资源更是如此，进一步推动了天然气能源效率的上升。

3.2.2.5　俄罗斯天然气能源效率的演变趋势

长期以来，天然气资源占据着俄罗斯能源消费的主体地位，从 1991 年起，其占一次能源消费比重就高达 50%。随着国内经济不断发展，天然气消费量持续上升，在此过程中，俄罗斯面临了经济转型方式的调整、能源产业的变革以及政府节能意识的深入，这一系列变化都对天然气能源效率产生了不同程度的影响。

从图 3－17、表 3－3 的数据可以看出，俄罗斯天然气能源效率的变化大致可以分为以下三个阶段：第一阶段，波动下降期。1991—2000 年间，单位 GDP 能耗由 3.8883 万吨标准煤/亿美元上升至 4.7277 万吨标准煤/亿美元，

年均增长 2.16%。第二阶段，持续上升期。2001—2008 年间，单位 GDP 能耗由 4.7915 万吨标准煤/亿美元降至 3.4132 万吨标准煤/亿美元，年均下降 3.60%。第三阶段，稳定波动期。2009—2017 年间，单位 GDP 能耗由 3.4336 万吨标准煤/亿美元降至 3.1057 万吨标准煤/亿美元，逐渐稳定在 3.1 万吨标准煤/亿美元左右的水平。

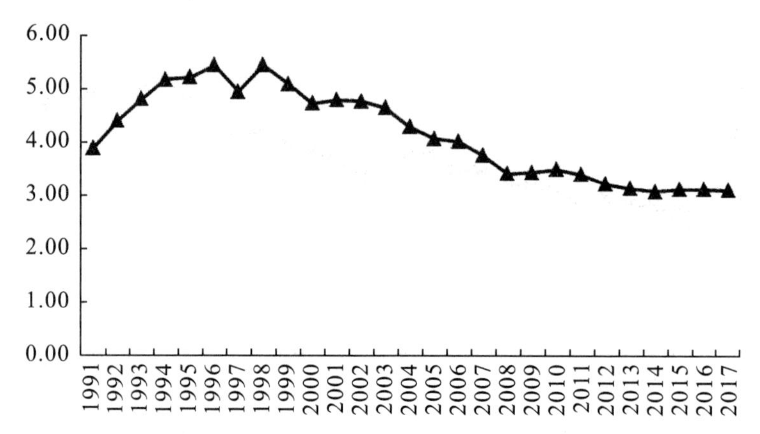

图 3-17　1991—2017 年俄罗斯天然气能源效率变化（万吨标准煤/亿美元）

21 世纪以前，俄罗斯长期以能源的大量耗费作为经济发展的支撑，整体能源效率偏低，作为主体能源的天然气更是如此。随后，俄罗斯逐渐意识到其能源效率已经严重滞后于世界发达国家和新兴经济体，逐步开始对不合理的产业结构进行调整，提出新的能源政策与发展战略，以实现天然气利用技术的进步、效率水平的提升。同时，过于依赖传统高能耗发展模式，使得俄罗斯忽视了科技创新实力的培养，与发达国家在提能效、节能耗等工艺方面的差距日益扩大，阻碍了其节能降耗政策的进一步实施与落实，使其天然气能效保持在一定水平，难以实现技术性突破。

3.2.2.6　印度天然气能源效率的演变趋势

在印度经济发展过程中，煤炭是主要的能源动力，但无论从国家能源结构层面、基础设施资金投入层面还是开采技术层面，煤炭工业的发展都存在巨大的问题；同时，较高的单一能源对外依存度也对其国家能源安全形成了冲击。在多方共同作用下，印度政府制定了有效的节能降耗措施，促进能源消费多元化。在此过程中，天然气作为清洁高效能源被广泛地利用，1991—2017 年间，其消费量呈倍数上升，在其为经济发展贡献力量的同时，其效率也发生了巨大的变化。

从图3－18、表3－3的数据可以看出，印度天然气能源效率的变化大致可以分为以下三个阶段：第一阶段，波动下降期。1991—2010年间，单位GDP能耗由0.3363万吨标准煤/亿美元上升至0.4805万吨标准煤/亿美元，年均增长2.14%。第二阶段，持续上升期。2011—2015年间，单位GDP能耗由0.4449万吨标准煤/亿美元降至0.2556万吨标准煤/亿美元，年均下降8.51%。第三阶段，稳定期。2016—2017年间，单位GDP能耗在0.25万吨标准煤/亿美元左右的水平波动。

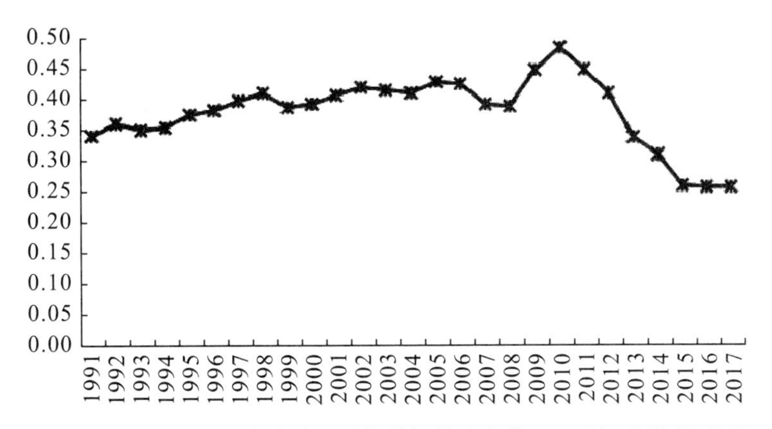

图3－18　1991—2017年印度天然气能源效率变化（万吨标准煤/亿美元）

21世纪以前，由于资源禀赋、价格以及技术方面的限制，天然气消费比重始终处于10%以下的低水平，整体能耗量较低。2010年6月，印度政府提出允许国有油气企业对天然气自由定价，刺激了企业对天然气的开发与销售，同时一定程度上拉动了国内天然气的需求与消费；但技术限制下，短期内对能源效率造成了负面影响。2011年，天然气供应突然中断，迫使发电行业使用煤炭代替天然气维持生产运营；2013年，政府提出转变原有定价机制，实行国际国内价格倒挂；而后，国际天然气价格长时间下跌，对印度天然气开发进程造成较大影响，煤炭比重再次上升。综合来看，在各方面的共同作用下，天然气始终难以成为印度的主要能源消耗来源，同时其相应科研技术经费投入有限以及工业化快速发展的高能耗要求，使印度国内天然气能耗强度主要受天然气绝对消费量及经济发展的影响。

3.2.3 国外主要国家油气能源效率变动原因及规律

3.2.3.1 国外主要国家油气能源效率变动原因

1. 政府及社会公众的节能环保意识

社会公众节能环保意识的缺乏是各国实施节能增效措施的主要障碍，而政府缺乏节能环保意识将直接对国家安全、能源安全形成冲击。在俄罗斯经济转轨前，天然气资源浪费、过度消耗等问题普遍存在，当时在经济压力、环保压力等多重因素的作用下，政府节能增效意识未觉醒，长期依赖能源工业，为经济社会发展埋下了巨大隐患，天然气能耗量巨大，但能效始终处于较低水平。在资源、技术等限制下，印度政府考虑到节能增效的重要性，于 1991 年启动国家节能奖等一系列激励措施；2001 年 10 月颁布实施了《节能法》，为能源的合理使用确定了较为完善的法律框架和结构性的安排，有效地驱动了节能增效工作的开展。但在公众节能意识缺乏的情况下，印度高能耗、低能效情况并没有好转，油气能效仍然处于较低水平，并表现出持续下降的趋势。此后政府逐渐重视意识的培养与深化，加大节能增效的实施力度，能源效率得以逐步提升。

2. 国家发展对油气能源的依赖程度

对于美、英、日等发达国家来说，石油作为主导能源，其重要性不言而喻，为缓解由石油高依赖度产生的能源安全问题，各国利用政策手段不断刺激石油能源效率的提升、推进节能增效工作的开展，并取得了显著成果；而对于印、俄等新兴经济体来说，石油在能源消费中占据着重要地位，但并非主导能源，因此，其能源效率与发达国家之间具有显著差异。正处于经济快速扩张时期的印度，煤炭是主要的能耗资源，尽管在绿色发展理念的约束下，其节能增效工作不断推进，但油气能源效率并非其工作重点，如何清洁、高效地使用煤炭资源对于其来说是更为迫切的任务。就俄罗斯的情况看来，丰富的资源为其经济发展提供了保障，在绿色环保理念的指引下，天然气得到广泛利用，在其经济得以持续发展的同时，资源浪费、低效情况以及其他负外部效应也逐渐显现出来，随后政府开始加大调整力度，加大对天然气资源利用技术的研发，天然气能效水平得以提高。因此，对油气资源的依赖程度将直接决定各国的工作重心，以及节能增效的工作方向，进而造成油气能效的波动。

3. 油气能源安全的迫切要求

对于保障油气能源安全来说，提高能效是最有效、最关键的措施。1970

年，美国的石油对外依存度为10%，到2004年该指标上升至65%，严重危害到美国的能源安全，政府逐渐重视节能增效政策的制定与实施，实施能源独立战略，从供需两方面来解决能源安全问题；此后，油气能源开发、利用技术不断得以突破，国内油气产量大幅提高，石油消费比重于2010年降至37.19%，同时对外依存度首次下降到50%的“警戒”水平以下，大大推动了美国能源独立进程。美国页岩气产量大幅提升，美国天然气供求平衡，还略有富余，开始出口。2004年以前，英国长期保持其油气净出口国身份，丰富的石油、天然气资源为其能源转型奠定了良好的基础。20世纪末，英国油气产量达到顶峰，而后新油田产能逐渐下降。据美国能源信息署（Energy Information Administration，EIA）报告称，2015年油价快速上升，带动油气行业投资大幅增长，英国石油产量再次上升，但其石油净进口国地位仍难以撼动。2016年，英国石油、天然气储产比分别为6.3年和5年，远小于世界平均水平。曾经丰富的资源为英国经济持续稳定发展提供了保障，随着资源的不断开采，在技术、资源储备量以及环境等限制下，供需不平衡矛盾逐渐显现出来，能源安全问题接踵而至。过度的能源依赖为其发展造成了极大的阻碍，政府逐渐意识到节能增效的重要性，逐步加大科技研发投入、转变能源发展方式，以科技创新驱动经济发展。

4. 工业化发展的阶段性需求

工业是油气资源的主要消耗部门，工业化进程对油气资源的需求及效率水平都具有极强的影响力。通常情况下，工业化初期、中期，能源密集型加工工业占主导，能效技术相对缺乏，煤炭等价格较为低廉、质量相对较差的燃料占主导，重工业能源强度较高；而对于印度这种需要在绿色发展背景下进行工业化的国家来说，石油、天然气是更好的选择。其工业化早期，将面临油气高能耗、低能效，整体能效水平偏低的情况。后工业化阶段，工业结构由能源密集型的原材料工业转至一个能源强度较低的过程，即由“灰色”工业转向更绿色的工业，能源技术和燃料质量得到综合改善，总的能源强度下降。在工业化的最高级阶段，随着技术进一步提高，结构调整、生产向技术密集型工业转移，加强气和电等更高质量燃料的使用，工业能耗强度大幅下降，石油、天然气及其他清洁能源效率也会随之变化。如美、英等国的“再工业化”，将更多地依赖于天然气等清洁能源，因此天然气能耗强度、能效水平将因此产生较大变化。

5. 油气价格波动带来的影响

一方面，油气价格的波动会在短期内对油气能源的需求及消费造成冲击，

在经济、技术、环境水平限制下，对油气能耗强度造成影响，使得油气能效产生暂时性波动。如 20 世纪 90 年代末期，两次石油危机对日本油气能耗强度造成较大冲击；2013 年国际天然价格波动对印度天然气能耗及能效带来的短期影响等。另一方面，国际油气价格的波动会对国家能源安全形成一定的冲击，进而转变国家对油气能源消费态度，以及能源利用方式的调整，尽管这种变化在短期内难以识别，但长期内将减少国家油气资源消耗，加大科研技术经费投入，促进国家油气能效的提升。如 2014 年原油价格暴跌对于过度依赖能源经济的俄罗斯来说，影响重大。其逐渐减少能源资源产品的出口量，强化社会公众及各部门节能增效意识，积极推广节能产品及技术、拓展其应用范围，切实提高自身创新实力，实现石油、天然气能效的持续提升。

3.2.3.2 国外主要国家油气能源效率变动规律

1. 世界整体油气能源效率呈现出逐渐上升的趋势

现阶段，世界整体油气能源效率表现为持续稳定的上升趋势，但受各国经济发展阶段、科技水平以及能源消费情况的影响，存在小幅震荡。一方面，资源丰富国家的高耗能发展模式，对整体能效的提升带来负面影响；另一方面，国际经济的动荡、能源价格的波动对能源需求形成短期冲击，进而导致能源效率产生暂时性波动。未来，在世界各国政府的统筹规划下，人们环保意识逐步深化，科技研发力度不断加大，资源过度耗费现象得以减缓，油气能源效率仍将保持持续增长的趋势，但后续提升阻力将更多的源自技术瓶颈，而非认识的缺乏。

2. 各国油气能源效率波动存在显著差异

从美、英、日等发达国家的情况来看，石油能源效率持续提升。1991—2017 年间，发达国家经济发展逐步稳定，产业结构实现了优化调整，能源结构完成转型升级，石油、天然气消费保持持续稳定的增长，除经济危机、国际能源市场带来的短期波动外，油气能源效率整体呈现出上升趋势。未来，受“再工业化”、技术瓶颈以及可再生能源发展的影响，油气能源效率可能会出现波动，但整体仍保持持续上升的趋势。1991—2017 年间，印度油气能源效率受国际油气市场变化、交通运输行业发展、节能环保意识深入等方面的影响，波动情况较明显，但整体呈现出上升趋势；而俄罗斯逐渐由资源消耗型转向创新驱动型发展，为油气能效的提升创造了良好的条件。综合看来，在绿色发展理念的指引下，无论是能源丰富国还是资源贫乏国，都将从环保、节能的角度出发，推进节能增效措施的有序展开，实现油气效率水平的进一步提升，最终促进整体经济、社会的可持续发展。

3.3 国外主要国家油气能源政策对中国的启示

3.3.1 国外主要国家油气能源政策

国外主要国家油气能源政策总结如表3−4。

表3−4 国外主要国家油气能源政策

国家	政策	主要内容及作用
美国	1920年《联邦动力法》	美国历史上第一部调整能源领域的法律，是其后建立完整规制架构的法律依据。
	1975年《能源政策与节约法案》	运用价格手段实现对石油生产活动的刺激，完善石油战略储备，进一步提升车用燃油效率。
	1978年《国家能源法案》	从转变能源利用品种着手，实现对国家能源安全的稳定保障。
	1990年《清洁空气法修正案》	构建新的污染物排放计划，以实现对二氧化硫等污染物排放量的控制。
	1992年《能源政策法》	刺激能源效率提升，切实保障能源消费的安全性、经济性、环保性。
	2001年《国家能源政策》	积极推动能源勘探、开发活动开展，完善基础设施建设，充分发挥可再生能源、清洁能源的优势作用。
	2005年《美国能源政策法案》	优化能源储备，强调资源节约的重要性及必要性，积极开展生产及节能技术创新。
	2007年《美国能源独立与安全法案》	从强化燃油经济性标准着手，降低石油需求，以保障国家能源安全。
	2009年《美国清洁能源安全法》	降低温室气体排放，减少对石油的依赖。
	2017年《关于促进能源独立和经济增长的总统行政命令》	稳定能源供应，降低石油的对外依赖，以保障能源安全，进一步维护国家安全。
	2017年《减税与就业法案》	切实推进减税政策实施，进一步减轻油气企业负担，促进其综合竞争实力的提升。

续表

国家	政策	主要内容及作用
英国	2003 年《未来能源——创建低碳经济》	确定污染气体排放目标，稳定能源供应，积极推动节能降耗科技创新。
	2004 年《年度能源白皮书》	鼓励使用可再生能源，并提出要在 2020 年前，使国内可再生能源需求比例达到 20%。
	2007 年《能源白皮书——迎接能源挑战》	综合各部门力量，并结合各部门实际情况，进行节能手段、方式上的规划安排，以促进可再生能源的快速发展，实现整体能源投资环境的有效改善。
	2007 年《气候变化法》	通过法律形式对温室气体减排目标设定明确要求，使英国成为全球第一个通过法律手段强制减排温室气体并确定减排目标的国家。
	2009 年《英国低碳转变计划》	对各行业碳减排工作制定了目标，提出了明确方案
	2017 年《清洁增长战略》	英国将通过发展绿色金融、提高能效、发展低碳交通、淘汰煤电等近 50 项措施来落实国内第五个碳预算目标（2028—2032）。
日本	1989 年《电力法》	为了减少电力工业的环境污染和开发可再生能源，首次提及可再生能源的相关问题。
	2003 年《能源白皮书》	明确政府可再生能源的长期目标，使未来的可再生能源义务证书价格更加确定；为海洋能、离岸风能等能源利用新兴技术提供额外的、有针对性的支持；管理好消费者承担的成本，加强可再生能源义务在总体上的长期可持续性。
	2003 年《可再生能源义务令》	
	2005 年《可再生能源义务令 2005》	
	2006 年《2006 年能源报告》	
	2013 年《能源白皮书》	取消 2011 年白皮书中提到的 2030 年日本实现“零核电”的目标，提出日本缺乏天然气资源，必须走多元化的能源发展道路。

续表

国家	政策	主要内容及作用
俄罗斯	1992年《俄罗斯在新经济条件下能源政策的基本构想》	提高资源使用效率，为国家经济转向集约型发展道路创造必要的条件；减少能源对自然环境的消极影响；等等。
	1995年《2010年前俄罗斯联邦能源政策的主要方向》	
	1995年《俄罗斯能源战略基本原则》	
	1999年《2020年前俄罗斯能源战略》	俄罗斯官方出台的能源领域新基础性文件，将能源安全、能源效率、预算效率以及生态安全作为能源领域的四项战略目标。
	2009年《2030年前俄罗斯能源战略》	走创新型发展道路，将节能降耗、提高能效作为主旨，减少国民经济发展对油气部门的依赖。

从表3-4的内容可以看出，尽管各国所处发展阶段、资源禀赋情况以及能源行业发展情况都存在显著差异，但无论是发达国家还是新兴经济体国家，其油气能源政策的变化都可以归为以下几个阶段：

第一，开源增产，保障供给。20世纪70年代的石油危机，对各国能源供求造成冲击，进一步导致其经济及社会发展的诸多问题与障碍，在此情况下，美国政府先后推出了《能源政策与节约法案》《国家能源法案》《能源政策法》等一系列鼓励能源开采、开辟能源进口渠道的政策，旨在能源需求强劲时期，扩大其供应，提高原油使用效率，保障能源安全及竞争实力，以维持经济发展，维护国家安全。

第二，节能减排，调整需求。2007年提出的《美国能源独立与安全法案》是这一时期美国的标志性能源政策。在20世纪初期原油价格飙升带动燃料价格上涨对美国的能源消费造成了极大的冲击，为缓解过高能耗成本给国家发展带来的负面影响，布什政府以汽车节能作为实现节能目标的关键，降低温室气体排放，促进清洁、低碳、高效能源战略目标的实现。英国政府先后制定了《未来能源——创建低碳经济》《年度能源白皮书》《能源白皮书——迎接能源挑战》《气候变化法》《英国低碳转变计划》等政策，以降低能源过度耗费，推进节能减排工作开展。

第三，提能增效，减少依赖。对于资源储量较为丰富的俄罗斯来说，节能增效政策的提出时间较早，在其意识到能源依赖型经济发展存在弊端后，就颁布了《俄罗斯在新经济条件下能源政策的基本构想》《2010年前俄罗斯联邦能源政策的主要方向》《俄罗斯能源战略基本原则》《2020 年前俄罗斯能源战略》《2030 年前俄罗斯能源战略》等一系列法律法规，以保障能源效率的有效提升，维持经济稳定发展，减少国民经济增长对能源的高度依赖。美国政府为维护国家安全，保障能源安全，也先后推出了《美国能源独立与安全法案》《美国清洁能源安全法》《关于促进能源独立和经济增长的总统行政命令》等政策法规，对其能效提升起到了关键作用。

3.3.2 对我国的启示

从国外主要国家能源效率及能源政策演变进程来看，各国所处阶段、发展战略以及面临的宏观环境都存在很大的差异，但整体发展方向一致，均是为实现国家健康、绿色、可持续发展而不断调整战略和做法。总的来说，各国的能源转型经验对于当前我国油气能源效率的提高以及能源行业的发展都具有相当重要的借鉴意义。总结上述能源政策演变的主要特点，提出以下几点经验借鉴。

3.3.2.1 政策制定应符合能源利用的阶段性要求

西方经济学的能源替代理论认为，资本（尤其是技术资本）、劳动与能源之间具有相互替代性。不同的经济发展阶段，可以侧重于不同的生产要素：当能源价格较为低廉时，可更多地消耗能源以刺激经济增长；在能源价格较高、成本较多时，可以大力发展节能技术，以此降低能源耗费。从美国经验来看，在其整个经济发展过程中，先后提出了能源市场化、维持能源稳定供应、推动清洁能源发展以及多项新能源开发及利用政策，政策重心从“开源节流”逐步过渡到“清洁增效”，整个立法过程具有明显的阶段性特征，通过理顺阶段能源需求、结合宏观环境，提出了与其发展相适应的能源政策，最终形成了石油、天然气并重的能源消费结构，努力降低高耗能、高污染能源在一次能源消费中的地位，实现了整体油气能源效率的提升。因此，在我国制定能源政策的过程中，应当首先明确当前的经济发展情况、国际能源环境以及国内能耗需求，将能效提高、能源消费多样化以及能源结构优化升级作为出发点及落脚点，重点突出对高能耗资源效率的调控，强化天然气、水电等低碳、清洁能源的利用，促进资源的优化配置，最终实现油气能效的有序提升、经济的持续健康发展。

3.3.2.2　建立有效的能耗信息披露制度

信息获取是改进能效管理的前提。建立有效的能耗信息披露制度，一方面能够提升整体能耗管理工作效率。通过有效信息获取，能够对未来一段时间的能源利用情况进行合理预测，进而做出相应的能效管理规划。如日本出台的《关于合理使用能源的法律》，其中提出了独特的“能源管理师”制度，主要是指从政府主导的专业培训机构获得能源管理资质的高级技术人才，主要负责相关能源使用信息的收集，正确理解落实相关政策，定期向政府提交报告，以便更好地管理能源使用及效率情况。另一方面有利于公众节能意识的培养。节能意识的缺乏是当前阻碍各国能效提升的主要障碍之一，要实现能效的有效改进，就需要社会公众、各部门认识到能效管理的重要性。通过适当的信息披露，能够使公众对能耗、能效、节能数据有更清晰地认识与把握，在信息传递的影响下，个体和集体的节能意识、行为也将潜移默化地改变，进一步实现能效的提升。

3.3.2.3　理顺能效管理体制，加强能效监管

完善的管理体制能为节能增效工作的开展提供保障，构建良好的管理体制包含以下三个方面的内容：

第一，加强能效管理理念的培训、教育与推广。实现能源效率的提升、资源耗费的降低，不仅需要政府支撑，更需要全民参与。从各国经验来看，我们可以从以下两个方面入手，实现全社会节能意识的培养，达到全社会节能减排的目标。一方面，在国民素质教育中引入节能环保知识，将现有节能减排等环保宣传方式进行创新，依靠技术节能的同时，也要对需求端进行控制。美国通过联邦政府与州政府出资并吸收社会资本构建相关基金，发起各项支持能效技术推广的活动能够对居民进行教育培训，并为他们采用能效技术扫清认知和资金障碍。另一方面，以本国国情为依据，采取一定的措施，计划实现社会整体节能增效。如美国政府，通过其强势的环境法规、大量的资源投入以及明确的整体战略，陆续出台了《21世纪清洁能源的能源效率与可再生能源办公室战略计划》《国家能源政策》等多部能源政策，实现了各行业的节能减排目标；而日本政府则更多地利用行业引领作用，从国民减排、家庭减排出发，提出环保积分、多余电能购买、补贴购买等一系列活动。此外，还应积极利用“互联网+”进行环保理念、节能意识的传播，吸引更多的能源消费主体参与。

第二，构建有效的统筹协调机制。美国制定的能源政策，不仅涵盖了能源

效率管理、能源技术提升等方面内容，还就组织层面问题出台了相应法律。美国能源部负责整体能源政策的制定，协调、资助和考核能效研究项目及建筑、交通各行业的能效管理；同时，对能源部门管理人员权限及其职能做出了清晰的界定；为国家能源政策措施提供组织保障，提高了整体政策制定及管理效率，进一步促进美国能效管理工作的有序开展。

第三，建立完善的监督管理机制。日本拥有一个健全、有效的节能监管体系，主要由政府管理部门、政府主导的节能专业机构以及专业能源管理师三个层级组成。这三层监管机构完整地覆盖了从企业到政府决策的所有环节，为高效制定和执行节能政策，以及政府获取企业信息提供了一个有效的系统。

3.3.2.4　建立覆盖面完整的节能与能效提升激励措施

资金投入对于能源效率的提升、节能环保工作的开展具有相当重要的意义与作用，因此，各国政府陆续对这一方面进行政策规划，加大调整力度。能效提升不仅仅指能源效率技术研发、投资和使用，还包括工业、农业、服务业等各产业能效的提升，故针对各行业、各部门制定的财税补贴、税收抵扣等激励措施，对节能增效工作开展来说是必不可少的。美国能源部通过资金和政策优惠激励各州政府采用更高的能效标准，加强配套工作，通过计划优惠信贷、能效回扣等方式激励社会公众开展节能增效活动；此外，还引导建立了能源需求响应市场和能效服务市场；通过科学的政策标准和合理的经济奖励措施，成功调动了能效市场参与者的积极性。同时，美国政府通过财政支出、社会资本吸收等方式为实验室、高校等科研机构的能效技术研究出资，一方面为能效技术从研发、转化、应用推广全过程提供了支持保障，另一方面加大了社会公众的参与程度，一定程度上促进了社会各部门节能增效行为。

4 中国油气能源效率的现状与趋势分析

能量消费总量增加，环境污染程度加剧，已经成为制约中国经济社会可持续发展的重要障碍。近年来，党和政府相继出台《关于加快推进生态文明建设的意见》《生态文明体制改革总体方案》《大气污染防治行动计划》和《水污染防治行动计划》等重大纲领性文件，强调“绿色发展”理念，旨在建立起资源高效利用体系，落实节约资源的基本国策，全面提升能源效率，推动经济发展方式转变，实现绿色发展。这不仅是中国长远发展的战略选择，也是解决资源环境问题，建设美丽中国的必然要求。

本章对中国油气能源效率的分析是从整体、区域、行业三方面分析能源效率的特点与阶段性生产变化；以此为基础，对中国油气能源效率进行阶段性分析，明确油气能源发展各个阶段效率情况，结合该阶段相关国家政策，可以了解影响油气能源效率的各种因素；并通过总结以往的经验教训，为目前及以后提高各品种能源使用效率提供更加科学、合理的意见和建议。

4.1 中国能源效率的趋势和现状

自改革开放以来，随着我国经济持续快速发展，工业化、城镇化进程不断加快，能源消费也逐年增加。同时，能源消费的迅速增长也给能源供应带来了压力。1991 年以前，我国的能源生产量一直大于消费量，之后则反之。随着经济发展水平的快速提升，人民生活水平的不断提高，能源短缺已成为制约我国现代化建设和可持续发展的重要障碍，中国对能源消费的要求不再是以量为主，而是强调能源利用效率的提高。我国目前反应能源利用效率的指标主要是单位 GDP 能耗。单位 GDP 能耗是反映能源消费水平和节能降耗状况的主要指标。一次能源消费总量与 GDP 的比率，是能源利用效率指标，该指标说明一个国家经济活动中对能源的利用程度，反映经济结构和能源利用效率的变化。如果该指标反映能源效率为负向，即单位 GDP 能耗值越大，能源利用效率就越低，反之则相反。

由表 4-1、图 4-1 可以看出，我国国内生产总值表现为上升的趋势，且增速经历了“缓慢增长—快速增长—增速放缓”三个阶段；能源消费总量同样经历了“缓慢增长—快速增长—增速放缓”三个阶段；中国整体能源单位能耗呈现为下降的趋势，即效率大体上呈现为上升的趋势。

表 4-1　1991—2016 年中国能源效率变化

年份	国内生产总值（GDP）（亿元）	能源消费总量（万吨标准煤）	单位 GDP 能耗（吨标准煤/万元）
1991	21618	103783	4.80
1992	26638	109170	4.10
1993	34634	115993	3.35
1994	46759	122737	2.62
1995	58478	131176	2.24
1996	68594	138948	2.03
1997	74463	137799	1.85
1998	78345	132214	1.69
1999	81911	130119	1.59
2000	100280	146964	1.47
2001	110863	155547	1.40
2002	121717	169577	1.39
2003	137422	197083	1.43
2004	161840	230281	1.42
2005	187319	261369	1.40
2006	219439	286467	1.31
2007	270232	311442	1.15
2008	319516	320611	1.00
2009	349081	336126	0.96
2010	413030	360648	0.87
2011	489301	387043	0.79
2012	540367	402138	0.74

续表

年份	国内生产总值（GDP）（亿元）	能源消费总量（万吨标准煤）	单位 GDP 能耗（吨标准煤/万元）
2013	595244	416913	0.70
2014	643974	425806	0.66
2015	689052	429905	0.62
2016	744127	435819	0.59

注：1.1991—1994 年的数据来源于《新中国 55 年统计资料汇编》，1995 年以后的数据来源于《中国统计年鉴》（1991—2016）；2. 能源消费总量为发电煤耗计算法。

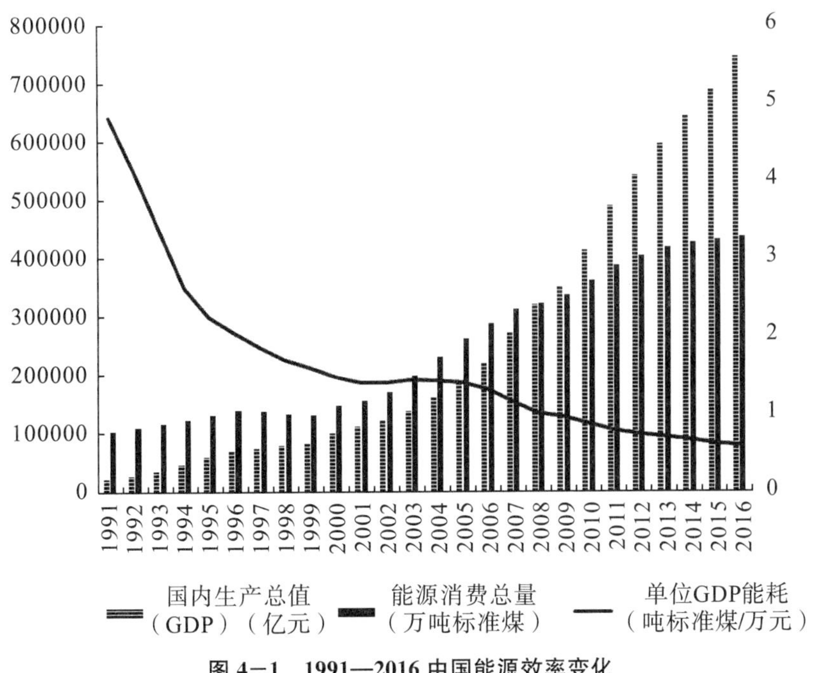

图 4-1　1991—2016 中国能源效率变化

习近平同志在十九大报告中指出，推进绿色发展，就要推进能源生产和消费革命，构建清洁低碳、安全高效的能源体系；推进资源全面节约和循环利用，降低能耗、物耗。由此，中国能源效率必将保持持续上升的趋势。

4.1.1 中国整体能源效率的特点与阶段性变化

4.1.1.1 特点

中国整体能源效率的变化主要有以下几个特点：第一，整体能源效率呈上升趋势，单位 GDP 能耗虽然在某些时期由于外界环境影响而呈现上升趋势，但总体趋势是下降的，整体能源效率逐渐提高。第二，能源效率提高的增速放缓。随着我国经济增速从高速转为中高速增长，GDP 增速放缓，能源消费总量的增速也逐年下降，由此导致中国能源效率的提高，但效率增速放缓。第三，能源效率将继续保持上升趋势。我国 GDP 已趋于稳定增长，而能源利用效率仍有上升空间，因此能源效率将仍表现为上升。由于后期能源效率提高需要投入大量人力、物力和财力，通过重大技术创新来提高能源效率也有一个过程，所以能源效率的提高速度可能受到影响。

4.1.1.2 阶段性变化

通过图 4—1 可知，中国能源效率大体上呈现为上升的趋势，能源效率的变化可以分为四个阶段进行比较。

第一阶段，1991—2000 年，能源效率高速增长时期。

1991—2000 年，中国能源单位 GDP 能耗从 4.80 吨标准煤/万元下降到 1.47 吨标准煤/万元，平均每年下降 11.2%，能源效率保持高速增长。在此期间，我国 GDP 从 21618 亿元上升到 100280 亿元，增长近 4 倍，年均增速 16.6%，GDP 处于高速增长时期；而能源消费量从 103783 万吨标准煤增加至 146964 吨标准煤，年均增长 3.5%，增速远低于 GDP 增速。由此可见，在本时期内，推动单位 GDP 高速发展的能源消耗增加量较少，能源效率显著提高。

在此阶段，煤炭在能源消费结构中的比重由 76.1%下降到 68.5%，石油从 17.1%上升到 22%，石油能源效率高于煤炭能源效率。能源消费在第二产业消费比例降低，逐渐流向第三产业，引起能源效率上升。除此之外，在经济发展的压力下，国家发布各种能源政策，促进了能源效率的提升。

第二阶段，2001—2005 年，能源效率相对稳定时期。

2001—2005 年，中国能源单位 GDP 能耗维持在 1.40 吨标准煤/万元，并在其上下浮动，能源效率保持稳定。在此期间，我国 GDP 从 110863 亿元上升到 187319 亿元，年均增长 11.1%，GDP 处于高速增长阶段；而能源消费量从 155547 万吨标准煤增加到 261369 万吨标准煤，年均增长 10.9%，与 GDP 增速几乎保持一致。由此可见，在本时期内，由能源消费带来的经济增长与国民经济增长大概保持一致，能源效率相对稳定。

2001 年煤炭在能源消费结构中的比重为 68.0 %，2005 年上升到 72.4%，石油和天然气的比例相对下降，全国能源消费总量呈现跨跃式增长，增长幅度相对较大，导致能源效率降低。同时，能源消费在第一产业消费比例降低，逐渐流向第三产业，这引起能源效率小幅度上升。能源效率上升抵消了下降的幅度，并导致能源效率的小幅度上升。2003 年的“非典”也对我国经济发展和能源使用造成了一定的负面影响，促进了能源效率的下降。

第三阶段，2006—2008 年，能源效率快速上升时期。

2006—2008 年，中国能源单位 GDP 能耗从 1.31 吨标准煤/万元下降到 1.00 吨标准煤/万元，平均每年下降 8.6%，能源效率快速上升。在此期间，我国 GDP 从 219439 亿元增长至 319516 亿元，年均增长 13.3%，GDP 处于高速增长阶段；而能源消费量从 286467 万吨标准煤增加到 320611 万吨标准煤，年均增长 3.8%，远低于 GDP 增速。由此可见，在本时期内，我国经济发展处于高速发展阶段，而能源消费增幅则不大，即较少的能源投入可以获得较大的经济产出，说明能源效率快速上升，但低于第一阶段能源效率增速。

在本阶段，煤炭在能源消费结构中的比例从 72.4%下降到 71.5%，石油比例从 17.5%下降到 16.7%，而天然气比例从 2.7%上升到 3.4%，天然气作为清洁的化石能源，消费比例的上升促进了能源效率的提升。同时，能源在第一产业和第二产业的消费逐渐降低，着重用于第三产业。在多种因素的综合作用下，能源效率在本阶段呈上升趋势。

第四阶段，2009—2016 年，能源效率持续提高时期。

2009—2016 年，中国能源单位 GDP 能耗从 1.31 吨标准煤/万元下降到 0.59 吨标准煤/万元，平均每年下降 5.9%，能源效率持续提高。在此期间，我国 GDP 从 349081 亿元增长至 744127 亿元，年均增长 9.9%，GDP 也处于高速增长阶段；而能源消费量从 336126 万吨标准煤增加到 435819 万吨标准煤，年均增长 3.3%，远低于 GDP 增速。由此可见，在本时期内，推动国民经济高速发展的能源消费增长较快，但远低于 GDP 增速，虽然低于第三阶段，但提高也是非常突出的。

煤炭的消费比例在本阶段由 71.6%下降到 62%，石油和天然气的消费比例显著上升，分别为 16.4%~18.5%、3.5%~6.2%，能源效率上升。能源主要流向第三产业，第二产业的能源消费相对保持稳定，第一产业能源消费下降。由于第一产业能耗小于第三产业，因而能源效率略有上升。总的来说，在本阶段能源效率呈现为上升趋势，但幅度相对较小。

4.1.2 中国区域能源效率特点与阶段性变化

根据国家发改委的解释，我国东、中、西部的划分，是政策上的划分，而不是行政区划，也不是地理概念上的划分。因此，东部是指最早实行沿海开放政策并且经济发展水平较高的省市，中部是指经济次发达地区，而西部则是指经济欠发达的西部地区。具体划分如表 4—2 所示。

表 4—2 地区划分

地区名称	所包括地区
东部地区	北京、天津、河北、辽宁、上海、江苏、浙江、福建、山东、广东、海南
中部地区	山西、吉林、黑龙江、安徽、江西、河南、湖北、湖南、内蒙古
西部地区	四川、重庆、贵州、云南、陕西、甘肃、青海、宁夏、新疆、广西

中、东、西三个区域由于不同的地理条件、人文状况，享受的国家政策截然不同，发展时间顺序有先有后，目前的经济发展水平也大相径庭，能源利用效率水平也有高有低。按国家规定的东、中、西部所有省、市、自治区加总及其构成，中国分地区能源效率变化如表 4—3、图 4—2 所示。

表 4—3 1991—2016 中国分地区能源效率变化 （吨标准煤/万元）

	1991	1995	1999	2003	2007	2011	2015	2016	平均
上海	3.76	1.81	1.24	2.20	0.96	0.59	0.46	0.43	1.31
北京	4.80	2.33	1.49	0.93	0.64	0.43	0.30	0.27	1.39
天津	5.81	2.76	1.70	1.25	0.94	0.67	0.50	0.46	1.71
河北	6.04	3.15	2.08	2.21	1.73	1.20	0.99	0.93	2.26
辽宁	6.01	3.46	2.25	1.87	1.48	1.02	0.76	0.95	2.18
江苏	3.61	1.56	1.06	0.89	0.81	0.56	0.43	0.40	1.12
浙江	2.87	1.29	1.00	0.98	0.77	0.55	0.46	0.43	1.04
福建	2.47	1.09	0.81	0.96	0.82	0.61	0.47	0.43	0.94
山东	—	1.77	1.21	1.38	1.13	0.82	0.60	0.57	1.10
广东	2.39	1.24	0.94	0.83	0.70	0.54	0.41	0.39	0.92
海南	1.48	0.83	0.90	0.96	0.84	0.63	0.52	0.49	0.83
东部平均	**3.92**	**1.94**	**1.34**	**1.31**	**0.98**	**0.69**	**0.54**	**0.52**	**1.37**

续表

	1991	1995	1999	2003	2007	2011	2015	2016	平均
黑龙江	6.88	2.98	2.11	1.65	1.32	0.96	0.80	0.80	2.08
吉林	7.71	3.61	2.21	1.94	1.24	0.86	0.58	0.54	2.25
山西	10.25	7.82	3.90	3.64	2.59	1.63	1.52	1.49	3.92
内蒙古	6.96	3.07	2.76	2.42	1.99	1.30	1.06	1.07	2.54
安徽	4.39	2.09	1.73	1.39	1.05	0.69	0.56	0.53	1.55
江西	3.74	2.04	1.15	1.22	0.87	0.59	0.50	0.47	1.28
河南	5.13	2.17	1.63	1.54	1.19	0.86	0.63	0.57	1.67
湖北	4.56	2.68	1.85	1.62	1.30	0.84	0.56	0.52	1.76
湖南	—	2.54	1.27	1.35	1.23	0.82	0.54	0.50	1.20
中部平均	**5.51**	**3.22**	**2.07**	**1.86**	**1.42**	**0.95**	**0.75**	**0.72**	**2.01**
四川	—	3.90	1.75	1.73	1.35	0.94	0.66	0.62	1.52
重庆	4.17	1.58	2.22	1.20	1.27	0.88	0.57	0.52	1.51
贵州	7.82	5.00	4.29	3.88	2.36	1.59	0.95	0.87	3.49
云南	3.79	2.16	1.73	1.74	1.49	1.07	0.76	0.72	1.70
陕西	5.04	3.02	1.68	1.61	1.18	0.78	0.65	0.62	1.81
甘肃	8.52	4.91	3.05	2.52	1.89	1.29	1.11	1.02	2.98
青海	6.32	4.10	3.92	2.88	2.63	1.91	1.71	1.60	3.12
宁夏	9.67	4.33	3.21	4.52	3.35	2.05	1.86	1.76	3.77
新疆	6.17	3.47	2.76	2.21	1.87	1.50	1.68	1.69	2.65
广西	2.67	1.59	1.25	1.25	1.03	0.73	0.58	0.55	1.23
西部平均	**5.42**	**3.41**	**2.59**	**2.35**	**1.84**	**1.27**	**1.05**	**1.00**	**2.35**
全国平均	4.95	2.86	2.00	1.84	1.42	0.97	0.78	0.75	1.91

注：1.1996年以前，重庆包括在四川省内；2.表内数据由能源消费总量（单位：万吨标准煤）、地区生产总值（单位：亿元）计算得出，故单位为吨标准煤/万元；3.1991—1994年的数据来源于《新中国55年统计资料汇编》，1995年以后的数据来源于《中国统计年鉴》（1995—2016）（下文中各地区生产总值和能源消费量数据的来源同此，全书同）；4.能源消费总量为发电煤耗计算法；5.表中“—”表示缺乏实际消费数据；6.由于篇幅限制，仅给出部分年限数据。

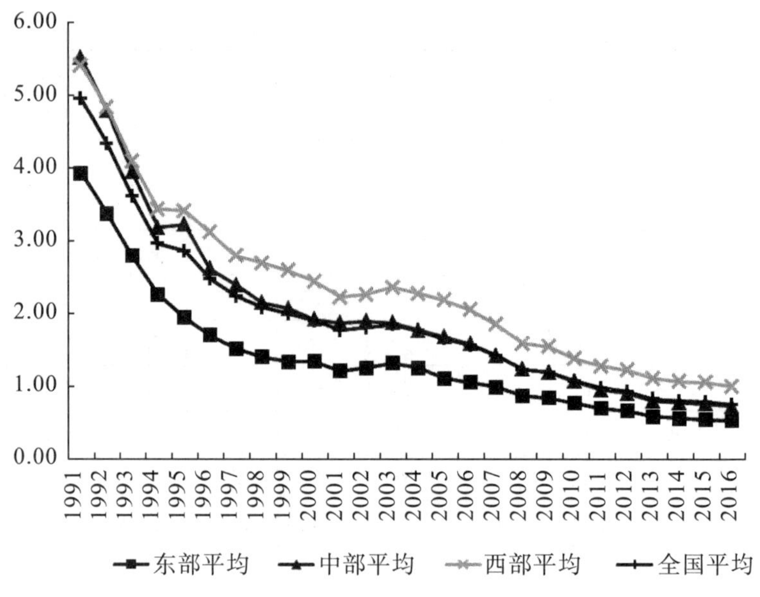

图 4-2　1991—2016 中国分地区能源效率变化（吨标准煤/万元）

通过图 4-2 可知，我国中、东、西部各区域能源效率大体上都呈现为上升的趋势。其中东部地区能源效率最高，且高于全国平均能源效率水平；西部地区能源效率最低，且低于全国平均能源效率水平；中部地区能源效率水平处于中间，且与全国能源效率水平相当。同时，东、中、西部能源效率变动都经历了“快速上升—波动上升—缓慢上升”三个阶段。

4.1.2.1　特点

中国各地区能源效率的变化主要有以下三个特点：第一，各地区总体能源效率均呈上升趋势，尽管各地区单位 GDP 能耗在某个时期有一定程度的回升，但在总体上呈下降趋势，即能源效率呈上升趋势。第二，各地区能源效率增速放缓，各地区能源效率水平虽有不同，但总体能源效率变动趋势同国家整体能源效率一致，从快速增长到缓慢增长，能源效率增速放缓。第三，东部地区能源效率最高，其次是中部地区，西部地区能源效率最低。地区之间因为自然条件、地理位置、享受的国家政策等不同，能源效率水平不尽相同。

4.1.2.2　阶段性变化

通过图 4-2 可知，中国中、东、西部各区域能源效率大体上都呈现为上升的趋势，且东部地区能源效率最高，其次是中部地区，西部地区能源效率最低。由表4—3可知，东部地区能源效率水平最高的是海南，最低的是河北；中部地区能源效率水平最高的是湖南，最低的是山西；西部地区最高的是广西，最低的宁夏。能源效率的变化可以分为三个阶段进行比较分析。

第一阶段，1991—1994年，能源效率高速增长时期。

东部地区平均单位GDP能耗从3.92吨标准煤/万元下降到2.26吨标准煤/万元，平均每年下降12.9%，能源效率高速增长；中部地区平均单位GDP能耗从5.51吨标准煤/万元下降到3.18吨标准煤/万元，平均每年下降12.8%，能源效率高速增长；西部地区平均单位GDP能耗从5.42吨标准煤/万元下降到3.43吨标准煤/万元，平均每年下降10.8%，也处于能源效率的快速增长时期。因此，东中部与西部地区单位GDP能耗差距拉大。同时，东中部地区单位GDP能耗下降速度相当，较大程度上高于西部地区。海南单位能耗从1.48吨标准煤/万元下降到0.84吨标准煤每万元，平均每年下降13.2%，能源效率高速增长且水平在东部地区最高；生产总值从120.5亿元上升到331.98亿元，年均增长28.8%，处于高速增长时期；能源消费量由178.87万吨标准煤增加到278.71万吨标准煤，年均增长11.7%，增速较快，但低于国民生产总值增速，因而能源效率高速增长。河北单位能耗从6.04吨标准煤/万元下降到3.73吨标准煤/万元，平均每年下降11.4%，能源效率高速增长且水平在东部地区最低；生产总值从1072.1亿元增加到2187.49亿元，年均增长19.5%，高速增长；能源消费量从6471.93增加到8168.62万吨标准煤，年均增长6.0%，处于中速增长阶段，低于生产总值增速，因而能源效率高速增长。湖南生产总值从833.3亿元上升到1650.02亿元，年均增长18.6%，处于高速增长时期，因缺少相关数据，故对中部地区整体能效数据存在一定影响。山西单位能耗从10.25吨标准煤/万元下降到6.29吨标准煤/万元，平均每年下降11.5%；生产总值从468.5亿元增加到826.66亿元，年均增长15.3%；能源消费量从4802.33万吨标准煤增加到5200.32万吨标准煤，增幅小于生产总值增速，因而能源效率增长。广西单位能耗从2.67吨标准煤/万元下降到1.71吨标准煤/万元，平均每年下降10.5%，能源效率高速增长且水平为西部地区最高；生产总值从518.6亿元增长至1198.29亿元，年均增长23.3%，处于高速增长阶段；能源消费量从1386.88万吨标准煤增加到2047.95万吨标准煤，年均增长10.2%，远低于广西生产总值增速，因而能源效率增长。宁夏单位能耗从9.67下降到5.44吨标准煤/万元，平均每年下降13.4%，能源效率高速增长且水平为西部地区最低；生产总值从71.8亿元增长至136.26亿元，年均增长17.4%；能源消费量从694.4万吨标准煤增加到

740.8万吨标准煤，年均增长1.6%，远低于宁夏生产总值增速，因而能源效率高速增长。由此可见，在本时期内，地区生产总值增速显著，经济发展高速，而地方经济发展所消耗的能源增速低于GDP增速，因此东中部能源效率快速提高。

造成区域能源效率差异最主要的因素是自然资源的差异，西部地区资源丰富，地区经济发展多依靠能源进行拉动，但气候、地理条件恶劣，在开采和利用过程中存在较大浪费，且西部地区经济发展水平为我国区域最低，因而能源效率最低。东部地区能源相对中西部较缺乏，但经济发展水平较高，设备技术较先进，因而能源效率最高。1992年，我国改革开放进入快速发展阶段，我国设备技术装备水平以及能源生产、消费的管理水平进步较大，能源效率增长较快。同时，在此阶段，1991年我国东部地区工业产值占生产总值的比重保持在45%以上，处于工业化中期起步阶段，中部地区紧随其后，逐步迈向工业化中期，促使能源效率提升速度高于西部地区。

第二阶段，1995—2005年，能源效率波动上升阶段。

东部地区平均单位GDP能耗从1.94吨标准煤/万元下降到1.11吨标准煤/万元，平均每年下降13.0%，能源效率高速增长；中部地区平均单位GDP能耗从3.22吨标准煤/万元下降到1.67吨标准煤/万元，平均每年下降5.8%，能源效率相对增长缓慢；西部地区平均单位GDP能耗从3.41吨标准煤/万元下降到2.18吨标准煤/万元，平均每年下降4.0%，能源效率在此期间略有波动，且下降速度最慢。可见，东中西部的能源效率差距逐渐扩大。海南单位能耗从0.83吨标准煤/万元上升到0.96吨标准煤/万元，再下降到0.89吨标准煤/万元，能源效率波动下降，且幅度较小；生产总值从363.25亿元上升到918.75亿元，年均增长8.8%，处于中高速增长时期；能源消费量由302.75万吨标准煤增加到822.20万吨标准煤，年均增长9.5%，高于生产总值增速，因而能源效率略有下降。河北单位能耗从3.15吨标准煤/万元下降到1.98吨标准煤/万元，平均每年下降4.1%，能源效率缓慢增长且水平在东部地区最低；生产总值从2849.52亿元增加到10012.11亿元；能源消费量从8989.55万吨标准煤增加到19835.99万吨标准煤，低于生产总值增幅，因而能源效率上升。湖南单位能耗从2.54吨标准煤/万元下降到1.47吨标准煤/万元，平均每年下降4.9%，能源效率缓慢增长且能源水平为中部地区最高；生产总值从2132.13亿元上升到6596.1亿元，年均增长10.8%，处于高速增长时期；能源消费从5425.61万吨标准煤增加到9709.27万吨标准煤，小于生产总值增速，因而能源效率高速增长。山西单位能耗从7.82吨标准煤/万元下降到

3.01 吨标准煤/万元，平均每年下降 8.3%，能源效率快速增长且水平为中部地区最低；生产总值从 1076.03 亿元增加到 4230.53 亿元；能源消费量从 8413.46 万吨标准煤增加到 12749.83 万吨标准煤，增幅小于生产总值，因而能源效率增长。广西单位能耗从 1.59 吨标准煤/万元下降到 1.22 吨标准煤/万元，平均每年下降 2.4%，能源效率缓慢增长且水平为西部地区最高；生产总值从 1497.56 亿元增长至 3984.1 亿元，年均增长 9.3%，处于高速增长阶段；能源消费量从 2383.86 万吨标准煤增加到 4868.57 万吨标准煤，年均增长 6.7%，略低于广西生产总值增速，因而能源效率缓慢增长。宁夏单位能耗从 4.33 吨标准煤/万元下降到 2.71 吨标准煤/万元再上升到 4.14 吨标准煤/万元，出现较大波动，能源效率略有上升且水平为西部地区最低；生产总值从 175.19 亿元增长到 612.61 亿元，逐年增长；能源消费量从 759.06 万吨标准煤增加到 1179.43 万吨标准煤再下降到 915.60 万吨标准煤，最后再上升到 2536.08 万吨标准煤，波动明显，因而导致宁夏能源效率波动缓慢上升。由此可见，在本阶段，地区生产总值持续增长，但能源消费量缓慢波动增加，因而能源效率波动上升。

1995 年至 2005 年，我国经济飞速发展，工业化进程加快，东部地区步入工业化中后期，在自然资源的限制下，生产技术水平、能源利用水平显著提高，能源效率显著提高，中西部地区步入工业化中期阶段，集约化生产促使能源效率提升。1998 年，《中华人民共和国节约能源法》正式施行，在国家政策的要求下，我国能源利用效率得到进一步的提升。同时，在本阶段，东部地区由于资源禀赋的限制，开始重视第三产业的发展，产业结构优化升级，能源效率提升明显；而中西部仍主要依靠第二产业拉动经济增长，能源效率增速较东部地区低。

第三阶段，2006—2016 年，能源效率缓慢稳定增长时期。

东部地区平均单位 GDP 能耗从 1.05 吨标准煤/万元下降到 0.52 吨标准煤/万元，平均每年下降 6.2%，能源效率中速增长；中部地区平均单位 GDP 能耗从 1.58 吨标准煤/万元下降到 0.72 吨标准煤/万元，平均每年下降 6.9%，能源效率中速增长；西部地区平均单位 GDP 能耗从 2.05 吨标准煤/万元下降到 1.00 吨标准煤/万元，平均每年下降 6.3%，能源效率中速增长。在这个阶段，东中部地区能源效率间的差距开始缩小。海南单位能耗从 0.86 吨标准煤/万元下降到 0.49 吨标准煤/万元，平均每年下降 5.0%，能源效率缓慢下降且水平为东部地区最高；生产总值从 1065.67 亿元上升到 4053.2 亿元，能源消费量由 920.45 万吨标准煤增加到 2006 万吨标准煤，小于生产总值增幅，因而能源效率下降。河北单位能耗从 1.90 吨标准煤/万元下降到 0.93 吨标准煤/万元，平均每年下降 6.3%，能源效率缓慢增长且水平在东部地区最低；生产总值从 11467.6 亿元增加到 32070.45 亿元；能源消费量从 21794.09 万吨标准煤增加到 29794 万吨标准煤，低于生产总值增幅，因而能源效率上升。湖南单位能耗从 1.38 吨标准煤/万元下降到 0.50 吨标准煤/万元，平均每年下降 8.8%，能源效率快速增长且能源水平为中部地区最高；生产总值从 7888.67 亿元上升到 31551.37 亿元，年均增长 13.4%，处于高速增长时期；能源消费从 10580.9 万吨标准煤增加到 15804 万吨标准煤，年均增长 3.7%，小于生产总值增速，因而能源效率高速增长。山西单位能耗从 2.89 吨标准煤/万元下降到 1.49 吨标准煤/万元，平均每年下降 5.8%，能源效率缓慢增长且水平为中部地区最低；生产总值从 4878.61 亿元增加到 13050.41 亿元；能源消费量从 14098.19 万吨标准煤增加到 19401 万吨标准煤，增幅小于生产总值，因而能源效率增长。广西单位能耗从 1.14 吨标准煤/万元下降到 0.55 吨标准煤/万元，平均每年下降 6.4%，能源效率缓慢增长且水平为西部地区最高；生产总值从 4746.16 亿元增长至 18317.64 亿元；能源消费量从 5390.35 万吨标准煤增加到 10092 万吨标准煤，低于广西生产总值增幅，因而能源效率增长。宁夏单位能耗从 3.90 吨标准煤/万元下降到 1.76 吨标准煤/万元，平均每年下降 7.0%，能源效率缓慢上升且水平为西部地区最低；生产总值从 725.9 亿元到 3168.59 亿元；能源消费量从 2829.78 增加到 5592 吨标准煤，小于生产总值增幅，因而宁夏能源效率上升。由此可见，在本时期内，地区生产总值增长较快，能源消费增长相对较慢，各地区能源效率处于缓慢稳定增长时期。

在此阶段，我国工业化进程持续加快，交通运输条件的改善促使中、东、西三个地区工业化水平差距逐渐减小，设备技术、能源利用技术水平差异减小，各地区能源效率上升。且中部地区作为运输纽带，能源效率提升幅度最大；其次是西部地区。除此之外，石油和天然气在能源消费比例中的占比逐渐增加，煤炭的比重逐渐下降，经济维持中高速增长，因而我国能源效率呈现为逐渐上升的趋势。20 世纪末 21 世纪初我国经济增长方式仍为粗放型增长，在本阶段我国提出将经济增长方式由粗放型转向集约型，企业和部门更加重视效率的提升，能源效率不断提高。

4.1.3 中国各行业能源效率特点与阶段性变化

为更好地反映我国三次产业的发展情况，满足国民经济核算、服务业统计及其他统计调查对三次产业划分的需求，我国统计局通过进一步优化的三次产业划分，确定了三次产业的划分标准。第一产业为农、林、牧、渔业四个大类；第二产业是指采矿业（不含开采辅助活动），制造业（不含金属制品、机械和设备修理业），电力、热力、燃气及水生产和供应业，建筑业；第三产业即服务业，是指除第一产业、第二产业以外的其他行业。第三产业包括：批发和零售业，交通运输、仓储和邮政业，住宿和餐饮业，信息传输、软件和信息技术服务业，金融业，房地产业，租赁和商务服务业，科学研究和技术服务业，水利、环境和公共设施管理业，居民服务、修理和其他服务业，教育，卫生和社会工作，文化、体育和娱乐业，公共管理、社会保障和社会组织，国际组织，以及农、林、牧、渔业中的农、林、牧、渔服务业，采矿业中的开采辅助活动，制造业中的金属制品、机械和设备修理业。中国各产业能源效率的变化趋势如表4－4、图4－3所示。

表4－4　1994—2016中国分产业能源效率变化　（吨标准煤/万元）

年份	第一产业	第二产业	第三产业
1994	0.53	3.91	1.76
1995	0.45	3.37	1.41
1996	0.41	2.97	1.35
1997	0.41	2.66	1.15
1998	0.39	2.42	0.99
1999	0.39	2.21	0.95
2000	0.40	2.10	0.90
2001	0.41	1.98	0.82
2002	0.40	1.93	0.77
2003	0.39	1.95	0.78
2004	0.36	1.94	0.76
2005	0.27	1.93	0.79
2006	0.26	1.79	0.75
2007	0.22	1.61	0.67
2008	0.18	1.43	0.60
2009	0.18	1.37	0.50
2010	0.16	1.21	0.45

续表

年份	第一产业	第二产业	第三产业
2011	0.15	1.09	0.41
2012	0.13	1.03	0.39
2013	0.15	1.11	0.40
2014	0.14	1.07	0.37
2015	0.14	1.04	0.35
2016	0.13	0.98	0.34

注：1.2012年起，国家统计局执行新的国民经济行业分类标准，工业行业大类由原来的39个调整为41个，固定资产投资（不含农户）行业分类也按新的标准进行了调整；2.表内数据由能源消费总量（单位：万吨标准煤）、三次产业生产总值（单位：亿元）计算得出，故单位为吨标准煤/万元；3.原始数据来源于《中国统计年鉴》（1994—2016）；4.能源消费总量为发电煤耗计算法。

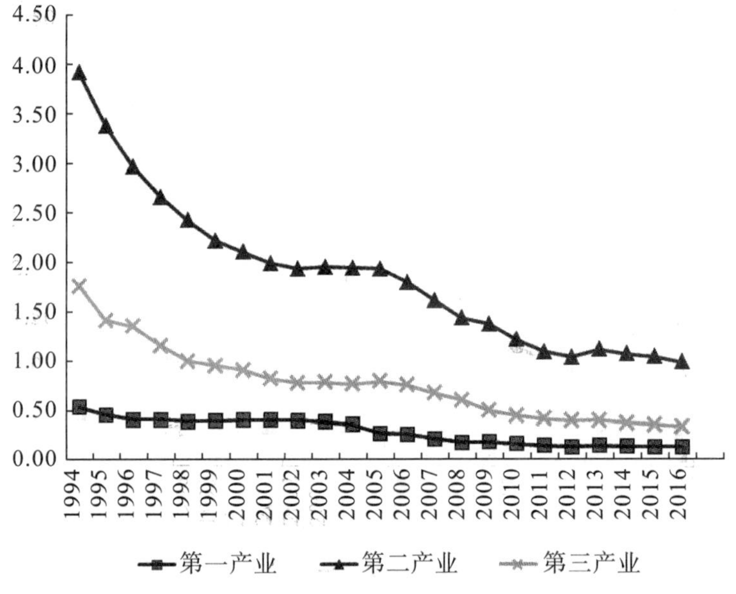

图4-3 1994—2016中国分产业能源效率变化（吨标准煤/万元）

4.1.3.1 特点

中国各行业能源效率的变化主要有以下三个特点：第一，各行业总体能源效率均呈上升趋势，尽管各行业单位GDP能耗在各个阶段趋势变化及特征不同，呈现出“先快、再稳、后慢”的下降趋势，但在总体上呈下降趋势，即能源效率呈上升趋势。第二，各行业总体能源效率增速放缓，各行业能源效率水平因为各行业发展特征而不同，但总体能源效率变动趋势同国家整体能源效率一致，从快速增长到缓慢增长，能源效率增速放缓。第三，第一产业能源效率最高，其次是第三产业，第二产业能源效率最低。各行业因为发展方式不同，所需能源消费也不同，能源效率自然不同。由于第二产业主要为采矿业、制造业、建筑业等，能源消费较高，能源消费高的产业必然导致能源浪费相对较多，故而能源效率较低；第一产业为农、林、渔、牧业，所需要消耗的能源较少，因而能源效率较高；随着中国的发展，第三产业成为拉动国民经济增长的主要动力，能源消耗也相对较高，因此能源效率高于第二产业又低于第一产业。

4.1.3.2 阶段性变化

通过表4-4、图4-3可知，我国各行业总体能源利用效率均呈现上升趋势，且第一产业能源效率最高，第三产业次之，能源效率最低的是第二产业。各行业能源效率的变化可以分为三个阶段进行比较分析。

第一阶段，1994—2002年，第一产业能源效率稳定缓慢增长阶段，第二、三产业能源效率高速增长时期。

1994—2002年，第一产业单位GDP能耗从0.53吨标准煤/万元下降到0.40吨标准煤/万元，平均每年下降3.1%，处于能源效率缓慢上升并逐步稳定阶段；第二产业单位GDP能耗从3.91吨标准煤/万元下降到1.93吨标准煤/万元，平均每年下降7.5%，能源效率高速增长；第三产业单位GDP能耗从1.76吨标准煤/万元下降到0.77吨标准煤/万元，平均每年下降8.8%，处于能源效率的高速增长时期。可见，第三产业能源效率提高最快，其次是第二产业，第一产业提高最慢。第一产业生产总值从9572.7亿元增长至16537亿元，年均增长6.3%，处于中速增长阶段；能源消费量从5104.98万吨标准煤增加到6612.49万吨标准煤，年均增长2.9%，低于第一产业生产总值增速。第二产业生产总值从22445.4亿元增长至53896.8亿元，增长逾一倍，年均增长10.2%，处于高速增长阶段；能源消费量从87853.4万吨标准煤增加到104088.1万吨标准煤，年均增长1.9%，远低于第二产业生产总值增速。第三产业生产总值从16179.8亿元增长至49898.9亿元，增长两倍，年均增长13.3%，处于高速增长阶段；能源消费量从28429.17万吨标准煤增加到38552万吨标准煤，年均增长3.4%，远低于第二产业生产总值增速，能源效率快速增长。由此可见，在本时期内，我国各行业GDP增速明显，其中第一产业增长最为缓慢，而各行业发展所消耗的能源增速缓慢，因此第一产业能源效率缓慢增长，而第二、三产业能源效率中高速增长。

1994年，三次产业结构为第一产业占19.7%，第二产业占46.6%，第三产业33.7%。2002年三次产业结构分别为13.7%、44.8%、41.5%，第三产业取得较大发展，第三产业的能源利用水平最高，第三产业的产值上升对于能源效率提高具有显著作用。第一产业的能源消费较少，能源利用水平有限，因而能源效率增长速率最低。在本阶段，设备的进步、技术的提高以及能源利用水平的提升幅度明显，能源效率增长。能源消费结构由1994年煤炭75%、石油17.4%、天然气1.9%改变为2002年煤炭68.5%、石油21.0%、天然气2.3%，煤炭的占比显著下降，能源消费结构更清洁，能源效率也呈现为增长。

第二阶段，2003—2005年，第一产业能源效率快速增长，第二、三产业能源效率稳定阶段。

2003—2005年，第一产业单位GDP能耗从0.39吨标准煤/万元下降到0.27吨标准煤/万元，平均每年下降11.5%，处于能源效率快速增长时期；第二产业单位GDP能耗从1.95吨标准煤/万元下降到1.93吨标准煤/万元，基本维持稳定；第三产业单位GDP能耗从0.78吨标准煤/万元上升到0.79吨标准煤/万元，基本保持稳定，处于能源效率稳定时期。第一产业生产总值从17381.7亿元增长至22420亿元，年均增长8.9%，处于高速增长阶段；能源消费量从6716万吨标准煤降低至6071.06万吨标准煤，年均降低3.3%，因此能源效率呈显著上升趋势。第二产业生产总值从62436.3亿元增长至87364.6亿元，增幅明显，年均增长11.8%，处于高速增长阶段；能源消费量从121731.86万吨标准煤增加到168723.53万吨标准煤，年均增长11.5%，略低于第二产业生产总值增速，能源效率小幅度提高。第三产业生产总值从56004.7亿元增长至73432.9亿元，年均增长9.5%，处高速增长阶段；能源消费量从43644.2万吨标准煤增加至57798.75万吨标准煤，年均增加9.8%，略高于第三产业生产总值增速，能源效率小幅度降低。由此可见，在本时期内，我国各行业GDP增速明显，能源消费增速却大相径庭，其中第一产业能源消费增速为负，而第二、三产业能源消费增速与各行业生产总值增速保持一致，因此第一产业能源效率略微提高，而第二、三产业能源效率保持相对稳定。

2003年，三次产业结构为第一产业占12.8%，第二产业占46.0%，第三产业41.2%。2005年三次产业结构分别为12.5%、47.5%、40.0%，第一产业及第三产业占比下降，第二产业占比上升，因而在该时期产业结构变动对能源效率具有负向作用。2003 年我国爆发“非典”，疾病使我国生产效率下降，能源利用效率也下降。同时，我国加入世界贸易组织，开放使我国引进新的生产设备、技术及能源利用技术，能源效率出现增长。能源消费结构由 2003 年煤炭 70.2%、石油 20.1%、天然气 2.4%改变为 2005 年煤炭 72.4%、石油 17.8%、天然气 2.4%，煤炭比例的上升和石油比例的下降导致能源效率的下降，在各种因素的综合作用下第一产业能源效率快速上升，第二、三产业能源效率下降。

第三阶段，2006—2016 年，三次产业能源效率持续稳定增长时期。

2006—2016 年，第一产业单位 GDP 能耗从 0.26 吨标准煤/万元下降到 0.13 吨标准煤/万元，平均每年下降 6.1%；第二产业单位 GDP 能耗从 1.79 吨标准煤/万元下降到 0.98 吨标准煤/万元，平均每年下降 5.3%；第三产业单位 GDP 能耗从 0.75 吨标准煤/万元下降到 0.34 吨标准煤/万元，平均每年下降 6.9%，均处于能源效率的持续增长时期。第一产业生产总值从 24040 亿元增长至 63671 亿元，增长逾一倍，年均增长 9.3%，处于高速增长阶段；能源消费量从 6330.71 万吨标准煤增加到 8544 万吨标准煤，年均增长 2.8%，低于第一产业生产总值增速。第二产业生产总值从 62436.3 亿元增长至 296236 亿元，增长近 4 倍，年均增长 15.2%，处于高速增长阶段；能源消费量从 184945.45 万吨标准煤增加到 290255 万吨标准煤，年均增长 4.2%，远低于第二产业生产总值增速。第三产业生产总值从 84721.4 亿元增长至 384221 亿元，增长超过 3 倍，年均增长 14.7%，处于高速增长阶段；能源消费量从 63639.42 万吨标准煤增加到 129029 万吨标准煤，年均增长 6.6%，增速明显但低于生产总值增速。由此可见，在本时期内，三次产业生产总值增长较快，能源消费增长相对较慢，各行业能源效率处于持续上升时期。

2006 年，三次产业结构为第一产业占 11.7%，第二产业占 48.9%，第三产业 39.4%。2016 年三次产业结构分别为 9%、40%、52%，第一产业及第二产业占比下降，第三产业占比上升，能源主要从第二产业流向第三产业，因而能源效率上升。2006 年之后全球化进程加快，我国在全球化过程中抓住机会，积极引进国外的技术，提升能源生产、消费的管理水平，促使能源效率上升。能源消费结构由 2006 年煤炭 72.4%、石油 17.5%、天然气 2.7%改变为 2005 年煤炭 62%、石油 18.5%、天然气 6.2%，煤炭消费下降显著，天然气消费明显上升，天然气作为清洁能源的消费比例上升使得能源效率持续上升。

4.1.4 中国能源效率变动的原因

通过分析我国整体及分区域、分行业能源效率，影响我国能源效率变动的原因如下：

第一，国家宏观政策影响。改革开放以来，由于中国经济持续高速发展，能源需求大幅度增长，能源短缺问题成为制约中国经济发展最主要问题之一。为此，中国政府制定了一系列能源政策，这些能源政策的出台和实施对解决能源短缺问题起了重要作用。1995年3月6日《关于1994年国民经济和社会发展计划执行情况与1995年国民经济和社会发展计划草案的报告》指出，1995年国民经济和社会发展计划的主要目标与任务是调整工业生产结构、提高经济效益。因此，在此政策的影响下，能源效率提高显著。1998年《中华人民共和国节约能源法》正式施行，能源效率进一步提升。2001年中国加入世界贸易组织，中国经济发展迎来转折，相应的能源消费也增长较快。2003年单位GDP能耗较2002年略有上升，是唯一一次能源效率下降的年份，这是由于2003年“非典”爆发，疾病肆虐导致中国GDP增速下降，能源效率相对提高。2006年国家发改委发布了《“十一五”资源综合利用指导意见》，强调把节约资源作为基本国策，发展循环经济，保护生态环境，加快资源节约型、环境友好型社会建设。这引发了工业企业、社会大众对能源效率的重视，促使能源效率进一步提高。

第二，能源消费结构改变。由于各种能源自然特质、属性有所不同，同等标准量的不同能源热值利用程度是不同的。例如，煤炭发电效率比天然气低，发电损耗比天然气高，所以用煤炭发电消耗的能源量要比天然气高，即煤炭的利用效率低于天然气。我国能源消费结构从1991年的煤炭76.1%、石油17.1%、天然气2%，转变到2016年煤炭62%、石油18.5%、天然气6.2%。尽管目前我国的能源消费仍然是以煤炭为主，但石油和天然气等清洁能源占能源消费的比重日益增加，煤炭的占比不断下降。因此，能源利用效率也在不断提高。

第三，产业结构优化升级。一般来说，在国民经济各产业中，第一产业、第三产业单位增加值较第二产业小得多；在国民经济各行业中，工业单位增加值能耗相比于其他行业大得多，其中，重工业又较轻工业大得多。工业增加值高，能源消费就越高。在工业化初期，我国优先发展重工业，单位GDP能耗较高，能源效率低下。随着改革开放的逐步实施，中国经济发展取得丰硕成果，逐步由最初的工业兴国转变为第二、三产业并重的发展模式，三次产业占比由 1991 年的第一产业占 24.5%、第二产业占 42.1%、第三产业占 33.4%，改变为 2016 年的第一产业占 8.6%、第二产业占 39.8%、第三产业占 51.6%，第一产业和第二产业比重显著下降，第三产业比重不断上升。又因为第一产业和第三产业的能耗本就低于第二产业，且第二产业占比下降，因而能源效率提高。

第四，经济增长方式转变。粗放型经济增长方式主要依靠增加生产要素投入来扩大生产规模，实现经济增长；集约型经济增长方式则是主要依靠科技进步和提高劳动者素质等来增加产品数量和提高产品质量，推动经济增长。以粗放型经济增长方式实现的经济增长，相比于集约型经济增长方式，能源消耗较高，单位 GDP 能耗相对较大。20 世纪末和 21 世纪初，我国的经济增长方式为粗放型增长，能源消耗较大，能源利用效率偏低；自我国提出将经济增长方式由粗放型转向集约型转变，企业和部门更加注重效率的提升，能源消耗也较以往更低，能源效率不断提高。

第五，工业化发展要求。"十三五"规划指出，我国已基本实现从"站起来"到"富起来"，最根本的原因在于工业化进程的不断加快，创造了更多的生产总值。工业化进程的不断发展会导致集约化生产，大机器、大信息时代必然会导致效率提高，也必然会带来能源效率的提高。按照三次产业产值结构来看，2010 年第一产业产值占比为 10.1%，第二产业产值占比 46.8%（比重高于第三产业的 43.1%，相差 3.7 个百分点），我国目前正处于工业化后期的起步阶段，能源效率提高明显。

第六，设备技术装备水平、能源利用的技术水平和能源生产、消费的管理水平的提高。白秋菊和陈建认为带动经济增长的是技术进步，应通过技术进步来提升能源效率和研发新能源，以适应经济社会发展过程中持续不断的能源需求。设备技术装备水平、能源利用的技术水平和能源生产、消费的管理水平越高，所消耗的能源量则会越少，单位 GDP 能耗也必然越小。随着社会的发展和科学技术的进步，我国设备技术装备水平、能源利用的技术水平和能源生产、消费的管理水平逐步提高，并取得显著进步，因此，我国能源利用效率也有了显著的提高。

第七，自然条件的影响。自然条件，如自然资源分布、气候、地理环境等对能源消费结构、产业结构等产生一定影响，也间接地影响了单位 GDP 能耗的大小。西部地区油气资源丰富，但较东部地广人稀，地理环境险峻，存在一定的开发难度，能耗也较东部地区高。东部地区人群密集，工业集聚，能源需求量大，但资源匮乏，促使东部地区节能减排，提高能源效率。"十三五"规划指出，我国要坚持区域协调发展，这对提高我国整体能源效率具有深刻的促进作用。

4.2 中国石油能源效率的趋势和现状

自从19世纪中叶人们开始从地下开采石油以来，石油在世界上的地位越来越重要，可以说石油已成为当今世界上举足轻重的战略物资。大到国家的工业、农业、交通、国防，小到每个人的衣食住行，都离不开石油。石油又被称为“黑色的金子”“工业的血液”。建立资源节约型国民经济体系和资源节约型社会是关系我国经济社会发展全局的一个重大战略问题。全面构建社会主义和谐社会需要社会全面发展，而发展又以经济增长作为后盾。石油工业是经济发展的血液，但是，石油属于不可再生资源，2016年我国石油生产量为28375.03万吨标准煤，石油消费总量为80626.52万吨标准煤。因此，发展石油工业必须落实科学发展观，走资源节约型之路，着重提升石油的利用效率，保证我国正常的石油供应。

随着我国经济的发展，国民对生活质量的要求越来越高，对国家可持续发展要求也越来越高，煤炭作为高耗能、高污染的能源种类，尽管在中国能源消费结构中占主要部分，但占比逐渐减少，石油消费逐渐增多。中国石油效率的变化趋势如表4−5、图4−4所示。由表4−5、图4−4可知，中国石油能源效率大体上也呈现为上升的趋势，单位GDP能耗从1991年0.8209吨标准煤/万元下降到2016年的0.1084吨标准煤/万元，石油效率增长明显。

表4−5 1991—2016年中国石油效率变化

年份	国内生产总值（GDP）（亿元）	石油消费总量（万吨标准煤）	石油单位GDP能耗（吨标准煤/万元）
1991	21618	17746.89	0.8209
1992	26638	19104.75	0.7172
1993	34634	21110.73	0.6095
1994	46759	21356.24	0.4567
1995	58478	22955.80	0.3926
1996	68594	25983.28	0.3788

续表

年份	国内生产总值（GDP）（亿元）	石油消费总量（万吨标准煤）	石油单位 GDP 能耗（吨标准煤/万元）
1997	74463	28111.00	0.3775
1998	78345	27500.51	0.3510
1999	81911	27975.59	0.3415
2000	100280	32332.08	0.3224
2001	110863	32975.96	0.2974
2002	121717	35611.17	0.2926
2003	137422	39613.68	0.2883
2004	161840	45825.92	0.2832
2005	187319	46523.68	0.2484
2006	219439	50131.73	0.2285
2007	270232	52945.14	0.1959
2008	319516	53542.04	0.1676
2009	349081	55124.66	0.1579
2010	413030	62752.75	0.1519
2011	489301	65023.22	0.1329
2012	540367	68363.46	0.1265
2013	595244	71292.12	0.1198
2014	643974	74090.24	0.1151
2015	689052	78672.62	0.1142
2016	744127	80626.52	0.1084

注：1. 1991—1994 年的数据来源于《新中国 55 年统计资料汇编》，1995 年以后的数据来源于《中国统计年鉴》(1995—2016)；2. 石油消费量原始单位为万吨，具体测算过程中按照“1 吨=1.4286 吨标准煤”折算。

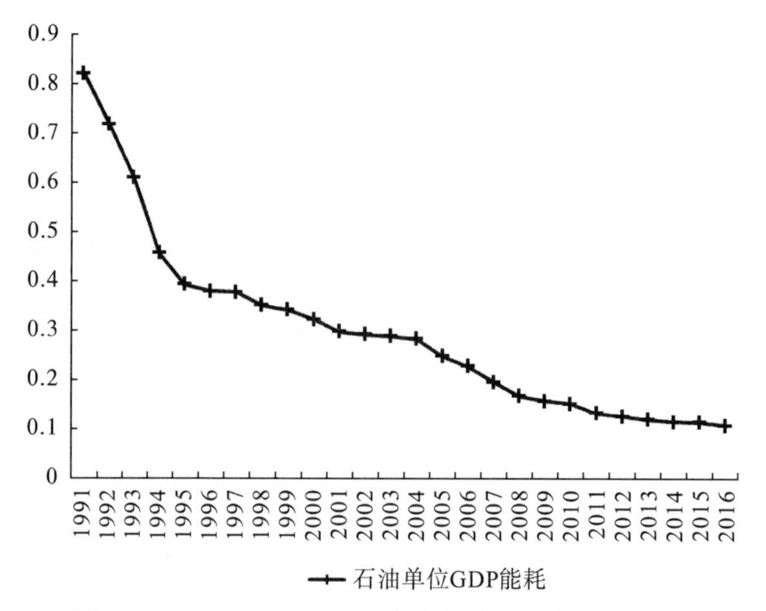

图 4－4 1991—2016 年中国石油效率变化（吨标准煤/万元）

4.2.1 中国整体石油能源效率特点与阶段性变化

4.2.1.1 特点

中国石油的能源效率的变化主要有以下三个特点：第一，整体石油利用效率呈上升趋势，石油单位 GDP 能耗尽管在各个阶段的下降速率不同，也会在某些时期由于外界环境影响而呈现上升趋势，但总体趋势是下降的，整体石油效率逐渐提高；第二，石油效率提高的增速放缓，从 1995 年到 2016 年共 22 年中石油单位能耗下降的程度低于 1991 年到 1994 年 4 年内石油单位能耗的下降程度，能源消费总量的增速也逐年下降，由此看出中国石油效率在不断提高，但效率增速放缓，提高难度较大；第三，石油利用效率将继续保持上升趋势，我国 GDP 已进入新常态，经济发展进入高质量发展。虽然石油利用效率高于能源效率，但仍有上升空间，最后可能得到充分利用。

4.2.1.2 阶段性变化

通过表 4－5、图 4－4 可知，中国石油单位 GDP 能耗呈现逐年下降的趋势，即石油能源效率总体上呈现为不断上升的趋势，石油能源效率的变化可以分为两个阶段。

第一阶段，1991—1994 年，石油能源效率快速增长时期。

1991—1994 年，中国石油单位 GDP 能耗从 0.8209 吨标准煤/万元下降到 0.4567 吨标准煤/万元，平均每年下降 13.6%，石油利用效率保持快速增长。在此期间，我国 GDP 从 21618 亿元增长到 46759 亿元，4 年内翻了一番，年均增速 21.3%，处于经济高速增长时期。我国石油消费量从 17746.89 万吨标准煤增加到 21356.24 万吨标准煤，平均每年增长 4.7%；占能源消费总量的比重增长略有上升，但波动略明显，1993 年达到 18.2%，但 1994 年下降到 17.4%。由此可见，在本时期内，与经济发展相对应的石油消费增长速度则较缓慢，即认为同样的石油消费量创造的经济增长随着时间的推移越来越大。换言之，石油的利用效率越来越高，且石油效率快速增长。

在这段时间内，我国一次能源消费结构由 1991 年的煤炭 76.1%、石油 17.1%、天然气 2.0%转变为 1994 年的煤炭 75.0%、石油 17.5%、天然气 1.8%，煤炭下降幅度远大于石油增长幅度，后者创造了更大的国民收入，由此可见石油能源效率增长。随着改革开放的不断推进，国际间的竞争日益激烈，从 20 世纪 70 年代起，石油作为国家战略资源关系着国家的根本安全，有学者预言 21 世纪的国际战争就是能源战争。我国的石油存量和储量均处于国际较低水平，为维护国家安全，我国应逐步提升石油效率。石油使用效率还与国际油价相关。此时期，由于石油勘探开发技术的进步，石油生产成本逐渐下降，国际石油处于市场定价的较低油价时期，低油价使得我国石油需求增加，从而对石油的利用效率也提高。

第二阶段，1995—2016 年，能源效率稳定缓慢增长时期。

1995—2016 年，中国石油单位 GDP 能耗从 0.3926 吨标准煤/万元下降到 0.1084 吨标准煤/万元，平均每年下降 5.7%，下降缓慢，即石油利用效率保持稳定缓慢的增长。在此期间，我国 GDP 从 58478 亿元增长到 744127 亿元，平均每年增长 12.3%，处于经济高速增长时期。我国石油消费量从 22955.80 万吨标准煤增加到 80626.52 万吨标准煤，平均每年增长 5.9%；占能源消费总量的比重增长略有上升，但波动非常明显，2000 年一度达到 22.00%，但 2016 年维持在 18.50%。由此可见，在本时期内，经济增长迅速，石油消费快速增长，但与经济增长相对应的石油消费增长则相对缓慢。尽管石油消费占能源消费总量的比重波动明显，但石油消费几乎保持稳定增长。中国石油能源消费逐年增加，即认为石油消费增长带来较大的经济增长。换言之，石油的利用效率越来越高，但石油效率增长速度较缓慢。

1995 年到 2016 年间，我国三次产业构成由第一产业 19.6%、第二产业

46.8%、第三产业33.7%转变为第一产业8.1%、第二产业40.1%、第三产业51.8%，第二产业对经济的拉动明显降低，第三产业对经济的拉动逐渐增强。石油主要投入第二产业和第三产业，石油消费量逐渐增加。在《中华人民共和国能源法》和国家政策的要求下，我国石油利用效率持续稳定地增加。同时，随着九年义务教育的普及，节约作为中华民族传统美德被广泛传播，国民素质逐步提升，节能意识不断增强，因而石油效率增强。在此时期，由于石油价格经过低油价时期后出现反弹，高油价使得消费者只能通过提高石油利用效率来降低石油支出，石油效率上升。除此之外，石油能源越来越重要的战略地位和我国石油资源的相对稀缺性使得我国必须通过提高石油利用效率来维护国家安全。

4.2.2 中国区域石油能源效率阶段性变化与特点

中国分区域石油能源效率阶段性变化如表4-6、图4-5所示。

表4-6 1995—2016年中国分地区石油效率变化 （吨标准煤/万元）

	1995	1999	2003	2007	2011	2015	2016	平均
上海	0.5662	0.3922	0.8722	0.2437	0.1589	0.1446	0.1287	0.3287
北京	0.6203	0.3861	0.2073	0.1380	0.0971	0.0615	0.0457	0.2245
天津	0.7486	0.5750	0.4161	0.2584	0.2216	0.1397	0.1145	0.3608
河北	0.2499	0.2198	0.1724	0.1181	0.0912	0.0799	0.0785	0.1457
辽宁	1.2870	1.1522	1.0854	0.7541	0.4310	0.3209	0.4532	0.8249
江苏	0.2801	0.2197	0.1969	0.1347	0.0867	0.0779	0.0755	0.1573
浙江	0.2309	0.2062	0.2098	0.1713	0.1299	0.0948	0.0806	0.1759
福建	0.1535	0.1219	0.1039	0.0544	0.0783	0.1190	0.1036	0.1025
山东	0.3888	0.2817	0.2618	0.2259	0.1835	0.1952	0.2143	0.2510
广东	0.2954	0.2431	0.1889	0.1322	0.1182	0.0961	0.0891	0.1733
海南	0.0000	0.0192	0.0632	0.9298	0.5183	0.4306	0.3943	0.2745
东部平均	**0.4383**	**0.3470**	**0.3435**	**0.2873**	**0.1923**	**0.1600**	**0.1616**	**0.2745**
黑龙江	0.8640	0.7564	0.5701	0.3793	0.2499	0.2012	0.2052	0.4759
吉林	0.6197	0.6049	0.4751	0.2666	0.1439	0.0976	0.1016	0.3409
山西	—	—	—	—	—	—	—	—

	1995	1999	2003	2007	2011	2015	2016	平均
内蒙古	0.1455	0.1308	0.0771	0.0318	0.0118	0.0307	0.0331	0.0680
安徽	0.1975	0.1542	0.1220	0.0875	0.0452	0.0448	0.0319	0.1031
江西	0.2816	0.2185	0.1598	0.0977	0.0528	0.0475	0.0560	0.1354
河南	0.1922	0.1772	0.0077	0.0679	0.0464	0.0327	0.0250	0.0943
湖北	0.3463	0.2560	0.1913	0.1393	0.0747	0.0628	0.0542	0.1676
湖南	0.2338	0.2140	0.1557	0.1017	0.0556	0.0434	0.0381	0.1219
中部平均	**0.3201**	**0.2791**	**0.1954**	**0.1302**	**0.0756**	**0.0623**	**0.0606**	**0.1675**
四川	0.0179	0.0152	0.0203	0.0325	0.0246	0.0470	0.0395	0.0250
重庆	—	—	0.0002	—	—	—	—	0.0005
贵州	—	—	—	—	—	—	—	—
云南	0.0376	0.0377	—	—	—	—	—	0.0068
陕西	0.2121	0.4001	0.4803	0.3992	0.2393	0.1666	0.1343	0.3253
甘肃	1.7247	1.1863	1.0389	0.7570	0.4655	0.3043	0.2713	0.8524
青海	0.7148	0.3528	0.2443	0.1974	0.1336	0.0912	0.0830	0.2432
宁夏	0.5534	0.5001	0.6428	0.2437	0.0623	0.2341	0.2599	0.3146
新疆	1.2757	1.2349	0.9006	0.7596	0.5616	0.3814	0.3631	0.8385
广西	0.0405	0.0416	0.0371	0.0375	0.1297	0.1215	0.1045	0.0634
西部平均	**0.4577**	**0.3769**	**0.3364**	**0.2427**	**0.1617**	**0.1346**	**0.1256**	**0.2669**
全国平均	**0.4053**	**0.3343**	**0.2918**	**0.2201**	**0.1432**	**0.1190**	**0.1159**	**0.2363**

注：1.1996年以前，重庆包括在四川省内；2. 表内数据由石油消费量（单位：万吨标准煤）、地区生产总值（单位：亿元）计算得出，故单位为吨标准煤/万元；3. 原始数据来源于《中国统计年鉴》（1995—2016）；4. 石油消费量原始单位为万吨，具体测算过程中按照“1吨=1.4286吨标准煤”折算；5. 表中“—”表示缺乏实际消费数据；6. 由于篇幅限制，仅给出部分年限数据。

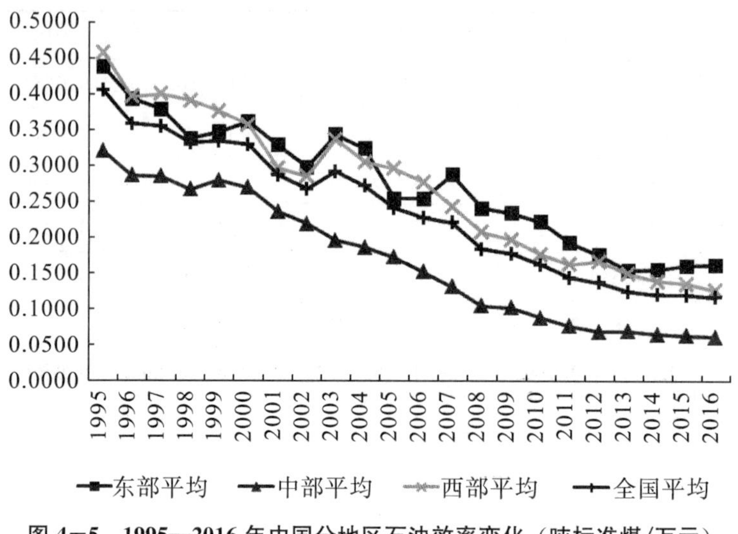

图 4－5　1995—2016 年中国分地区石油效率变化（吨标准煤/万元）

通过表 4－6、图 4－5 可知，我国中、东、西部各区域石油效率大体上都呈现为上升的趋势，其中中部地区石油效率最高且高于全国平均石油效率水平，东部和西部地区石油效率较低且低于全国平均石油效率水平，且东、西部地区石油效率波动较大，石油单位能耗出现缠绕下降的情况，即石油效率或东部高或西部高的状态，且东、中、西部石油效率增速逐渐放缓。

4.2.2.1　特点

中国各地区石油能源效率的变化主要有以下三个特点：第一，中、东、西三个区域石油利用效率大体上均呈现上升的趋势。尽管东、中、西部地区石油单位 GDP 能耗在某些时期有一定程度的回升，但在总体上呈下降趋势，即石油能源效率呈上升趋势。第二，各地区石油效率增速逐渐放缓。中部地区石油效率增速经历了“缓慢—快速—缓慢”三个阶段，东部地区石油效率变动与全国平均水平趋势一致，呈现出波动上升，且在近几年增速放缓，西部地区石油能源效率增速逐渐放缓，在 2003 年出现较大的负增长。第三，中部地区石油效率最高，高于全国平均水平，东、西部地区石油效率均低于全国平均水平，具体东、西部地区石油效率孰高孰低需要分阶段进行讨论。

4.2.2.2　阶段性变化

通过表 4－6、图 4－5 可知，中国中、东、西部各区域石油效率大体上都呈现为上升的趋势，且中部地区石油能源效率最高，东、西部地区石油能源效率较低。由表4−6可知，东部地区石油效率水平最高的是福建，最低的是辽宁；中部地区石油效率水平最高的是内蒙古，最低的是黑龙江；西部地区最高的是重庆，最低的甘肃。石油效率的变化可以分为三个阶段进行比较分析。

第一阶段，1995—2000年，东、中、西部地区石油效率波动上升阶段，东部地区石油效率高于西部地区。

东部地区石油单位能耗从0.4383吨标准煤/万元下降到0.3613吨标准煤/万元，平均每年下降3.2%，石油效率缓慢波动增长；中部地区平均石油单位能耗从0.3201吨标准煤/万元下降到0.2693吨标准煤/万元，平均每年下降2.8%，石油效率缓慢波动增长；西部地区平均石油单位能耗从0.4577吨标准煤/万元下降到0.3572吨标准煤/万元，平均每年下降4.0%，也处于石油效率的波动增长时期。福建石油单位能耗从0.1535吨标准煤/万元下降到0.1219吨标准煤每万元，再上升到0.1360吨标准煤/万元，平均每年下降2.0%，石油效率缓慢波动增长且水平在东部地区最高；生产总值从2094.9亿元上升到3764.54亿元，年均增长10.3%，处于高速增长时期；石油消费量由321.46万吨标准煤增加到512.05万吨标准煤，年均增长8.1%，增速较高，但低于生产总值增速，因而石油效率增长。辽宁石油单位能耗从1.2870吨标准煤/万元下降到1.0977吨标准煤/万元，再上升到1.2051吨标准煤/万元，平均每年下降10.9%，石油效率高速增长且水平在东部地区最低；生产总值从2793.37亿元增加到4669.06亿元，年均增长8.9%，高速增长；石油消费量从3594.96万吨标准煤增加到5626.88万吨标准煤，年均增长7.8%，低于生产总值增速，因而石油效率增长。内蒙古石油单位能耗从0.1455下降到0.1172吨标准煤/万元，平均每年下降3.5%，石油效率缓慢上升且水平在中部地区最高；生产总值从857.06亿元上升到1539.12亿元，年均增长10.2%，处于高速增长时期；石油消费量从124.72万吨标准煤上升到180.38万吨标准煤，年均增长6.3%，低于生产总值增速，石油效率增长。黑龙江石油单位能耗从0.8640吨标准煤/万元下降到0.7259吨标准煤/万元，平均每年下降2.9%，石油效率缓慢上升且水平为中部地区最低；生产总值从1991.4亿元增加到3151.4亿元，年均增长8.0%；能源消费量从1720.52万吨标准煤增加到2287.57万吨标准煤，增幅小于生产总值增速，因而石油效率增长。重庆在1995到2000年间无石油消费数据，生产总值从1123.06亿元增长至1791亿元，年均增长8.1%，经济高速发展。甘肃石油单位能耗从1.7247吨标准煤/万元下降到1.1952吨标准煤/万元，平均每年下降5.9%，石油效率缓慢增长且水平为西部地区最低；生产总值从557.76亿元增长至1052.88亿元；石油消费量从961.98万吨标准煤增加到1258.43万吨标准煤，增幅小于宁夏生产总值，因而石油效率增长。由此可见，在本时期内，各地区石油效率呈现为波动缓慢增长，且东部地区石油效率高于西部地区。

1995年我国工业化进入发展繁盛时期，2000年第二产业占比从1995年的46.8%略降至45.5%，第三产业占比从1995年的33.7%上升至39.8%。第二产业主要消耗煤炭和石油，第三产业主要消耗石油和天然气，第三产业占比的增加使得石油消费比例增加，石油流向第三产业能耗较低的行业。由于石油在第三产业的使用仍处于初步发展阶段，因而石油使用效率虽有下降，但是偶尔会出现波动情况，呈现为波动下降的趋势。1993年我国成为石油净进口国，1997年东南亚金融危机使得我国货币出现升值，利于我国石油进口，石油效率增速低于前一年。随着改革开放的逐步推进，1998年互联网在我国兴起，国际信息交流给我国提供了诸多引进石油利用技术的机会，提高了石油利用效率。

第二阶段，2001—2005年，中部地区石油效率缓慢稳定上升，东、西部石油效率波动上升阶段，且西部石油效率高于东部地区。

东部地区石油单位能耗从0.3287吨标准煤/万元上升到0.3435吨标准煤/万元，再下降到0.2537吨标准煤/万元，平均每年下降5.0%，石油效率波动明显，且缓慢上升；中部地区平均石油单位能耗从0.2357吨标准煤/万元下降到0.1716吨标准煤/万元，平均每年下降6.2%，石油效率缓慢稳定增长；西部地区平均石油单位能耗从0.2965吨标准煤/万元上升到0.3364吨标准煤/万元，再下降到0.2956吨标准煤/万元，石油效率波动明显，略有上升。福建石油单位能耗从0.1219吨标准煤/万元下降到0.0759吨标准煤/万元，平均每年下降9.0%，石油效率快速下降且水平为东部地区最高；生产总值从4072.85亿元上升到6554.69亿元，年均增长10.0%，处于高速增长时期；石油消费量由496.50万吨标准煤增加到557.94万吨标准煤，再下降到497.72万吨标准煤，波幅较小，因而石油效率略有下降。辽宁石油单位能耗从1.1485吨标准煤/万元下降到0.9606吨标准煤/万元，平均每年下降3.5%，石油效率缓慢增长且水平在东部地区最低；生产总值从5033.08亿元增加到8047.26亿元；石油消费量从5780.54增加到7730万吨标准煤，低于生产总值增幅，因而石油效率上升。内蒙古石油单位能耗从0.1109吨标准煤/万元下降到0.0482吨标准煤/万元，平均每年下降15.4%，石油效率高速增长且水平为中部地区最高；生产总值从1713.81亿元上升到3905.03亿元，年均增长17.9%，处于高速增长时期；石油消费从190.10万吨标准煤增加到188.33万吨标准煤，小于生产总值增幅，因而石油效率增长。黑龙江石油单位能耗从0.6808吨标准煤/万元下降到0.4625吨标准煤/万元，平均每年下降7.4%，石油效率快速增长且水平为中部地区最低；生产总值从3390.1亿元增加到5513.7亿元；石油消费量从2307.90万吨标准煤增加到2550.07万吨标准煤，增幅小于生产总值，因而石油效率增长。重庆石油单位能耗从0.0001吨标准煤/万元上升到0.0012吨标准煤/万元，石油效率增长明显且水平为西部地区最高；生产总值从1976.86亿元增长至3467.72亿元，年均增长11.9%，处于高速增长阶段；石油消费量从0.2714万吨标准煤增加到4.0858万吨标准煤，增速高于生产总值增速，因而石油效率快速下降。甘肃石油单位能耗从1.1261吨标准煤/万元下降到0.9080吨标准煤/万元，平均每年下降4.2%，石油效率缓慢稳定上升且水平为西部地区最低；生产总值从1125.37亿元到1933.98亿元；石油消费量从1267.31万吨标准煤增加到1756.12万吨标准煤，略小于生产总值增幅，因而石油效率缓慢上升。由此可见，在本时期内，地区生产总值持续增长，但石油消费量波动明显，因而石油效率均缓慢上升，且西部地区石油效率高于东部地区。

1997年中共十五大把可持续发展战略确定为我国“现代化建设”中必须实施的战略，可持续发展要求我国要保证能源的可持续发展。石油作为一种不可再生能源，保证石油的可持续发展就是要保证我国石油储量，在国内石油需求不断攀升的条件下，就是要提升我国石油的使用效率，因而国家宏观要求提升石油利用效率，使得石油效率在本阶段上升。中部地区拥有资源优势和技术优势，在本阶段石油效率稳定上升。2001—2005年，第二产业产值占比从44.8%上升到47%，工业化取得较大进步，但主要集中在东部发达地区，因而东部地区对石油的消费增长较大。西部地区石油利用较少，开采的石油主要供东部地区使用，因而东部地区能源效率低于西部地区。此间疾病肆虐和国际参与度的提升使得我国石油利用效率波动。

第三阶段，2006—2016年，东、中、西部石油效率波动上升，且西部地区高于东部地区。

东部地区平均石油单位能耗从0.2537吨标准煤/万元上升到0.2873吨标准煤/万元，再下降到0.1616吨标准煤/万元，平均每年下降4.0%，石油效率缓慢增长，波动明显；中部地区石油单位能耗从0.1510吨标准煤/万元下降到0.0606吨标准煤/万元，平均每年下降8.0%，石油效率快速增长，略有波动；西部地区石油单位能耗从0.2772吨标准煤/万元下降到0.1256吨标准煤/万元，平均每年下降6.9%，石油效率中速增长，略有波动。福建石油单位能

耗从 0.0706 吨标准煤/万元上升到 0.1214 吨标准煤/万元，再下降到 0.1036 吨标准煤/万元，石油效率略有下降，且波动明显；生产总值从 7583.85 亿元上升到 28810.58 亿元，石油消费量由 537.77 万吨标准煤降低至 444.24 万吨标准煤，再增加到 2981.89 万吨标准煤，波动幅度较大，石油效率波动并下降。辽宁石油单位能耗从 0.8529 吨标准煤/万元下降到 0.4532 吨标准煤/万元，平均每年下降 5.6%，石油效率波动上升且水平在东部地区最低；生产总值从 9304.52 亿元增加到 22246.9 亿元，并在 2016 年出现负增长；能源消费量从 7935.93 万吨标准煤增加到 10081.63 万吨标准煤，出现较大波动，因而石油效率波动上升。内蒙古石油单位能耗从 0.0402 吨标准煤/万元下降到 0.0078 吨标准煤/万元，再上升到 0.0331 吨标准煤/万元，石油效率波动明显且水平为中部地区最高；生产总值从 4944.25 亿元上升到 18128.1 亿元，年均增长 12.5%，处于高速增长时期；石油消费从 198.86 万吨标准煤增加到 273.95 万吨标准煤，再下降到 124.32 万吨标准煤，最后上升到 599.37 万吨标准煤，波动明显，因而石油效率波动明显且略有上升。黑龙江石油单位能耗从 0.4255 吨标准煤/万元下降到 0.2052 吨标准煤/万元，呈现为下降—上升—下降—上升的态势，石油效率略有增长且水平为中部地区最低；生产总值从 6211.8 亿元增加到 15386.09 亿元，年均增长 8.6%；石油消费量从 2643 万吨标准煤增加到 3157.81 万吨标准煤，波动明显，且增幅小于生产总值，因而石油效率增长。重庆在此期间石油消费量较少，生产总值从 3907.23 万吨标准煤增长至 11740.59 万吨标准煤，因而石油效率水平在西部地区最高。甘肃石油单位能耗从 0.8302 吨标准煤/万元下降到 0.2713 吨标准煤/万元，平均每年下降 9.7%，石油效率高速增长且水平为西部地区最低；生产总值从 2277.35 亿元到 7200.37 亿元；石油消费量从 1890.58 万吨标准煤增加到 1953.31 万吨标准煤，波动明显，小于生产总值增幅，因而甘肃石油效率高速增长。由此可见，在本时期内，地区生产总值稳定持续增长，石油消费量波动幅度较大，导致各地区石油效率波动上升，且西部地区石油效率高于东部地区。

2005 年，我国政府积极颁布各项法规条例，例如制定并实施节约石油能源的法律法规，促使我国石油利用效率水平提高。因而在 2006 年至 2016 年间，我国石油利用效率上升。东部地区消费的石油主要由西部地区运输而来，在运输过程中的损耗及运输成本也是造成东部地区石油效率低于西部地区的重要原因。2005 年之前，东、中、西部的经济发展水平差距较大，石油利用技术水平差距也相对较大。随着国家区域协调发展战略的不断推进，我国各地区的石油效率也不断提升，其间由于石油危机、国际油价、金融危机和国际关系改变使石油效率出现波动情况，特别是对东部沿海地区的影响更为严重。除此之外，随着石油勘探开发技术的提高，石油衍生品的种类增多，用途也变得广泛，使得石油被充分利用，石油利用效率上升。

4.2.3　中国分行业石油能源效率特点与阶段性变化

中国分行业石油能源效率的变化趋势如表4-7和图4-6、图4-7所示。

表4-7　1994—2016年中国分产业石油效率变化　（吨标准煤/万元）

年份	第一产业	第二产业	第三产业
1994	—	0.8890	0.0047
1995	0.0012	0.7331	0.0112
1996	0.0011	0.6625	0.0098
1997	—	0.6544	0.0088
1998	—	0.6308	0.0080
1999	—	0.6537	0.0072
2000	—	0.6602	0.0065
2001	—	0.6108	0.0055
2002	—	0.5926	0.0051
2003	—	0.5667	0.0038
2004	—	0.5533	0.0027
2005	—	0.4899	0.0025
2006	—	0.4443	0.0028
2007	—	0.3877	0.0023
2008	—	0.3453	0.0020
2009	—	0.3387	0.0014
2010	—	0.3185	0.0012
2011	—	0.2760	0.0007
2012	—	0.2719	0.0007
2013	—	0.2645	0.0008
2014	—	0.2651	0.0002
2015	—	0.2738	0.0001

续表

年份	第一产业	第二产业	第三产业
2016	—	0.2701	0.0001

注：1.2012 年起，国家统计局执行新的国民经济行业分类标准，工业行业大类由原来的 39 个调整为 41 个，固定资产投资（不含农户）行业分类也按新的标准进行了调整；2. 表内数据由石油消费量（单位：万吨标准煤）、各行业生产总值（单位：亿元）计算得出，故单位为吨标准煤/万元；3. 原始数据来源于《中国统计年鉴》（1994—2016）；4. 石油消费量原始单位为万吨，具体测算过程中按照“1 吨＝1.4286 吨标准煤”折算；5. 表中“—”表示缺乏实际消费数据。

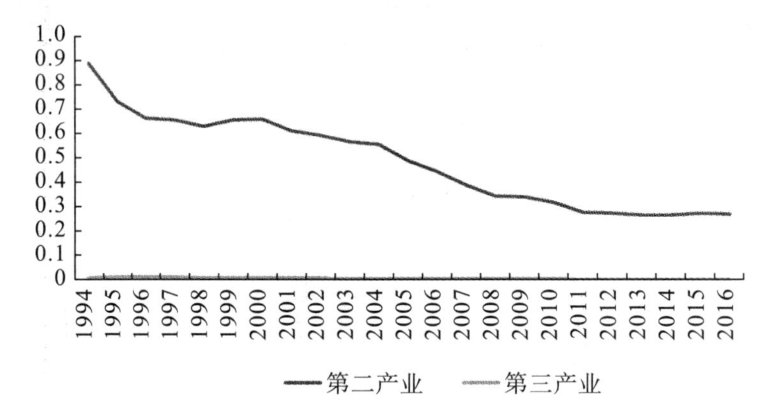

图 4-6　1994—2016 年中国分产业石油效率变化（吨标准煤/万元）

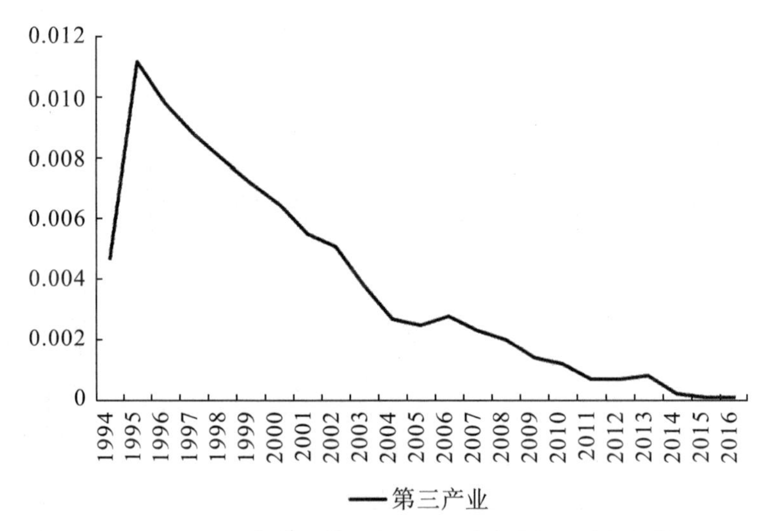

图 4-7　1994—2016 年中国第三产业石油效率变化（吨标准煤/万元）

由表4－7和图4－6、4－7可知，第一产业（农、林、渔、牧）发展消耗较少的石油量，仅在1995年和1996年消耗一定的石油量，石油单位GDP能耗分别为0.0012吨标准煤/万元和0.0011吨标准煤/万元。除此之外，在1994—2011年间石油消费量几乎为零，因而在本节不对第一产业石油效率进行阶段性分析。

4.2.3.1 特点

中国各行业石油能源效率的变化主要有以下三个特点：第一，各行业总体石油利用效率均呈上升趋势，尽管各行业石油单位GDP能耗在各个阶段趋势变化特征不同，呈现出“先快后稳”的下降趋势，且在某些年份会有所回升，但在总体上仍呈现下降趋势，即石油效率呈上升趋势（尽管第一产业发展所需的石油消费量几乎为零，但从仅有的两年数据来看也呈现为石油效率上升的趋势）。第二，各行业总体石油利用效率增速放缓，各行业石油效率水平因为各行业发展特征而不同，但总体石油效率变动满足社会经济发展和人民生活的要求，符合我国能源国情。第三，石油效率水平不同，第一产业石油利用效率最高，其次是第三产业，第二产业石油利用效率最低。农、林、渔、牧业的发展，很少用到石油，且在分析阶段的十多年里均处于无石油消费的状态，因而能源效率较高。石油作为工业血脉，在采矿业、制造业等工业的发展中起着举足轻重的作用，在“绿色”发展理念的引导下，煤炭消费占能源消费的比例不断下降，石油越来越被重视，提高工业石油利用效率是保证我国持续健康发展的重要环节；同时由于工业的特殊性，石油消费量始终高于第一、三产业，即石油利用效率始终低于第一、三产业。在2012—2016年间，第三产业创造的生产总值增速大于第一、二产业，成为拉动国民经济增长的主要动力，石油消费量也逐渐增多，石油利用效率逐渐提高，且高于第二产业，低于第一产业。

4.2.3.2 阶段性变化

通过图4－6可知，我国各行业石油能源利用效率总体上呈现下降趋势，且第三产业石油利用效率最高，石油利用效率最低的是第二产业。各行业石油能源效率的变化可以分为两个阶段进行比较分析。

第一阶段，1994—2011年，第二、三产业石油效率缓慢稳定增长时期。

第二产业石油单位GDP能耗从0.8890吨标准煤/万元下降到0.2760吨标准煤/万元，平均每年下降6.3%，处于石油效率稳定持续缓慢上升时期；第三产业石油单位GDP能耗从0.0047标准煤/万元下降到0.0007标准煤/万元，平均每年下降2.2%，处于石油效率的持续稳定增长时期。第二产业生产总值从22445.4亿元增长至227039亿元，增长超过9倍，年均增长13.7%，处于高速增长阶段；而同期石油消费量从19953.20万吨标准煤增加到62659.02万吨标准煤，增长超过2倍，年均仅增长6.6%，远低于第二产业生产总值增速，石油利用效率稳定增长。第三产业生产总值从16179.8亿元增长至216099亿元，增长12倍，年均增长15.5%，处于高速增长阶段；而石油消费量从75.90万吨标准煤上升到150.57万吨标准煤，增长近1倍，年均仅增长3.9%，低于第三产业生产总值增速，石油利用效率快速增长。由此可见，在本时期内，我国各行业GDP增速明显，其中第三产业增长最为迅速，而各行业发展所消耗的石油量增速相对较低，因此第二产业和第三产业石油利用效率持续稳定增长。

1994年到2011年是工业化发展的繁荣时期，石油在第二产业中的消费远远高于第三产业，工业化的发展促使生产转向集约化。大工业、大机器的使用使得石油的利用效率增加，但是机械化、规模化的生产模式最大的缺点是不够精确，第二产业的生产用油消耗较大，资源浪费大于第三产业，因而石油能源效率低于第三产业。1995年，第三产业中的交通运输业对石油的需求大幅度攀升，车用油的普及使得石油利用效率下降。此后我国政府规范交通运输业的发展，合理规划石油配置，第三产业的石油利用效率在国家规制下大致呈现下降的趋势。同时，由于国际油价的影响，第三产业石油效率出现波动。

第二阶段，2012—2016年，第二、三产业石油效率稳定阶段。

2012—2016年，第二产业石油单位GDP能耗从0.2719吨标准煤/万元下降到0.2701吨标准煤/万元，下降幅度很小，基本维持稳定；第三产业石油单位GDP能耗从0.0007吨标准煤/万元下降到0.0001吨标准煤/万元，下降幅度较小，基本保持稳定，均处于石油利用效率稳定时期。第二产业生产总值从244643亿元增长至296236亿元，增幅较小，年均增长3.9%，增速放缓，处于低速增长阶段；石油消费量从66514.93万吨标准煤增加到80006.73万吨标准煤，年均增长3.8%，略低于第二产业生产总值增速，能源效率小幅度提高，基本维持稳定。第三产业石油生产总值从244822亿元增长至384211亿元，增幅明显，年均增长9.4%，处于高速增长阶段；石油消费量从170.57万吨标准煤降低至31.91万吨标准煤，平均每年降低28.5%。生产总值上升，而石油消费量则大幅降低，即每单位石油创造的生产值显著提高，因此第三产业的石油利用效率显著上升。由此可见，在本时期内，我国各行业GDP增速放缓，逐渐转变为中高速发展。石油消费增速却大相径庭，其中第三产业石油消费量增速为负，而第二产业石油消费增速与各行业生产总值增速保持一致，因此第二产业石油利用效率基本保持稳定，而第三产业石油利用效率显著增长。

2012 年我国第三产业增加值比例首次超过第二产业，第二产业的结构基本保持稳定，发展较为完善，进入一个停滞期。制造业效率提升明显，出现了产能过剩的情况，对于石油资源而言是一种浪费。但是政府积极引导制造业转型升级，在借鉴国际经验的情况下，于 2015 年发布了《中国制造 2025》，提升石油资源的利用效率。因而在此期间第二产业石油效率基本保持稳定。同时第三产业成为拉动我国经济增长新动力，我国产业结构优化取得较大进步，产业结构的优化为第三产业石油效率提供了正向的效用。但第三产业的发展过程中却出现了较多问题，诸多行业发展不规范，石油市场秩序混乱，又对石油效率具有负向作用。在各种因素的综合作用下，第三产业石油效率基本保持稳定，略有下降。

4.2.4 中国石油能源效率变动原因

通过对我国石油能源效率的分地区、分行业的分析，对石油效率水平变化的原因总结如下：

第一，国家经济社会可持续发展的要求。石油资源是一种不可再生资源，在经济社会发展的消耗是不可逆的。随着石油逐渐被使用，剩下的石油储量会越来越少，石油开采难度也会逐渐增大。2016 年中国的石油储采比只有 17.5 年，远低于世界平均水平 50.6 年。我国将坚持走可持续发展道路，对于不可再生资源，应该着力于提高该资源的利用效率，并积极探索新能源开发。这就要求国家节约石油资源的使用，重视提高石油资源利用，提高石油资源利用效率，因此随着我国经济的不断发展，石油能源效率逐渐提高。

第二，我国石油战略储备量和石油安全的制约。随着对外开放的大门逐步打开，中国参与国际竞争愈发激烈，石油作为国家的一种战略储备，其安全已经成为国家安全极其重要的一方面。截至 2017 年 1 月，我国石油战略储备为 3197 万吨，相当于我国 33 天到 36 天的进口量，即中国不依靠进口，国内所有石油资源最长仅够全国消费 36 天。我国石油的对外依存度持续提高，早已突破 50%的警戒线。因此，为了国家安全，我国政府积极颁布各项法规条例，促使石油利用效率水平的提高。2005 年我国制定了以下方针：对于重点的节约石油、提高效率的大型工程项目等，在融资和税收方面，给予优惠政策；制定并实施节约石油能源的法律法规，机动车燃油的申告、标识和公表制度；对于工业制品，实施节油制品的认证制度和油耗标识制度；对于用油多的企业，要对其石油的使用进行计量和统计管理等。

第三，石油衍生品影响。在市场上流通的不仅是原油，还有石油衍生品，例如石油燃料、石蜡、沥青、石油焦等。首先，石油衍生品的品种越多，用途越广，石油利用效率也就越高。其次，不同的石油衍生品由于生产过程、提炼技术和产品用途的不同具有不同的价格，在市场上的需求和供给也不同。当市场对某种石油衍生品的需求较高时，该衍生品的价格也会上升，从而供给增加，引发原油需求增加，而其他石油衍生品需求不变，导致石油资源不充分利用，因而石油利用效率水平降低；反之相反。

第四，公众节能意识的提高。随着义务教育的普及，国民文化素质水平也有了显著提升。政府采取了建立较为完善的法规和公开教育等方式提高国民的节能意识，主流媒体也积极通过新闻报道、媒体宣传等方式面向社会传播节能观念，学校教导学生从小树立节能环保意识，整个社会都在传达节能观点。公众节能意识提高，从而石油利用效率水平提高。

第五，国际油价的影响。我国是发展中国家，人口众多，也是石油消费大国，但是我国石油生产量不足以满足国民生活、国家发展需要，所以需要从国外进口石油。国际石油分布差异显著，OPEC（石油输出国组织）对石油的定价影响着国际石油价格，石油价格变动导致石油效率的变动。国际油价上涨，我国石油进口减少，石油利用效率就会上升；反之相反。

4.3 中国天然气能源效率的趋势和现状

与一直被广泛使用的液化石油气、成品油等燃料相比，天然气是一种相对清洁、高效的能源。伴随着大气污染防治行动和碳减排的推进，天然气在我国一次能源消费结构中占据愈发重要的地位，符合现在国际提倡的低碳、环保理念。近年来，随着西气东输、川气东送、陕京线等长输管道的建成，塔里木、青海、川渝、长庆等气区实现全面外输，“煤改气”政策不断落实，我国天然气消费区域不断扩大，需求和消费量更是日益增加，导致我国的天然气产能和进口量进入了爆发式增长阶段。2000 年以来，我国天然气产量年均增幅达 14%，天然气消费量年均增速为 16%，其开发利用进入快速发展的黄金期。2016 年，我国天然气生产量达 1.8×10^4 万吨标准煤，消费量达 2.7×10^4 万吨标准煤。采用天然气作为能源，可减少煤和石油的用量，因而大大改善环境污染问题。天然气作为一种清洁能源，能有助于减少酸雨形成，舒缓地球温室效应，从根本上改善人民生活环境质量。其优点有：第一，绿色环保。天然气是一种洁净环保的优质能源，几乎不含硫、粉尘和其他有害物质，燃烧时产生的二氧化碳少于其他化石燃料，造成温室效应较低，因而能从根本上改善环境质量。第二，经济实惠。天然气与人工煤气相比，同比热值价格相当，并且天然气清洁干净，能延长灶具的使用寿命，也有利于用户减少维修费用的支出。天然气是洁净燃气，供应稳定，能够改善空气质量，因而能为该地区经济发展提供新的动力，带动经济繁荣及改善环境。第三，安全可靠。天然气无毒，易散发，比重轻于空气，不宜积聚成爆炸性气体，是较为安全的燃气。第四，改善生活。家庭使用安全、可靠的天然气，将会极大改善家居环境，提高生活质量。天然气主要可以用在工业燃料、工艺生产、天然气化工工业、城市燃气、压缩天然气汽车、增效天然气等。

我国的天然气消费量在2017年呈现出爆发式的增长，四川、河南、山东、河北、江苏等省份最为明显。江苏的天然气消费增长量占全国消费总增长量14%，是同比增长最快的省份。四川、河南、山东等省用气量的增长带动了全国天然气消费量的增长。

在我国绿色发展理念的引导和国际环境保护的要求下，天然气作为现存能源中较清洁的能源品种，在我国能源消费结构中比重逐渐增加。由于我国天然气开采储备量并不多，因此提升天然气利用效率是做好节能环保最重要的方式。由表4-8、图4-8可知，中国天然气能源效率大体上呈现为上升的趋势，单位GDP能耗从1991年0.0960吨标准煤/万元下降到2016年的0.0363吨标准煤/万元，天然气利用效率增长明显。同时，由于我国要建立清洁、低碳、安全、高效的能源供应体系，天然气消费量总体上呈现为逐年增长的趋势，天然气消费占能源消费总量的比重也逐渐上升。

表4-8 1991—2016年中国天然气能源效率变化

年份	国内生产总值（GDP）（亿元）	天然气消费总量（万吨标准煤）	天然气单位GDP能耗（吨标准煤/万元）
1991	21618	2075.66	0.0960
1992	26638	2074.23	0.0779
1993	34634	2203.87	0.0636
1994	46759	2332.00	0.0499

续表

年份	国内生产总值（GDP）（亿元）	天然气消费总量（万吨标准煤）	天然气单位 GDP 能耗（吨标准煤/万元）
1995	58478	2361.17	0.0404
1996	68594	2501.06	0.0365
1997	74463	2480.38	0.0333
1998	78345	2379.85	0.0304
1999	81911	2602.38	0.0318
2000	100280	3233.21	0.0322
2001	110863	3733.13	0.0337
2002	121717	3900.27	0.0320
2003	137422	4532.91	0.0330
2004	161840	5296.46	0.0327
2005	187319	6272.86	0.0335
2006	219439	7734.61	0.0352
2007	270232	9343.26	0.0346
2008	319516	10900.77	0.0341
2009	349081	11764.41	0.0337
2010	413030	14425.92	0.0349
2011	489301	17803.98	0.0364
2012	540367	19302.62	0.0357
2013	595244	22096.39	0.0371
2014	643974	24270.94	0.0377
2015	689052	25364.40	0.0368
2016	744127	27020.78	0.0363

注：1. 1991—1994 的数据来源于《新中国 55 年统计资料汇编》，1995 年后的数据来源于《中国统计年鉴》（1995—2016）；2. 天然气消费量原始单位为亿立方米，具体测算过程中按照“1 立方米=1.33 吨标准煤”折算。

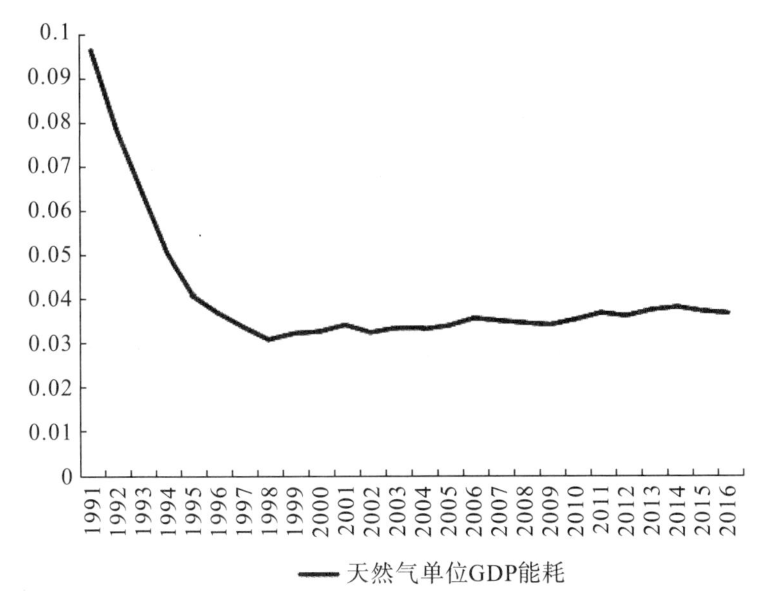

图 4-8 1991—2016 年中国天然气能源效率变化（吨标准煤/万元）

4.3.1 中国整体天然气能源效率特点与阶段性变化

4.3.1.1 特点

我国天然气能源效率的变化主要有以下三个特点：第一，整体天然气利用效率呈先升后降的趋势，而天然气单位 GDP 能耗在该时期内呈现的变化趋势不同。首先呈现为快速下降趋势，即天然气效率呈现为快速上升趋势，天然气效率大幅提高；然后趋于稳定，即天然气效率也呈现为稳定状态。第二，天然气效率提高的增速放缓，甚至变为负增长。从 1991 年到 2016 年共 26 年间，天然气单位能耗首先经历了 1991—1998 年的快速下降阶段，再经历了 1999—2016 年的稳定阶段，且单位能耗略有上升。由此可见天然气效率增速由高速增长转变为负增长，天然气效率增速放缓。第三，天然气利用效率将继续保持上升趋势，并逐步趋于稳定。“十三五”规划中，我国强调了绿色发展的重要性，在认真贯彻、落实“十三五”规划的过程中，天然气在我国能源消费结构中的占比将会进一步提高，同时也受限于我国短缺的油气资源，将着力于提高天然气利用效率。

4.3.1.2 阶段性变化

通过图 4－8 可知，中国天然气单位 GDP 能耗总体上呈现下降的趋势，即天然气能源效率大体上呈现为上升的趋势，天然气能源效率的变化可以分为两个阶段进行比较。

第一阶段，1991—1998 年，天然气能源效率快速增长时期。

1991—1998 年，我国天然气单位 GDP 能耗从 0.0960 吨标准煤/万元下降到 0.0304 吨标准煤/万元，平均每年下降 13.4%，天然气利用效率保持高速增长。在此期间，我国 GDP 从 21618 亿元增长到 78345 亿元，8 年之内增长近 3 倍，年均增速 17.5%，处于经济高速增长时期。而我国天然气消费量从 2075.66 万吨标准煤增加到 2379.85 万吨标准煤，略有波动，平均每年仅增长 1.7%，远低于生产总值增速，且占能源消费总量的比重增长略有下降，可见在此阶段仍然是以石油和煤炭作为主要能源消费品种。所以，在本时期内，与经济发展相对应的天然气消费增长较缓慢，即认为同样的天然气消费量创造的经济增长随着时间的推移越来越大。换言之，天然气的利用效率越来越高，且天然气效率快速增长。

在本阶段，工业、交通运输业和生活消费等方面的天然气消费量均出现上升，其中交通运输的天然气消费量增长速度最快，增长超过两倍，但其体量远小于工业用天然气。工业用天然气由 1991 年的 129.2 亿立方米增长到 1998 年的 171.5 亿立方米，生活消费用天然气从 18.1 亿立方米增长到 24.1 亿立方米。天然气相关设备设施的逐渐完善和工业中能源利用技术的提升促使天然气能源效率快速上升。

第二阶段，1999—2016 年，天然气能源效率稳定阶段，略有下降。

1999—2016 年，中国天然气单位 GDP 能耗从 0.0318 吨标准煤/万元上升至 0.0363 吨标准煤/万元，平均每年上升 0.7%，增速缓慢，基本维持稳定，即天然气利用效率保持稳定，略有下降。在此期间，我国 GDP 从 81911 亿元增长到 744127 亿元，平均每年增长 13.0%，处于经济高速增长时期。我国天然气消费量从 2602.38 万吨标准煤增加到 27020.78 万吨标准煤，增长超过 9 倍，平均每年增长 13.9%；占能源消费总量的比重上升明显，保持逐年增加的态势，2016 年维持在 6.20%。由此可见，在本时期内，经济增长迅速，天然气消费也快速增长，但天然气消费增长较与之相对应的经济增长稍快，天然气消费占能源消费总量的比重也逐渐增加，且增速明显，所以天然气消费增长带来的经济增长几乎保持不变，略有下降。换言之，天然气的利用效率基本保持稳定，且天然气效率出现小幅度的下降。

由能源平衡表可知，我国天然气主要消费行业为工业、交通运输业和生活消费三个方面。1999 年到 2016 年，我国在工业、交通运输和生活消费方面的天然气消费增长幅度较大，其中交通运输业由 4.8 亿立方米增加到 254.8 亿立方米，增长 52 倍，增速最大；其次是生活消费天然气增长，增长超过 10 倍。工业用天然气仍远远高于其他行业的天然气消费，且生活消费的天然气增长对国民经济不产生明显的推动作用，因而工业天然气消费的增长和生活消费天然气的增长对天然气效率产生了负向影响。但随着国民节能意识的不断提高和国家政府制定的《天然气利用政策》的实施，为天然气效率提供了正向的作用。总体来说，天然气效率在本阶段基本保持稳定，略有下降。

4.3.2 中国区域天然气能源效率特点与阶段性变化

1995—2016 年中国分区域天然气能源效率变化情况如表 4－9、图 4－9 所示。

表 4－9 1995—2016 年中国分地区天然气效率变化 （吨标准煤/万元）

	1995	1999	2003	2007	2011	2015	2016	平均
上海	—	0.0035	0.0232	0.0366	0.0384	0.0412	0.0383	0.0293
北京	0.0102	0.0376	0.0563	0.0630	0.0602	0.0849	0.0841	0.0556
天津	0.0561	0.0274	0.0375	0.0361	0.0306	0.0515	0.0554	0.0383
河北	0.0322	0.0200	0.0159	0.0118	0.0190	0.0326	0.0292	0.0199
辽宁	0.1006	0.0598	0.0417	0.0170	0.0234	0.0257	0.0303	0.0412
江苏	0.0005	0.0004	0.0007	0.0228	0.0254	0.0313	0.0297	0.0137
浙江	—	—	—	0.0128	0.0181	0.0249	0.0247	0.0150
福建	—	—	—	0.0007	0.0287	0.0232	0.0224	0.0153
山东	0.0345	0.0062	0.0106	0.0120	0.0155	0.0174	0.0193	0.0147
广东	0.0023	0.0025	0.0011	0.0191	0.0286	0.0265	0.0276	0.0129
海南	—	0.1423	0.4486	0.2481	0.2576	0.1652	0.1355	0.2049
东部平均	**0.0215**	**0.0272**	**0.0578**	**0.0436**	**0.0496**	**0.0477**	**0.0451**	**0.0419**
黑龙江	0.1730	0.1037	0.0687	0.0575	0.0328	0.0316	0.0329	0.0689
吉林	0.0214	0.0242	0.0154	0.0163	0.0244	0.0202	0.0194	0.0225

续表

	1995	1999	2003	2007	2011	2015	2016	平均
山西	0.0058	0.0087	0.0116	0.0153	0.0378	0.0676	0.0707	0.0239
内蒙古	—	—	0.0114	0.0549	0.0378	0.0292	0.0331	0.0299
安徽	—	—	—	0.0073	0.0175	0.0211	0.0216	0.0132
江西	—	—	—	0.0024	0.0072	0.0143	0.0144	0.0076
河南	0.0417	0.0310	0.0325	0.0294	0.0271	0.0283	0.0305	0.0309
湖北	0.0048	0.0038	0.0026	0.0123	0.0169	0.0181	0.0169	0.0103
湖南	—	—	—	0.0082	0.0104	0.0122	0.0119	0.0089
中部平均	**0.0274**	**0.0190**	**0.0158**	**0.0226**	**0.0235**	**0.0270**	**0.0279**	**0.0240**
四川	0.3752	0.2138	0.1862	0.1412	0.0987	0.0757	0.0739	0.1647
重庆	—	0.2393	0.1496	0.1238	0.0821	0.0748	0.0670	0.1349
贵州	0.1062	0.0882	0.0508	0.0237	0.0111	0.0169	0.0193	0.0435
云南	0.0513	0.0357	0.0291	0.0153	0.0063	0.0062	0.0069	0.0222
陕西	0.0049	0.0290	0.0939	0.0955	0.0664	0.0610	0.0673	0.0616
甘肃	0.0148	0.0019	0.0700	0.0638	0.0420	0.0510	0.0488	0.0407
青海	0.0507	0.1928	0.5164	0.3378	0.2552	0.2442	0.2391	0.2844
宁夏	0.0114	0.0060	0.3016	0.1301	0.1175	0.0943	0.0940	0.0862
新疆	0.1874	0.2549	0.2859	0.2635	0.1912	0.2080	0.1825	0.2385
广西	—	—	—	0.0031	0.0029	0.0066	0.0094	0.0038
西部平均	**0.0802**	**0.1062**	**0.1684**	**0.1198**	**0.0873**	**0.0839**	**0.0808**	**0.1081**
全国平均	**0.0428**	**0.0511**	**0.0820**	**0.0627**	**0.0544**	**0.0535**	**0.0519**	**0.0586**

注：1.1996年以前，重庆包括在四川省内；2.原始数据来源于《中国统计年鉴》(1995—2016)；3.天然气消费量原始单位为亿立方米，具体测算过程中按照“1立方米=1.33吨标准煤”折算；4.表中“—”表示缺乏实际消费数据；5.由于篇幅限制，仅给出部分年限数据。

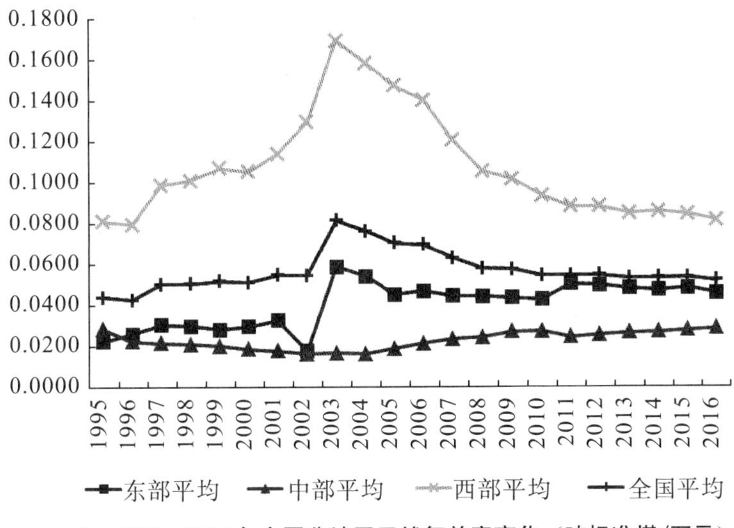

图 4－9　1995—2016 年中国分地区天然气效率变化（吨标准煤/万元）

通过表 4－9、图 4－9 可知，我国中、东、西部各区域天然气效率大体上都呈现上升的趋势，其中中部地区天然气效率最高，其次是东部地区，西部地区天然气效率最低，且中、东部地区天然气效率水平高于全国天然气效率水平，西部地区水平低于全国天然气效率水平。同时，东、西部地区天然气效率波动较大，天然气效率出现先降后增的趋势，中部地区天然气效率波动较小，变化趋势与东、西部地区相反。

4.3.2.1　特点

中国各地区天然气能源效率的变化主要有以下三个特点：第一，东、西部地区天然气效率呈现为先下降后上升的趋势，中部地区总体天然气效率呈先上升后下降的趋势。东、西部地区天然气单位能耗表现为先上升后下降的倒“U”型变化；而中部地区天然气单位能耗表现为平缓的正“U”型，2016 年天然气效率与 1991 年天然气效率水平差距不大。第二，东部地区天然气效率波动幅度大于中部地区，小于西部地区。中、东、西三个地区总体天然气效率均呈现波动上升后下降的状态，但西部地区的天然气效率水平波动明显高于东部地区，东部地区天然气效率水平的波动与资源稀缺度密切相关，中部地区天然气效率水平的波动较小。第三，中部地区天然气效率最高，其次是东部地区，西部地区最低。与我国各地区的能源效率水平不同，中部地区的天然气利用效率最高，东部地区次之，而西部地区天然气利用效率最低。第四，西部地区最先利用天然气资源，其次是东部地区，中部地区最后。东部和中部地区受

制于天然气生产和储备量，对天然气的利用不如西部地区早；而西部地区拥有丰富的油气资源，因而天然气使用最早；东部地区是我国较发达地区，对天然气的重视高于中部，且“西气东输”等政策方针促使东部较早使用天然气。

4.3.2.2 阶段性变化

通过表4－9、图4－9可知，我国中、东、西部各区域天然气效率大体上都呈现波动趋势，且中部地区天然气能源效率最高，东部次之，西部地区最低。东部地区天然气效率水平相对较高的省份是广东，最低的是海南；中部地区天然气效率水平相对较高的是湖北，最低的是黑龙江；西部地区天然气效率相对较高的是陕西，最低的青海。天然气效率的变化可以分为四个阶段进行比较分析。

第一阶段，1995—2000年，东、西部地区天然气效率波动下降，中部地区天然气效率快速上升阶段。

东部地区平均天然气单位能耗从0.0215吨标准煤/万元上升到0.0287吨标准煤/万元，平均每年增长4.9%，天然气效率缓慢波动下降；中部地区平均天然气单位能耗从0.0274吨标准煤/万元下降到0.0176吨标准煤/万元，平均每年下降7.1%，天然气效率快速增长；西部地区天然气单位能耗从0.0802吨标准煤/万元上升到0.1045吨标准煤/万元，平均每年上升4.5%，也处于天然气效率的波动下降时期。广东天然气单位能耗从0.0023吨标准煤/万元增长到0.0037吨标准煤/万元，再下降到0.0018吨标准煤/万元，呈现为波动下降的趋势；天然气消费量波动明显，而广东在此阶段的生产总值保持稳定增长，天然气效率先下降后上升。尽管海南在1992年才有天然气消费量的数值，但其天然气消费量较大且增长明显，且生产总值相对于同样天然气消费量的其他东部省份而言较小，即每单位天然气消耗产出较小，所以天然气效率水平为东部地区最高。湖北天然气单位能耗从0.0048吨标准煤/万元下降到0.0034吨标准煤/万元，呈现为波动下降的情况，平均每年下降5.6%，处于天然气能源效率中速增长时期；生产总值从2109.38亿元增长至3545.39亿元，年均增速为9%；天然气消费增速低于生产总值增速。黑龙江天然气单位能耗从0.1730吨标准煤/万元下降到0.0972吨标准煤/万元，平均每年下降9.2%，天然气利用效率高速增长且水平为中部地区最低；生产总值从1991.4亿元增加到3151.4亿元，年均增长8.0%；天然气消费量从344.6万吨标准煤下降到306.43万吨标准煤，即每单位天然气消费创造了更多的经济增长，因而天然气效率增长。陕西天然气单位能耗从0.0049吨标准煤/万元上升到0.0492

吨标准煤/万元，增长 9 倍；天然气消费增速远高于生产总值增速，因而天然气效率快速下降。青海天然气单位能耗从 0.0507 吨标准煤/万元上升到 0.1972 吨标准煤/万元，平均每年增加 25.4%，天然气效率波动快速增长且水平为西部地区最低；生产总值从 167.8 亿元增长至 263.68 亿元；天然气消费量从 8.51 万吨标准煤增加到 52 万吨标准煤，远大于生产总值增速，因而天然气效率增速降低。由此可见，在本时期内，东、西部地区天然气效率波动缓慢下降，中部地区天然气效率快速上升。

在此期间，各省市天然气消费几乎全部流向工业，因而主要考虑工业化进程对天然气效率的影响。海南的天然气消费很少，也主要流向工业，工业化进程为天然气效率带来了正向影响。但由于国际金融危机的影响，天然气现货价格下降，需求上升，我国东部地区天然气消费量增加，因而总体天然气利用效率波动下降。中部地区利用枢纽的优势，工业水平较高，同时中部地区还具有丰富的天然气资源，因而天然气能源效率上升。西部地区的工业化水平最低，且还处于天然气开发初期阶段，因而天然气能源效率波动下降。

第二阶段，2001—2003 年，东、西部地区天然气效率快速下降，中部地区天然气效率缓慢上升阶段。

东部地区天然气单位能耗从 0.0316 吨标准煤/万元上升到 0.0578 吨标准煤/万元，平均每年上升 22.3%，天然气效率快速下降；中部地区平均天然气单位能耗从 0.0168 吨标准煤/万元下降到 0.0158 吨标准煤/万元，平均每年下降 2.0%，天然气效率缓慢增长；西部地区平均天然气单位能耗从 0.1131 吨标准煤/万元上升到 0.1684 吨标准煤/万元，平均每年上升 14.2%，天然气效率快速下降。广东天然气单位能耗 2001 年基本接近于零，2003 年上升至 0.0011 吨标准煤/万元，天然气能源效率快速下降；生产总值从 12039.25 亿元增长至 15844.64 亿元，平均每年增长 9.6%，远高于天然气消费增长。海南天然气单位能耗从 0.1506 吨标准煤/万元上升到 0.4486 吨标准煤/万元，平均每年增长 43.9%，天然气效率快速下降且水平在东部地区最低；生产总值从 579.17 亿元增加到 713.96 亿元，天然气消费量从 87.25 增加到 320.26 万吨标准煤，远高于生产总值增长，因而天然气效率上升。湖北在 2001 年至 2003 年间天然气单位能耗基本保持不变，即天然气能源效率基本保持稳定，生产总值和天然气消费量保持同比增长。黑龙江天然气单位能耗从 0.0864 吨标准煤/万元下降到 0.0687 吨标准煤/万元，平均每年下降 7.4%，天然气效率快速增长且水平为中部地区最低；生产总值从 3390.1 亿元增加到 4057.4 亿元，天然气消费量从 293 万吨标准煤下降到 278.77 万吨标准煤，即创造同样

经济增长所需天然气减少，因而天然气效率增长。陕西天然气单位能耗从0.0717上升至0.0939吨标准煤/万元，平均每年上升9.4%，天然气效率快速下降。青海天然气单位能耗从0.2592增长至0.5164吨标准煤/万元，平均每年增加25.8%，天然气效率大幅降低且水平为西部地区最低；生产总值从300.13到390.2亿元，天然气消费量从77.81增加到201.5万吨标准煤，远大于生产总值增幅，因而天然气效率快速下降。由此可见，在本时期内，地区生产总值持续增长，东、西部地区天然气消费量增长明显，因而天然气效率下降，而中部地区天然气消费量增加相对较小或负增长，因而中部地区天然气效率上升。

2001年到2003年，东部地区天然气消费依靠西部地区运输而来，天然气运输效率较低，且“西气东输”项目的建设成本给东部地区天然气效率带来了负向作用，使得天然气能源效率持续下降。西部地区由于丰富的天然气资源，天然气消费主要流向生活消费，天然气在生活方面消费比例的上升促使西部地区天然气能源效率下降。中部地区的天然气消费主要集中在工业，少部分流向生活和邮政、仓储行业，在工业技术水平和第三产业能耗较少的综合作用下，中部地区天然气效率增长幅度较小，缓慢且稳定。

第三阶段，2004—2010年，东部天然气效率波动上升，中部地区天然气效率快速下降，西部天然气快速上升阶段。

东部地区平均天然气单位能耗从0.0532吨标准煤/万元下降到0.0419吨标准煤/万元，平均每年下降3.4%，天然气效率缓慢增长，略有波动；中部地区天然气单位能耗从0.0154吨标准煤/万元上升到0.0264吨标准煤/万元，平均每年增长8%，天然气效率快速下降；西部地区天然气单位能耗从0.1574吨标准煤/万元下降到0.0926吨标准煤/万元，平均每年下降7.3%，天然气效率快速增长。广东天然气单位能耗从0.0011吨标准煤/万元上升到0.0178吨标准煤/万元，天然气效率下降明显；生产总值从18864.62亿元上升到46013.06亿元，天然气消费量由21.546增加至818.748万吨标准煤，增幅大于生产总值，天然气效率下降。海南天然气单位能耗从0.3876吨标准煤/万元下降到0.1915吨标准煤/万元，平均每年下降9.6%，天然气效率高速增长，但在东部地区最低；生产总值从819.66亿元增加到2064.5亿元，天然气消费量从317.74增加到395.28万吨标准煤，增长明显，但增幅小于生产总值，因而天然气效率波动上升。湖北天然气单位能耗从0.0022吨标准煤/万元增加到0.0163吨标准煤/万元，天然气效率降低；生产总值从5633.24亿元上升到15967.61亿元，年均增长16%，处于高速增长时期；天然气消费量增加到

260.15 万吨标准煤，高于生产总值增速，因而天然气效率下降。黑龙江天然气单位能耗从 0.0569 吨标准煤/万元下降到 0.0384 吨标准煤/万元，呈现为上升—下降—上升—下降的态势，天然气效率略有增长；生产总值从 4750.6 亿元增加到 10368.6 亿元，年均增长 11.8%；天然气消费量从 270.52 增加到 418.55，再下降到 397.67 万吨标准煤，波动明显，且增幅小于生产总值，因而天然气效率增长。陕西天然气单位能耗从 0.1372 吨标准煤/万元下降到 0.0778 吨标准煤/万元，平均每年下降 7.8%，处于天然气效率快速上升时期。青海天然气单位能耗从 0.5111 吨标准煤/万元下降到 0.2336 吨标准煤/万元，波动明显，平均每年下降 10.6%，天然气效率高速增长且水平为西部地区最低；生产总值从 466.1 亿元到 1350.43 亿元；天然气消费量从 238.2 万吨标准煤下降到 315.48 万吨标准煤，波动明显，小于生产总值增幅，因而青海天然气效率高速增长。由此可见，在本时期内，地区生产总值稳定持续增长，天然气消费量波动幅度较大，东、西部地区天然气消费增速小于生产总值增速，因而效率提高，中部地区则相反。

“西气东输”工程于 2004 年建设完毕，这为东部地区天然气使用效率的提高作出较大贡献。除此之外，我国于 2003 年加入世界贸易组织，参与国际竞争，国际关系的正常化促使东部地区天然气能源效率提高。中部地区天然气逐渐被各行业使用，包括作为工业原材料，同时天然气在生活方面的消费比例上升，因而天然气能源效率下降。由于“中部崛起”战略起步较晚，且中部工业化水平本就相对西部较高，因而对天然气效率作用不大。随着互联网技术的普及以及交通设施建设的推进，西部地区天然气消费主要流向工业，同时受益于国家区域协调发展战略，工业化水平攀升，因而天然气能源效率逐渐上升。

第四阶段，2011—2016 年，东、西部天然气效率缓慢上升，中部地区天然气效率缓慢下降阶段。

东部地区平均天然气单位能耗从 0.0496 吨标准煤/万元下降到 0.0451 吨标准煤/万元，平均每年下降 1.6%，天然气效率缓慢增长，略有波动；中部地区天然气单位能耗从 0.0235 吨标准煤/万元上升到 0.0279 吨标准煤/万元，平均每年增长 2.9%，天然气效率缓慢稳定增长；西部地区天然气单位能耗从 0.0873 吨标准煤/万元下降到 0.0808 吨标准煤/万元，平均每年下降 1.3%，天然气效率缓慢增长。广西天然气单位能耗从 0.0286 吨标准煤/万元下降到 0.0276 吨标准煤/万元，变化幅度较小，天然气效率保持稳定，略有上升。海南天然气单位能耗从 0.2576 吨标准煤/万元下降到 0.1355 吨标准煤/万元，平均每年下降 10.2%，天然气效率高速增长且水平在东部地区最低；生产总值从 2522.66 亿元增加到 4053.2 亿元，天然气消费量从 649.84 下降到 549.16 万吨标准煤，因而天然气效率高速增长。湖北天然气单位能耗从 0.0169 吨标准煤/万元增加到 0.0195 吨标准煤/万元，再下降到 0.0169 吨标准煤/万元，天然气效率出现波动，总体保持稳定。黑龙江天然气单位能耗从 0.0328 吨标准煤/万元下降到 0.0329 吨标准煤/万元，呈现为先下降后上升的情况，天然气效率略有下降且水平为中部地区最低；生产总值从 12582 亿元增加到 15386.09 亿元，年均增长 3.4%；天然气消费量从 412.3 万吨标准煤增加到 505.93 万吨标准煤，年均增长 3.5%，因而天然气效率出现波动，且基本保持稳定。陕西在此期间天然气单位能耗从 0.0664 吨标准煤/万元增长到 0.0673 吨标准煤/万元，天然气效率基本维持稳定，略有下降。青海天然气单位能耗从 0.2552 吨标准煤/万元下降到 0.2391 吨标准煤/万元，波动频繁，天然气效率提高且水平为西部地区最低。由此可见，在本时期内，地区生产总值稳定持续增长，东、西部地区天然气效率水平缓慢提高，中部地区缓慢下降。

2011 年到 2016 年，我国经济快速发展，各区域工业化水平进入稳定时期，交通系统和天然气管网系统的完善使得东、西部天然气效率逐渐上升。2012 年，我国发改委发布《天然气利用政策》，强调要积极提高天然气能源效率，因而对各地区天然气能源效率具有促进作用。2015 年，我国在东部地区推行“煤改气”政策，主要增加生活方面的天然气消费，但效果不尽如人意，因而东部地区天然气效率缓慢稳定增长。中部地区天然气生活消费占比增长明显，对天然气能源效率具有负影响，因而中部地区天然气能源效率略有下降。

4.3.3 中国分行业天然气能源效率特点与阶段性变化

1994—2016 年中国分产业天然气能源效率变化如表 4－10、图 4－10 所示。

表 4－10 1994—2016 年中国分产业天然气能源效率变化

（吨标准煤/万元）

年份	第一产业	第二产业	第三产业
1994	0.000556	0.088592	0.019013
1995	0.000022	0.071598	0.015105
1996	0.000218	0.061785	0.014802
1997	—	0.059845	0.013059
1998	—	0.058476	0.013465

续表

年份	第一产业	第二产业	第三产业
1999	—	0.058398	0.013385
2000	—	0.058974	0.014501
2001	—	0.058508	0.016720
2002	—	0.056147	0.016960
2003	—	0.057050	0.016757
2004	—	0.052842	0.020951
2005	—	0.050054	0.024877
2006	—	0.049503	0.027596
2007	—	0.051119	0.028612
2008	—	0.048366	0.030946
2009	—	0.047986	0.027188
2010	0.000169	0.047259	0.028263
2011	0.000161	0.049204	0.028527
2012	0.000167	0.051470	0.027942
2013	0.000166	0.057325	0.027447
2014	0.000180	0.058521	0.027844
2015	0.000201	0.058214	0.026671
2016	0.000228	0.060098	0.025492

注：1.2012年起，国家统计局执行新的国民经济行业分类标准，工业行业大类由原来的39个调整为41个，固定资产投资（不含农户）行业分类也按新的标准进行了调整；2.原始数据来源于《中国统计年鉴》（1995—2016）；3.天然气消费量原始单位为亿立方米，具体测算过程中按照“1立方米=1.33吨标准煤”折算；4.表中“—”表示缺乏实际消费数据。

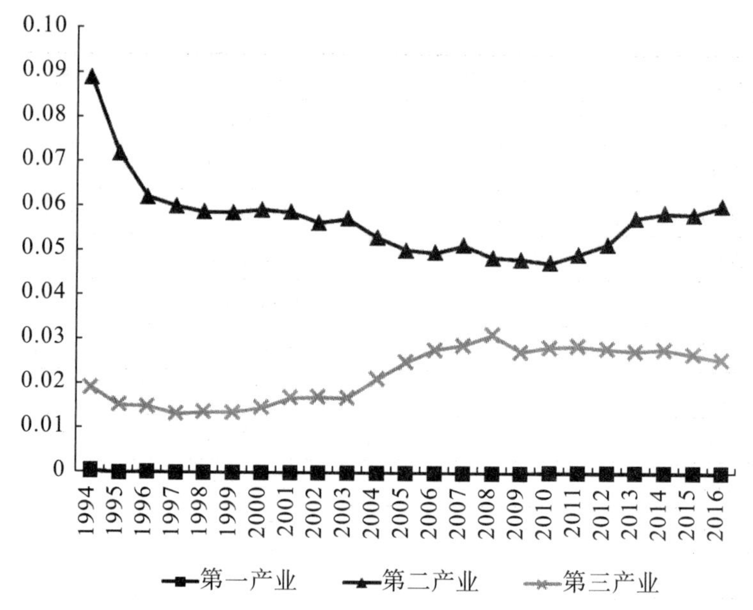

图 4-10　1994—2016 年中国分产业天然气能源效率变化（吨标准煤/万元）

4.3.3.1　特点

中国各行业天然气能源效率的变化主要有以下三个特点：第一，第二产业总体天然气利用效率均呈上升趋势，第三产业天然气利用效率呈下降趋势。第二产业单位 GDP 能耗总体表现为下降，尽管在某些年份出现回升，即天然气效率呈现为上升的趋势；第三产业单位 GDP 能耗表现为增长，尽管出现过负增长，即天然气效率呈现为下降趋势。第二，各行业总体天然气利用效率变化速率放缓。由图 4-10 可知，第二产业从最初的快速增长到如今缓慢稳定增长，增速放缓；第三产业经历了天然气效率缓慢增长到快速下降，再到稳定三个阶段，天然气变化速率放缓。第三，天然气效率水平不同，第三产业天然气利用效率大于第二产业。天然气消费量与天然气效率息息相关，在三次产业中，第二产业的天然气消费量最多，第三产业次之，第一产业天然气消费量最少，因而三次产业的天然气利用效率具有较大差异。

4.3.3.2　阶段性变化

通过图 4-10 可知，第二产业大体上呈现出上升趋势，第三产业天然气能源效率呈现下降的趋势，且天然气利用效率最低的是第二产业，第三产业天然气效率高于第二产业，各行业天然气能源效率的变化可以分为三个阶段进行比较分析。

第一阶段，1994—1998 年，第二产业天然气能源效率中高速增长阶段，第三产业天然气效率缓慢稳定增长时期。

第二产业天然气单位 GDP 能耗从 0.088592 吨标准煤/万元下降到 0.058476 吨标准煤/万元，平均每年下降 8.0%，处于天然气能源效率的高速增长时期；第三产业天然气单位 GDP 能耗从 0.019013 吨标准煤/万元下降到 0.013465 吨标准煤/万元，平均每年下降 6.7%，处于天然气能源效率的中高速增长时期。第二产业生产总值从 22445.4 亿元增长至 39004.2 亿元，年均增长 11.7%，处于高速增长阶段；天然气消费量从 1988.483 万吨标准煤增加到 2280.817 万吨标准煤，年均增长 2.8%，低于第二产业生产总值增速，天然气利用效率中高速增长。第三产业生产总值从 16179.8 亿元增长至 30580.5 亿元，增长近一倍，年均增长 13.6%，处于高速增长阶段；天然气消费量从 307.629 万吨标准煤上升到 411.768 万吨标准煤，年均增长 6%，低于第三产业生产总值增速，天然气利用效率快速增长。由此可见，在本时期内，我国各行业 GDP 增速明显，其中第三产业增长最为迅速，而各行业发展所消耗的天然气量增速相对较缓慢，其中第二产业较第三产业慢，所以第二产业天然气效率快速增长，而第三产业天然气利用效率稳定缓慢增长。

由于天然气消费主要在工业、交通运输业和生活消费等方面进行分配，在改革开放的大背景下，我国积极引进国外的生产技术和知识水平，能源利用技术的提高促使第二产业天然气利用效率快速上升。同时，随着人们生活质量的提高，我国交通运输业有了较大的发展，但由于发展初期我国对天然气作为汽车燃料的利用水平不高，因而天然气效率增长缓慢。

第二阶段，1999—2009 年，第二产业天然气效率缓慢上升阶段，第三产业天然气效率快速下降阶段。

1999—2009 年，第二产业天然气单位 GDP 能耗从 0.058398 吨标准煤/万元下降到 0.047986 吨标准煤/万元，下降幅度较小，平均每年下降 1.8%，处于天然气效率缓慢稳定增长阶段；第三产业天然气单位 GDP 能耗从 0.013385 吨标准煤/万元上升到 0.027188 吨标准煤/万元，平均每年上升 6.7%，处于天然气利用效率快速下降时期。第二产业生产总值从 41033.6 亿元增长至 160172 亿元，增长近 3 倍，年均增长 13.2%，处于高速增长阶段；天然气消费量从 2396.261 万吨标准煤增加到 7070.28 万吨标准煤，年均增长 10.3%，略低于第二产业生产总值增速，天然气能源效率小幅度提高，维持缓慢稳定的增长。第三产业生产总值从 33873.4 亿元增长至 154748 亿元，增长超过 4 倍，

年均增长 14.8%，处于高速增长阶段；天然气消费量从 453.397 万吨标准煤增长至 4207.322 万吨标准煤，平均每年增加 22.4%，处于高速增长阶段，且大于生产总值增速，因而第三产业的天然气利用效率显著下降。由此可见，在本时期内，我国各行业 GDP 增速保持高速增长，天然气消费增速却大相径庭，其中第三产业天然气消费量增速远高于第三产业生产总值增速，而第二产业天然气消费增速略低于第二产业生产总值增速，因此第二产业天然气利用效率保持稳定缓慢地上升，而第三产业天然气利用效率快速下降。

在此期间，计算机信息技术发展起来，在新技术的推动下，工业天然气使用效率逐步提高，且因工业发展时期较早，制度机制完善，产业较为成熟，因而天然气效率体现为增长。而我国天然气在生活消费和交通运输业的消费较工业增长快，第三产业进入蓬勃发展时期，天然气的生活消费创造了较大的社会福利。但由于我国天然气产量集中在西部地区，随着“西气东输”工程建立和逐步推进，天然气利用效率包含了天然气运输效率，因而第二产业天然气效率体现为缓慢稳定增长，第三产业的天然气效率快速下降。

第三阶段，2010—2016 年，第三产业天然气效率基本维持稳定，略有增长；第二产业天然气效率缓慢下降。

第二产业天然气单位 GDP 能耗从 0.047259 吨标准煤/万元上升到 0.060098 吨标准煤/万元，平均每年增长 3.5%，处于天然气效率缓慢下降阶段；第三产业天然气单位 GDP 能耗从 0.028263 吨标准煤/万元下降到 0.025492 吨标准煤/万元，平均每年降低 1.5%，处于天然气利用效率稳定阶段，天然气效率略有上升。第二产业生产总值从 232018.82 亿元增长至 290255 亿元，年均增速 3.3%，处于低速增长阶段；天然气消费量从 9056.236 万吨标准煤增加到 17803.247 万吨标准煤，年均增长 10.1%，高于第二产业生产总值增速，天然气能源效率缓慢下降。第三产业生产总值从 182038 亿元增长至 384221 亿元，增长逾 1 倍，年均增长 11.3%，处于高速增长阶段；天然气消费量从 5144.972 万吨标准煤增长至 9794.652 万吨标准煤，平均每年增加 9.6%，处于高速增长阶段，略低于第三产业生产总值增速，因而第三产业的天然气利用效率基本维持稳定，略有下降。由此可见，在本时期内，我国生产总值增速第三产业大于第二产业，天然气消费量增速第二产业大于第三产业。因此第三产业天然气利用效率基本保持稳定，略有上升；而第二产业天然气利用效率缓慢下降。

2010 年，我国交通运输网络发达，基本实现了“交通网状化”，算得上真正的四通八达，除此之外，天然气在人们生活中已经成为必不可少的一部分，天然气生活消费的增长为第三产业天然气效率带来了负作用，同时交通运输业的发展使得天然气被更加充分利用，提高了天然气的利用效率，因而第三产业天然气效率基本保持稳定，略有上升。但是作为天然气消费主要的行业——工业，为了保持工业的清洁发展，我国一直在积极推进国内和国外的天然气管网建设，在短期内对天然气效率具有负向作用，第二产业的天然气效率保持下降的趋势。

4.3.4 中国天然气能源效率变动原因

通过对我国天然气能源效率的分地区、分行业的分析，对天然气效率水平变化的原因总结如下：

第一，天然气运输效率的影响。由于我国天然气资源主要分布在西部地区，实现天然气的全国利用，需要修建天然气管网进行天然气的输送。天然气能源效率包含了天然气的利用效率和运输效率，天然气运输效率的高低直接影响了我国天然气能源效率水平。随着我国建筑水平和天然气开发水平的不断提高，我国天然气运输效率逐年提高。

第二，天然气价格变化影响。天然气市场价格的变动会导致天然气消费需求的变化，从而影响我国天然气消费量，进而引起天然气单位 GDP 能耗的改变，促使天然气能源效率变化。天然气价格能够合理地反映天然气资源稀缺程度、市场供求状况以及环境成本等。合理的天然气价格能够反映清洁高效能源的市场价值，提高天然气利用效率，维持供需平衡。我国天然气价格降价幅度较大，因此东部和中部地区的天然气效率有明显的降低，但我国在积极地进行天然气价格改革，推动天然气价格合理化，努力提高天然气利用效率。

第三，国际关系的影响。近年来，由于美俄关系的日益紧张，俄罗斯为维持国际地位，积极寻找新的盟友。中国的地理位置、自然条件和国际影响力符合俄罗斯对新盟友的要求，因而成为俄罗斯新的合作伙伴。俄罗斯有大量的天然气资源，是世界上最大的天然气生产国，因而中俄友好关系促使我国天然气消费量的增加，但由于天然气生产成本和运输成本等增加，天然气利用效率基本保持稳定，且略有下降。

第四，国际对节能环保的要求。随着中国积极参与国际贸易，与世界各国的联系也越来越紧密，为了维持我国的国际地位，积极参与全球建设，我国积极响应国际号召，节约资源，保护环境。由于我国 1991 年以来一直维持着以煤炭为主的能源结构，环境污染严重，为了降低环境污染程度，节约天然气资源，国家发展和改革委员会发布《天然气利用政策》，于 2012 年 12 月 1 日起施行。政策强调要积极提高天然气能源效率，加快替代能源的研发。

5 能源消费与经济增长的一般均衡理论分析
——基于内生增长理论模型

为了不断提升经济发展的质量，党的十八大报告明确提出把生态文明建设列为“五位一体”主要内容，其中提高能源利用效率既是推进生态文明建设的关键举措，又是支撑经济可持续发展的重要基础。当前，中国经济的转型升级正处在重要的历史拐点，那么经济增长速度的下降是否会降低能源的利用效率呢？因此，研究能源效率与经济增长的关系，对于转变经济发展方式、实现高质量发展具有重要的指导意义。

5.1 理论模型

5.1.1 家庭部门

考虑一个世代交替模型，共有三期，分别为青少年期、成年期和老年期。青少年没有经济决策，他们的消费通过父母的支出来得到。成年人通过劳动获得工资收入去消费和储蓄。成年人退休后进入老年期，他们仅仅消费来自成年期积累的储蓄（Diamond，1965）。成年人一生的效用函数表示为：

$$u_t = \ln c_t^1 + \beta \ln c_t^2 \tag{5-1}$$

其中，c_t^1 表示成年人在第 t 期的消费；c_{t+1}^2 表示成年人变成老年人后的消费；$c_{t+1}^2 = (1 + r_{t+1})s_t$，即成年人为退休后积攒的储蓄，$s_t$ 表示 t 时期的储蓄；r 表示无风险利率；β 表示贴现因子。

成年人既提供劳动和资本（资本的利息收入是在退休后拿到），同时又是企业的拥有者，所以其总收入是劳动的工资收入和中间产品部门的垄断利润（分红）；其总支出是消费和储蓄。

预算约束方程为：

$$c_t^1 + s_t \leqslant \omega_t + \pi_{Yt} + \hat{\pi}_{xt} + \pi_{mt} \tag{5-2}$$

$$(1 + r_{t+1})s_t = c_{t+1}^2 \tag{5-3}$$

其中，ω_t 为 t 时期的工资收入。这里成年的消费和储蓄不能超过工资收入，退休后的消费来自存活的成年人的储蓄加上投资于资本市场的收益。π_{Yt}，$\hat{\pi}_{xt}$，π_{mt} 是分别从生产最终产品、中间产品和自然资源部门向家庭分配的利润。

根据一阶条件，可得：

$$\frac{s_t}{c_t^1} = \beta \tag{5-4}$$

$$\frac{c_{t+1}^2}{c_t^1} = (1 + r_{t+1})\beta \tag{5-5}$$

5.1.2 最终产品部门

假设经济中只有一种最终产品 Y，最终产品部门采取固定生产要素 Q 和中间产品 $x(i)$ 进行生产，而且最终产品在完全竞争市场的条件下进行生产，生产函数如下：

$$Y_t = Q^{1-\alpha} \int_0^A x_{it}^{\alpha} \qquad \alpha \in (0,1) \tag{5-6}$$

其中，Q 是一个固定的生产要素（如土地），为了简单起见，将其归一化为 1；x_{it} 表示 t 时刻第 i 种中间品的投入数量；A 表示产品的种类，为了避免整数约束，假设 A 是连续的而非离散的；α 为常数；我们将最终产品价格作为中间产品价格的计价标准（不妨设最终产品的价格为 1）。

最终产品部门的利润最大化问题是：

$$\max \pi_t^{终} = Y_t - \int_0^A p_{xit} x_{it} \mathrm{d}i$$

其中，p_{xit} 表示第 i 种中间产品的价格。

根据一阶条件，我们可以得到最终产品部门对中间产品的需求函数为：

$$p_{xit} = \alpha x_{it}^{\alpha-1} \qquad \forall i \in [0,1] \tag{5-7}$$

上式表明，在一个完全竞争的市场环境中，每一个中间产品的价格等于它的边际产量。

5.1.3 中间产品部门

假设中间产品部门由一系列具有垄断的厂商组成，且每个中间厂商生产的产品各不相同；同时，每一个中间厂商向研发部门购买并利用最新技术的专利进行生产，以期获得暂时的垄断收益。这里我们设定中间产品的生产函数如下：

$$x_{it} = M_{it}^{\beta} L_{xit}^{1-\beta} \quad \beta \in [0,1] \quad \forall i \in [0,1] \tag{5-8}$$

其中，L_{xit} 表示中间产品生产在时间 t 的劳动力投入，M_{it} 表示中间产品生产在时间 t 需要经过加工的自然资源的投入，β 为常数。

中间厂商的利润最大化问题是：

$$\max \pi_{it}^{中} = p_{xit} x_{it} - p_{mt} M_{it} - w_t L_{it}$$

其中，p_{mt} 为经过加工的自然资源的价格，w_t 为劳动的工资。

根据一阶条件，可得：

$$M_t = \frac{\alpha^2 \beta Y_t}{p_{mt}} \tag{5-9}$$

$$L_{xt} = \frac{\alpha^2 (1-\beta) Y_t}{\omega_t} \tag{5-10}$$

其中，$M_t = \int_0^A M_{it} di$ 是经加工的自然资源的总库存量，$L_{xt} = \int_0^A L_{it} di$ 是用于生产中间产品的总劳动力投入。将它们代入（5−3）式，可得：

$$x_{it} = \left(\frac{M_t^{\beta} L_{xt}^{1-\beta}}{Y_t}\right)^{\frac{1}{1-\alpha}}$$

这也就意味着 $x_{it} = x$，即当中间厂商面临相同的投入时，他们的产出数量也是一样的。这样，最终产品部门的生产函数可以重新表述为：

$$Y_t = A_t^{1-\alpha} \left(M_t^{\beta} L_{xt}^{1-\beta}\right)^{\alpha} \tag{5-11}$$

那么，中间厂商的利润可以表述为：

$$\pi_{it}^{中} = \alpha x_{it}^{\alpha} - \alpha^2 \beta x_{it}^{\alpha} - \alpha^2 (1-\beta) x_{it}^{\alpha} = \alpha(1-\alpha) x_{it}^{\alpha} \tag{5-12}$$

将（5−6）式代入 x_t，可得：

$$x_t = \frac{M_t^{\beta} L_{xt}^{1-\beta}}{A_t}$$

将上式代入（5−7）式，可得：

$$\pi_{it}^{中} = \alpha(1-\alpha) \frac{M_t^{\alpha\beta} L_{xt}^{\alpha(1-\beta)}}{A_t^{\alpha}} = \alpha(1-\alpha) \frac{Y_t}{A_t} \tag{5-13}$$

5.1.4 研发部门

当一种新的专利研发完成后，研发者将专利卖给一个中间产品厂商（这里假定专利是永久有效的）。根据罗默（1990）模型，A 是知识存量，那么 $\dot{A}$ 就是在任意一个时间点上生产出来的新的知识存量。他认为 $\dot{A}$ 主要取决于研发人数 L_{rt} 以及经济中的知识存量 A：

$$\dot{A} = \theta L_{rt} A \tag{5-14}$$

其中，θ 表示研发部门的生产效率；L_{rt} 表示用于研究的劳动力人数。

那么，技术进步率可以表示为：

$$g_A = \frac{\dot{A}}{A} = \theta L_{rt}$$

研发部门的利润最大化决策：

$$\pi_{it}^{研} = p_r \dot{A} - w_t L_{rt} = p_r \theta L_{rt} A - w_t L_{rt}$$

根据一阶条件，可得：

$$w = p_r \theta A \tag{5-15}$$

其中，w 为研发部门需要支付的劳动成本；p_r 表示知识（专利）的价格，$p_r \theta A$ 表示新生产知识的价值。

中间产品部门需要从研发部门购买专利来生产新产品，那么研发部门生产的知识价格等于中间产品部门垄断利润的贴现值：

$$p_r = \int_t^{\infty} \pi(\tau) e^{\left(-\int_t^{\tau} r(s) ds\right)} d\tau \tag{5-16}$$

5.1.5 资源部门

资源企业通过加工不可再生资源来进行生产来为中间产品部门提供原材料。根据 Schaefer（1957）模型，假定在每个时间点，资源部门从不可再生资源中提取的材料为：

$$M_t = B L_{mt} R_t \tag{5-17}$$

其中，L_{mt} 表示资源部门的劳动力投入，R_t 表示不可再生资源存量，B 表示资源部门的生产力。上式表明资源部门的产出量不仅取决于资源部门的劳动力投入，还取决于现有不可再生资源的存量。

按照 Harold Hotelling 采用的可耗竭资源动态方法，自然资源存量的动态方程如下：

$$\dot{R}_t = -M_t \tag{5-18}$$

注意，这里的自然资源是不可再生的①，不计资源的开采成本。并且假设，$R > 0$，$M > 0$。上述方程表示不可再生资源的存量随着时间的变化是资源开采量的负数。

① 目前中国主要的能源消费是不可再生能源，根据《世界 BP 能源展望（2018）》，2016 年中国的可再生能源比重仅为 3%。

资源部门的企业最大化自身的利润为：

$$\pi_{mt} = p_{mt}M_t - \omega_t L_{mt}$$

5.2 平衡增长路径分析

在平衡增长路径下（BGP），所有变量以固定的速率增长，并且中间产品部门、资源部门和研发部门的劳动力分配也是恒定的。具体地说，沿着平衡增长路径，L_x，L_m，L_r 都是常数，C_t，Y_t，A_t，R_t 分别以固定的速率 g_C，g_Y，g_A，g_R 增长，利率 $r_t = r$，$\forall t$ 。劳动力市场出清，即 $L_x + L_r + L_m = 1$。产品市场出清，即 $C = Y$。

在平衡增长路径下，所有市场出清，产出的增长率是常数且 $g_C = g_Y$，此时时间下标可以去掉，模型将由以下方程组组成：

$$g_C = (1+r)\beta - 1 \tag{5-19}$$

$$g_Y = (1-\alpha)g_A + \alpha\beta g_R = (1-\alpha)\theta L_r + \alpha\beta(-BL_m) \tag{5-20}$$

$$w = p_r\theta A = \frac{\pi_x}{r}\theta A = \frac{\alpha(1-\alpha)Y\theta}{r} = \frac{\alpha^2(1-\beta)Y}{L_x} \tag{5-21}$$

$$w = p_r\theta A = \frac{\pi_x}{r}\theta A = \frac{\alpha(1-\alpha)Y\theta}{r} = \frac{\alpha^2\beta Y}{L_m} \tag{5-22}$$

$$g_R = -BL_m \tag{5-23}$$

由上可以看出，产出和消费增长是由技术和能源消耗的增长来推动的。由于能源消耗（不可再生能源）对产出和消费增长是负面影响，技术的增长速度要大于产出和消费的增长率。

研发生产力 θ 的提高，意味着研发部门的生产能力提升，从而促使研发部门雇佣更多的工人，那么技术的增长率 g_A 也会随之提高，而技术进步将导致更高产出的增长。从需求方面来看，更多的研发部门从事研发创新，也就意味着研发部门需要更多的资金投入来进行他们的研究，从而会提高市场利率。市场利率的提高意味着消费增长率的提高，因此，经济增长率也会提高。

贴现因子 β 越大，意味着消费者相对更喜欢现在的消费，而不是将来的消费，这样他们就减少储蓄，从而利率就会上升，那么研发部门就难以借到更多钱来进行研发投入，从而研发人数 L_r 就会下降，这会使得技术进步率 g_A 下降；同时，为了增加今天的消费，那么更多的不可再生能源被开采，从而使得资源部门的劳动力投入也会增加，那么 g_R 就会下降（即资源的消耗速度会增加)，最终会使得经济增长率 g_Y 下降。

资源部门的生产力 B 的提高会使不可再生资源的产量提高。因为资源部门会随着时间的推移提高资源的开采，不可再生资源开采的速度对经济增长具有负向影响。如果资源消耗的速度超过技术的增长速度，那么经济增长将是消极的。

本章在罗默（1990）模型的基础上引入了资源部门来研究能源消耗、技术创新与经济增长之间的内在关联机制。研究发现：①在均衡增长路径下，不可再生资源的消耗速度会阻碍产出的增长，如果经济中没有足够的研发人员投入，那么经济就难以克服不可再生资源的不断耗竭的约束，从而难以保证经济的可持续发展；②消费者对现在和将来消费时间的选择偏好决定了社会资源的储蓄率，只有当消费者的耐心程度越高，长期产出增长也会越高；③不可再生能源的可耗竭性决定了平衡增长路径下能源消耗增长率随时间递减，只有在消费者具有足够耐心或研发部门的生产力足够大的情况下，不可再生资源才能促进经济增长。

6 环境约束下中国全要素油气能源效率分析

21世纪以来，中国经济飞速发展，科技日新月异，现代化、工业化得以逐步推进，但能源高投入、高消耗，环境高污染等现象仍然层出不穷，无疑为我国经济社会可持续健康发展增添了压力和风险。当前，世界能源格局面临调整，能源关系有所缓和，气候变化应对工作步入新阶段，系列变化为我国能源转型、发展质量提升和效率问题解决提供了新思路、新机遇，也使社会公众意识到改革能源利用方式、构建绿色安全高效现代能源体系任务的迫切性。《能源发展“十三五”规划》提出，要正确处理市场与政府的关系，充分发挥市场配置资源的决定性作用，更好地发挥政府作用，深入贯彻能源产业改革，给予能源效率提升、能源产业健康持续发展提供良好的制度保障。同时，该规划还对能源效率制定了约束性目标，即在规划期间，能源消费总量应在50亿吨标准煤之内，单位GDP能耗降低率达到15%的水平。石油作为国家战略储备资源，天然气作为重要的清洁能源，在新一轮能源革命中均扮演着极其重要的角色。因此，如何把握能源发展机遇，促进油气能源效率提升是实现我国能源转型变革目标、推动经济绿色、可持续发展的重点。

6.1 研究方法

6.1.1 Undesirable－Window－DEA 模型

数据包络分析（DEA）是一种基于相对效率构建而成的非参数生产前沿面模型，在生产效率测算及决策研究领域得以广泛应用。传统DEA方法为相关研究做出了较大贡献，但仍存在以下两点不足：第一，不能直接分析面板数据；第二，不能将测算的最终效率指标进行跨期比较。为解决传统DEA模型存在的缺陷，以满足现阶段的运用，Charnes（1985）提出了DEA窗口模型。相比传统模型，DEA窗口模型更具灵活性和有效性，主要在决策单元的时间变化中引用了移动平均法进行评价和考察，以增加最终结果的真实性。

Charnes认为，如果将 d 作为窗口宽度，那么窗口的数量可以用 $w = T - d + 1$ 来表示；同时，$d \cdot J$ 就可以认为是每个窗口内决策单元的数量，其相当于每个时期DMU数量的 d 倍。在具体测算过程中，为了平衡信度和效度，通常将 d 的值设定为3或4。

就传统DEA模型的测算结果来看，投入越少，产出越多是较好的情况；而在实际过程中，产出结果不仅包括期望产出，还有可能存在对预期收益带来冲击的负效益，即非期望产出。

假定DMU的数量为 J 个，且每个决策单元的非能源投入 z_{ij} 有 I 个，能源投入 e_{kj} 的数量为 K，期望产出 y_{qi} 有 Q 个，非期望产出 u_{ij} 有 L 个，那么含有非期望产出的DEA窗口模型可以表示为：

$$\theta^{mn} = \min \frac{1}{2}\left(\frac{1}{H}\sum_{h=1}^{H}\alpha_h^{mn} + \frac{1}{L}\sum_{l=1}^{L}\beta_l^{mn}\right), m = 1,2,\cdots,(T-d+1); n = 1,2,\cdots,d$$

$$\begin{aligned} \text{s. t. } & \sum_{j=1}^{d*J}\lambda_{ij}^{mn} z_{ij}^{mn} + s_i^{z-,mn} = z_{i0}^{mn}, i = 1,2,\cdots,I, j = 1,2,\cdots,d \cdot J \\ & \sum_{j=1}^{d*J}\lambda_j^{mn} e_{hj}^{mn} + s_h^{e-,mn} = \alpha_h^{mn} e_{h0}^{mn}, h = 1,2,\cdots,H \\ & \sum_{j=1}^{d*J}\lambda_j^{mn} y_{qj}^{mn} - s_q^{y^+,mn} = y_{q0}^{mn}, q = 1,2,\cdots,Q \\ & \sum_{j=1}^{d*J}\lambda_j^{mn} u_{ij}^{mn} = \beta_l^{mn} u_{l0}^{mn}, l = 1,2,\cdots,L \\ & \sum_{j=1}^{d*J}\lambda_j^{mn} = 1 \\ & \lambda_j^{mn}, s_i^{z-,mn}, s_h^{e-,mn}, s_q^{y+,mn} \geqslant 0 \end{aligned} \tag{1}$$

其中，上标 mn 指该变量在第 m 个窗口内的第 n 个时点上的变量；α_{h}^{mn} 表示为能源投入效应，β_l^{mn} 表示为污染物排放效应；λ_j^{mn} 是指第 j 个DMU的权重；$s_i^{z-,mn}$，$s_{\mathrm{h}}^{e-,mn}$，$s_q^{y+,mn}$ 均表示松弛变量。当 $\theta^{mn} < 1$ 时，则说明至少有一个 α_{h}^{mn} 和 β_l^{mn} 小于1，或者说部分松弛变动量不为0，进一步说明被评价对象 DMU_0 是非DEA有效的，且其位于生产可能集的生产前沿面之内，相比起最优前沿面，其存在一定的效率损失。

6.1.2 方向距离函数模型

介绍方向距离函数模型，首先需要了解产出及投入距离函数，其最早是由Shephard提出的，所以又被称为Shephard距离函数模型。它有如下假设：

生产技术 $T = \{(x, y, b): x \text{ 能生产出}(y, b)\}$；

生产可能集 $P(x) = \{(y,b):(x,y,b) \in T\}$

其中，x 代表投入，y 代表期望产出，b 代表非期望产出。

并满足如下两个假设：

(1) 产出的弱可处置性：如果 $(y,b) \in P(x)$，$0 \leqslant \theta \leqslant 1$，那么 $(\theta y,\theta b) \in P(x)$。

(2) 零结合性：如果 $(y,b) \in P(x)$，当 $b = 0$ 时，$y = 0$。

最终得出 Shephard 产出距离函数：

$$D_0(x,y,b) = \inf\{\theta:(x,\frac{y}{\theta},\frac{b}{\theta}) \in T\}$$

该函数表明，在投入保持不变的情况下，期望及非期望产出同时为最大值，那么，b/θ 就是非期望产出的真实值距离生产前沿面的值。

同样地，Shephard 投入距离函数为：

$$D_0(x,y,b) = \sup\{\lambda:(\frac{x}{\lambda},y,b) \in T\}$$

此函数表示，在期望产出和非期望产出既定的情况下，投入能够减少的最大程度，那么 x/λ 就是投入的真实值与生产前沿面的距离。

方向距离函数是 Shephard 距离函数的一般化，它能够完整地描述某生产过程的全部特征，可以让期望产出增加的同时减少非期望产出，更加符合实际。其表述如下：

$$\vec{D}(x,y,b,\vec{g}) = \sup\{\beta:((y,b) + \beta g) \in P(x)\}$$

其中 $\vec{g}(g^y, -g^b)$ 为效率测度方向，如果 $\vec{g} = (g^y,0)$，则方向是沿纵坐标的，与产出距离函数等价；β 值为函数值，表示被评单元 (Y,B) 和它在生产前沿面的投影 $(Y + \beta g^x, B - \beta g^b)$ 两者之间的距离。

如图 6−1 所示，在投入保持不变的情况下，曲线代表期望产出和非期望产出 (Y,B) 的生产可能集边界，纵轴 (Y) 表示期望产出，横轴 (B) 表示非期望产出，某一决策单元在现有投入产出情况下的位置由 A 点表示，并位于生产可能集边界以内，由此说明 A 点为 DEA 非有效点。将 A 点按方向向量 $\vec{g} = (g^y, -g^b)$ 进行投影，得到位于生产前沿面的点 B，此过程实现了非 DEA 有效点 A 增加期望产出的同时按一定比例减少非期望产出的过程。且 A 点距离曲线越远，β 值越大，代表此时 A 点的效率越差；相反，β 值越小，代表此时 A 点的效率越高。

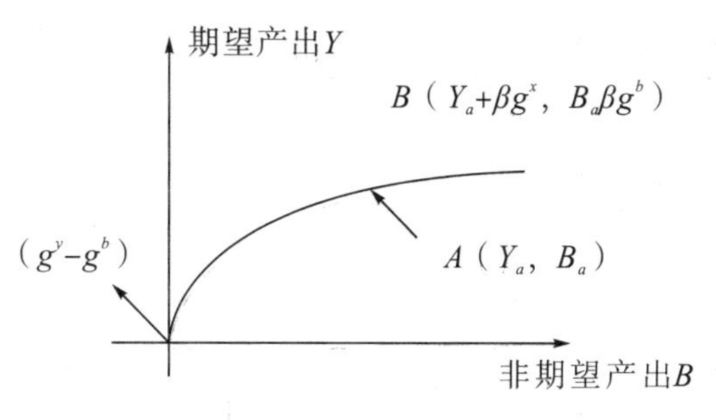

图 6-1　方向距离函数示意图

6.2　数据来源与说明

本章在利用 Undesirable－Window－DEA 模型的基础上分析研究，测算得出中国各地区油气能源效率值。本章选择 2001—2016 年中国 30 个省（市、自治区）的产业结构、财政支出、外贸依存度、外商直接投资、一次能源消费总量、煤炭消费、石油消费、天然气消费、电力消费以及作为期望产出的地区生产总值、非期望产出的二氧化硫排放量的面板数据，进行省际全要素能源效率测算研究。其中，能源消费量根据统一换算标准，以万吨标准煤作为单位；地区生产总值由各地区 1990 年不变价 GDP 表示。原始数据主要来源于《中国统计年鉴》《中国能源统计年鉴》《中国城市统计年鉴》。还需注意的是，全要素能源效率属于无量纲指标，其取值范围为［0，1］，其测算值越接近 1，表示能源效率越高；其测算值越接近 0，表示能源效率越低。需要说明的是，由于部分省（市、自治区）无法获取到上述所有指标数据，因此仅分析第 4 章列举出的地区。

6.3　全要素石油能源效率测算结果分析

基于 Undesirable－Window－DEA 模型，本章对 2001—2016 年中国各地区全要素石油能源效率进行大致测算，将测算结果总结如表 6－1 所示。因篇幅所限，此处仅列出部分年份。

表 6-1　2001—2016 年中国各地区全要素石油能源效率

地区	2001	2004	2007	2010	2013	2016	平均
辽宁	0.8845	0.8289	0.3594	1.0000	0.4528	0.4088	0.5946
北京	1.0000	0.8848	0.9299	1.0000	1.0000	1.0000	0.9504
天津	0.5261	0.7597	0.8008	0.8357	0.9650	1.0000	0.8385
河北	8.95335E-06	0.7499	0.8239	0.8883	0.9219	1.0000	0.7436
山东	1.85562E-05	0.8043	0.8278	1.0000	1.0000	1.0000	0.7996
上海	1.0000	1.0000	0.9571	0.9895	0.9059	1.0000	0.9754
江苏	1.0000	0.8671	1.0000	1.0000	1.0000	1.0000	0.9752
浙江	—	1.0000	0.9655	1.0000	1.0000	1.0000	0.9760
福建	1.0000	1.0000	1.0000	0.9806	0.9476	0.9774	0.9799
广东	1.0000	1.0000	1.0000	1.0000	1.0000	1.0000	0.9988
东部平均	**0.7123**	**0.8895**	**0.8665**	**0.9694**	**0.9193**	**0.9386**	**0.8815**
吉林	4.00292E-06	0.4302	0.5815	1.0000	0.9515	1.0000	0.6891
黑龙江	1.91939E-06	0.4831	0.4409	0.7727	0.8909	1.0000	0.6188
山西	1.59916E-06	0.4831	1.0000	0.9272	1.0000	1.0000	0.8581
内蒙古	1.26996E-05	0.7596	0.7497	0.7478	0.9358	1.0000	0.7089
河南	9.44563E-06	0.7576	0.9950	0.9067	0.9811	1.0000	0.8247
安徽	1.0000	1.0000	1.0000	1.0000	1.0000	1.0000	1.0000
湖北	1.0000	0.4940	0.5562	0.7189	0.8958	1.0000	0.6210
湖南	—	0.7303	0.7792	0.8609	1.0000	1.0000	0.8510
江西	0.0431	0.9311	0.8206	0.8667	0.8512	0.7420	0.7728
中部平均	**0.1304**	**0.7318**	**0.7692**	**0.8668**	**0.9451**	**0.9713**	**0.7666**
陕西	3.15126E-06	0.3651	0.4396	0.4268	0.5083	0.6638	0.4056
广西	7.37675E-06	0.7391	1.0000	0.9664	1.0000	1.0000	0.8646
甘肃	2.97379E-06	0.2397	0.3655	0.3977	0.3561	0.4275	0.3083
青海	7.6376E-07	0.4154	0.6760	0.5459	0.4978	0.5188	0.4619
宁夏	3.32379E-06	0.2286	0.2985	0.3115	0.2092	0.2199	0.2530
新疆	8.97509E-06	0.2364	0.3339	0.3310	0.3431	0.4028	0.2785

续表

地区	2001	2004	2007	2010	2013	2016	平均
贵州	—	0.6667	0.9409	0.7706	0.7638	0.6628	0.7284
四川	1.0951E−05	0.8619	1.0000	1.0000	0.9827	1.0000	0.8479
云南	6.3356E−06	0.5000	0.9301	0.8339	1.0000	1.0000	0.7437
重庆	1.35257E−05	0.7688	1.0000	1.0000	1.0000	1.0000	0.8554
西部平均	**6.38E−06**	**0.5022**	**0.6985**	**0.6584**	**0.6661**	**0.6896**	**0.5696**
全国平均	**0.2570**	**0.7070**	**0.7784**	**0.8303**	**0.8400**	**0.8629**	**0.7361**

注：1. 表中“—”表示缺乏实际消费数据。2. 由于篇幅限制，仅给出部分年限数据。

从表6−1数据可以看出，2001—2016年间全国各地区石油能源效率变动大致呈现出“由快速上升到逐渐平稳，再到缓慢上升”的趋势。形成这一变化的原因，主要来自石油市场价格波动、技术水平提升、经济社会进步、产业结构调整、节能政策导向等方面。为厘清个中关系，准确识别石油能源利用中存在的问题，为国民经济持续、健康发展提供保障，本章着重从时间、空间两维度着手，对我国各省（市、自治区）全要素石油能源效率的变动情况及原因加以剖析。

6.3.1　时间维度分析

21世纪初期，中国工业化进程的迅猛发展，大规模的投资推动了以重工业为主的高能耗产业的飞速发展。在中国经济逐步迈入“新常态”的过程中，国家始终坚持“节约优先、保护优先、自然恢复的方针”，提出“大力推进生态文明建设”的战略决策，为能效稳步提升提供了坚实的基础和良好的制度保障。为更好地展现2001—2016年间我国全要素石油能源效率测算结果的变动走势，得到更加准确的分析结论，将各地区测算结果分区域取平均数，最终结果如图6−1、表6−2所示。

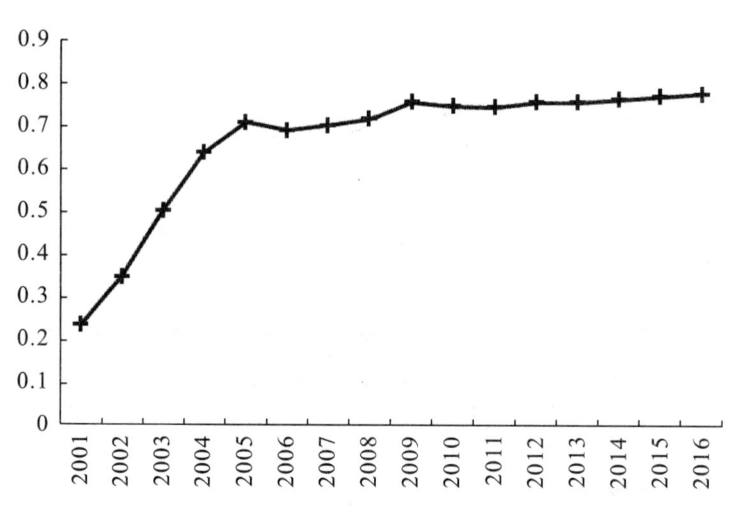

图 6-1　2001—2016 年间中国平均全要素石油能源效率变化情况

表 6-2　2001—2016 年中国平均全要素石油能源效率

年份	全国平均
2001	0.2570
2002	0.3838
2003	0.5568
2004	0.7070
2005	0.7866
2006	0.7660
2007	0.7784
2008	0.7955
2009	0.8407
2010	0.8303
2011	0.8276
2012	0.8412
2013	0.8400
2014	0.8486
2015	0.8559
2016	0.8629
年平均	0.7361

6.3.1.1 分析结果

从时间维度上来看，我国全要素石油能源效率的变动走势大致可以分为以下两个阶段：第一，快速上升期。2001—2009 年间，随着中国经济快速发展对煤炭资源的高依赖性，使得其负外部性逐步显现，石油作为主要替代能源不断得以重视，加之节能增效政策的影响，进一步推动全国平均全要素石油能源效率由 0.2570 吨标准煤/万元增至 0.8407 吨标准煤/万元。第二，持续稳定期。2010—2016 年间，经济发展方式的转变对能源结构优化提出了新的要求，大规模使用石油资源以取代煤炭不再是我国能源转型的重点，整体能源开发及利用重心转向清洁能源、新能源的方向发展；与此同时，技术瓶颈的出现，第三产业的快速发展，促使全国平均全要素石油能源效率维持在 0.84 吨标准煤/万元左右的水平。

6.3.1.2 主要原因

1. 经济发展阶段性差异

一国能源效率高低与经济发展阶段之间存在显著相关性。

首先，经济发展速度的阶段性差异对能源需求具有较大影响。21 世纪初期，我国经济仍然处于高速发展阶段，国民经济的扩张更多地依赖于低廉的煤炭资源。一方面，石油资源的利用程度较低，对经济的贡献程度相对较弱，单位石油资源消耗的经济效应较小；另一方面，经济快速发展带动技术水平提升，科研经费的大量投入使得整体能源效率得以显著提升。2010 年以后，我国 GDP 增速显著放缓，经济走向持续稳定的同时，能源需求也由爆发式增长转变为缓慢增长，能耗强度随之下降；同时，经济发展对能源质量提出了更高的要求，石油作为重要的替代能源，其地位得以不断提升；“减煤”活动大范围开展使得我国经济对石油的依赖度持续提升，一定程度上抵消了经济增速放缓对石油能效提升带来的积极作用；加之技术瓶颈的出现、工业化进程的持续推进、政策中心向清洁化能源转移，使得石油效率长期稳定在 0.84 吨标准煤/万元左右的水平，难以突破。

其次，经济发展所处阶段差异决定了其经济、社会发展水平进一步对能源效率造成影响。21 世纪初期，我国仍处于经济转型和体制转轨的关键时期，面对经济全球化、改革、发展、稳定相关矛盾共存的局面，不得不选择以改革、创新、开放驱动发展。在这一时代大背景下，石油作为主要能源，其产业改革得以逐步推进，技术水平实现创新突破，同时各国沟通交流逐步强化，为

石油能源效率的提升奠定了良好的基础。2010 年以后，我国面临新的经济形势，第三产业逐渐成为主要经济增长点。工业对石油的依赖程度显著降低，消费增速持续放缓，以交通运输业为主的第三产业成为石油消费的主要部门。综合来看，经济增长方式的快速转变使国民经济发展对石油的依赖显著提升，只是主要能耗部门由传统高能耗工业部门转变为高质量发展的服务行业。总之，在产业结构优化调整、石油消费结构转变以及石油消费增速、GDP 增速放缓多方共同作用下，石油能效持续缓慢提振。

最后，经济发展阶段性战略选择也直接影响能源效率的变动走势。改革开放以来，我国开始实施出口替代型的经济发展战略，推动出口规模持续扩大，积极采用轻工业产品替代初级产品出口；稳步推进工业化，在出口规模日益扩大的同时，贸易商品结构也呈现出重化、工业化趋势，能源消费量也随之持续、快速增加。在此过程中，石油先后以替代能源、主要能源的身份活跃于国内消费市场中，阶段性战略的选择直接影响了国民经济对于石油资源的依赖程度，综合环境保护、能源安全以及国家安全的要求，在现有技术水平下，石油能源效率呈现出先上升后稳定的变动趋势。

2. 政策导向阶段性差异

2001—2016 年间，我国能源相关政策变化如表 6-3 所示。

表 6-3　2001—2016 年间我国能源发展政策总结

<table>
<tr><th>年份</th><th>政策名称</th><th>主要内容</th></tr>
<tr><td>2001 年</td><td>《国民经济和社会发展第十个五年计划能源发展重点专项规划》</td><td rowspan="2">以保障能源安全为工作前提，把优化能源结构作为工作重心，切实促进能效水平、生态环境质量提升。</td></tr>
<tr><td>2002 年</td><td>《能源发展“十五”规划》</td></tr>
<tr><td rowspan="3">2005 年</td><td>《国务院关于做好建设节约型社会近期重点工作的通知》</td><td>从节能、节水、节材、节地和资源综合利用五个方面提出了当时建设节约型社会的重点工作，加快相关体制、机制、法制建设。</td></tr>
<tr><td>《国家中长期科学和技术发展规划纲要》</td><td>优先发展能源技术，保障能源产业可持续健康发展。</td></tr>
<tr><td>《可再生能源法》</td><td>解决能源供需矛盾，优化能源结构，规范能源市场，保障能源安全。</td></tr>
<tr><td>2007 年</td><td>《中国应对气候变化国家方案》</td><td>调整经济结构和能源结构，全面推进能源节约。</td></tr>
</table>

续表

年份	政策名称	主要内容
2008 年	《能源保护法》	促进能源效率提升。
2009 年	《循环经济促进法》	提高资源利用效率，保护和改善环境，实现可持续发展。
2012 年	《节能与新能源汽车产业发展规划》	大力推进新能源汽车发展、节能环保工作开展，加速经济结构调整。
2016 年	《能源发展“十三五”规划》	为天然气成长为“主体能源”提供支持，积极推进可再生能源的发展。
	《能源生产和消费革命战略》	
	《节约能源法（修订）》	强化用能管理，从能源耗费量、损失量及污染物排放等方面着手解决环境污染和能源过度耗费问题，实现能源合理、有效利用。

20 世纪末期到 21 世纪初期，我国能源政策由重增长速度逐步调整为重增长质量，能源供需矛盾得以缓解，能源消费结构持续优化升级，构建安全高效、低碳环保的能源供应体系是这一阶段的重点；石油需求日益增大、对外依存度不断逼近“能源安全警戒线”，威胁到国家经济发展及安全；粗放式经济发展方式使得资源过度耗费现象普遍存在，环境问题层出不穷。由此，政府加速调整能源战略，以“节约优先、立足国内、多元发展”为指导方针，实现以能源的可持续发展带动并支持经济社会的可持续发展。

2010 年以后，气候变化、资源枯竭、环境污染等问题逐渐显现，为缓解我国的资源、环境负担，限制高能耗、高污染企业的发展，我国积极参与气候变化的国际合作，意识到能源安全是牵动国家安全等全局性问题的核心所在，逐步确立以节约、高效为核心的能源安全战略框架。与 21 世纪初期情况不同，这一阶段我国对经济发展的稳定性、能源发展的安全性更为关注，故政策重心更加偏向于节能、高效；同时，世界各国对新能源技术的关注度持续提升，能够掌握相关核心技术就意味着获得了未来资源的控制权和主动权。因此，此阶段我国将政策重心放到新能源技术的研究、开发和推广中去，并将其作为维持经济稳定、健康发展的重要手段和途径，石油能源技术、效率也随之受到影响。

3. 技术水平变化

技术因素对石油能源效率变动走势的影响最为显著，它是指技术进步和创新促进企业生产率的提升，进一步实现能源效率的提升。我国科技经费投入统计公报的数据显示，2001—2016 年间，我国科研经费投入逐渐增长，由 2589.4 亿元增至 15676.7 亿元，总量上与美国等发达国家的差距正逐步缩小，增速始终处于世界领先水平，投入强度基本达到中等发达国家水平。目前，仅石油开采及天然气开采行业石油加工、炼焦和核燃料加工业 R&D 投入就高达 63.9 亿元和 119.6 亿元，经费投入强度分别为 0.99 和 0.35，这表明政府为提高石油资源的勘探开采能力以及利用效率做出了巨大的努力，正努力赶超发达国家水平。我国石油资源大部分由汽车工业所消耗，为深入贯彻可持续发展理念，推进资源节约型社会建设，促进科技水平的提升，发动机效率逐步提高，燃油经济性逐步提升，传统能源清洁利用技术不断得以突破。在我国经济发展的早期阶段，技术水平相对落后，但整体能耗需求不大，加之各种“开源节流”政策的引导，能源效率得以提升；当经济发展处于中期阶段，能源需求及消费持续提振，科技水平及生产工艺难以满足社会各部门的资源需求，能效水平相对低下；目前，随着发展战略、发展方式的转变，我国产业由资本、劳动力密集型逐步向技术密集型转变，传统重工业在经济发展中的重要地位逐步下滑，技术的创新和引进使得科学技术水平得以大幅改善，极大地推动和刺激了能源效率水平提升。

4. 石油商品自身的特殊性

石油商品自身的特殊性包含社会性和自然属性两个方面的内容。

就社会性而言，石油是国民经济和社会发展中不可或缺的重要物资资源，同时也是保障国家安全的重要战略性物资，是名副其实的“工业血液”和“黑色金子”。对仍处于发展阶段的中国来说，对石油资源的依赖性尤其强，石油资源的缺乏会使得国民经济发展出现停滞，甚至是崩溃。因此，我国对于石油资源供给不足的信号反应极其敏感、强烈。在国际石油价格动荡的情况下，为了缓解油价剧烈波动对经济和社会带来的冲击，国家需要从战略储备、价格管理、使用技术等多方面入手，减轻发展负担，扫清发展障碍。正是由于石油商品的特殊性与其社会性相伴而行，使得政府需要从技术、效率等方面入手，考虑解决油价波动造成的社会及经济问题。随着时间的推移，政府对国际油价信号的变动更加敏感，对危机问题能做出更加迅速的反应，石油资源效率也随之提升。

自然属性是石油资源不可忽视，甚至是极其重要的一个方面，主要反映为石油勘探、开发、生产是一个投资周期长、规模大、不确定因素多、技术要求高的过程。这决定了世界石油市场的需求与供应一旦打破平衡，就需要很长的时间来重新恢复平衡。我国石油资源消费具有较高的对外依存度，石油效率的变化一方面要受到国内石油供应端的影响，另一方面也要受国际石油市场的影响。国内石油资源的稀缺性以及勘探开发技术的有限性在一定程度上倒逼能源利用技术进步、能源效率提升；而国际石油市场的波动，将会对我国石油进口端造成巨大的影响，短期内供求难以实现平衡，政府不得不将重心放置在国内技术的改造、升级和创新上。

20 世纪 70 年代，连续发生的石油危机引起了世界各国的广泛关注，石油勘探开发与生产过程的复杂性，与经济的紧密性逐渐被人们所认识。事实上，世界石油市场具有极强的综合性，其集经济、社会、资源、技术为一身，其自身的特殊性决定了其对世界各国的能源消耗、经济社会发展均会产生巨大的影响。为缓解危机带来的冲击，各国逐渐从资源、技术着手解决这一系列障碍，中国也不例外。在对多项技术、知识、信息进行研究的过程中，我国对石油特殊性有了更加清晰的把握，应对石油危机的能力逐渐增强，石油能源效率逐步提升。

6.3.2 区域维度分析

为更好地展现 2001—2016 年间我国各地区全要素石油能源效率测算结果的变动走势，得到更加准确的分析结论，将各地区测算结果归纳、总结如图 6-3、表 6-4 所示。

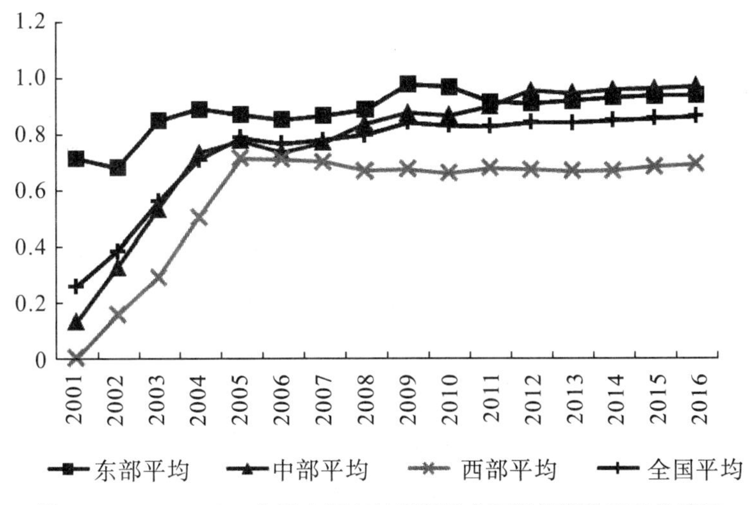

图 6-3 2001—2016 年间中国各地区石油全要素能源效率变化情况

表 6—4　2001—2016 年中国各区域全要素石油能源效率

年份	东部地区	中部地区	西部地区	全国平均
2001	0.7123	0.1304	0.0000	0.2570
2002	0.6805	0.3260	0.1545	0.3838
2003	0.8484	0.5302	0.2892	0.5568
2004	0.8895	0.7318	0.5022	0.7070
2005	0.8696	0.7770	0.7121	0.7866
2006	0.8520	0.7339	0.7088	0.7660
2007	0.8665	0.7692	0.6985	0.7784
2008	0.8884	0.8356	0.6665	0.7955
2009	0.9774	0.8759	0.6725	0.8407
2010	0.9694	0.8668	0.6584	0.8303
2011	0.9155	0.8988	0.6757	0.8276
2012	0.9098	0.9553	0.6698	0.8412
2013	0.9193	0.9451	0.6661	0.8400
2014	0.9315	0.9572	0.6678	0.8486
2015	0.9360	0.9608	0.6814	0.8559
2016	0.9386	0.9713	0.6896	0.8629
年平均	0.8815	0.7666	0.5696	0.7361

6.3.2.1　分析结果

从图 6—3、表 6—4 可以看出，2001—2016 年间全要素石油能源效率的变化呈现出明显的区域特征。从各地历年的平均全要素石油能源效率的测算值来看，东、中部地区测算结果分别为 0.8815、0.7666，均处于较高水平，且均位于全国平均水平之上；而西部地区能效水平远低于全国平均水平，仅为 0.5696。这一结果主要受到经济发展水平、资源禀赋、资源利用程度以及政策走向这几方面差异的影响。从历年能效的变化来看，也呈现出显著的差异：第一，东部地区全要素石油能源效率变动可以分为波动和平稳两阶段。2001—2010 年间，能源效率呈现出波动上升的趋势，由 0.7123 增至 0.9649。2011—2016 年间，整体变化较为平稳，并存在缓慢上升趋势，由 0.9155 增至

0.9386。第二，中部地区的变动可以分为快速上升和稳步上升两个阶段。2001—2005年间，全要素石油能源效率以较快的速度由0.1304上升至0.7770；2006—2016年间，存在小幅波动，但整体呈现出显著上升趋势，由0.7339增至0.9713。第三，西部地区变化情况与中部地区较为相似，但前期增幅较中部地区更大，后期波动幅度较中部地区更小。2001—2005年间，全要素石油能源效率由低水平快速增长至0.7121；2006—2016年间，能效水平在0.6584～0.7088的区间内小幅波动。

6.3.2.2 主要原因

1. 地区用油差异

用油差异是造成东、中、西部地区全要素石油能源效率水平差异的主要因素之一，而造成各地区石油消费差异又主要由气候及能源结构差别导致。东部地区为沿海季风气候，整体气候条件优越，为其早期农产品、轻工业的发展提供了保障，良好的地理位置加上贸易便利程度，进一步推动水陆交通行业及重工业的发展；在此期间石油需求上升，资源得以大规模利用，整体效率水平较低。21世纪以后，有色金属冶炼与压延加工业、黑色金属冶炼与压延加工业等高耗能行业呈现出“先集中后转移扩散”的趋势，大大降低了东部地区的石油能耗负担；同时，新能源汽车仍处于发展初期，东部沿海地区仍是其发展首选，这对于该地区能源消费结构清洁化发展起到了一定的助推作用。《中国能源统计年鉴》的数据显示，2001—2016年间东部地区石油能源消费比重由49.00%左右下降至42.18%，再次佐证了石油消耗及需求量的减少对于能效水平的提升具有促进作用。以上海为例，汽车工业、成套设备制造业、房地产行业等国民经济支柱产业以及居民生活耗能对能源需求形成刺激，早期在技术水平、资金成本以及资源供应的限制下，煤炭得以广泛利用；此后，在改革开放政策的引导下，石油资源被大规模引进、利用；“十二五”“十三五”相继对绿色发展、低碳环保提出新要求，大力推动能源结构优化调整、提升能效水平成为首要目标，加之新能源汽车快速发展、汽车市场的趋于饱和，石油资源需求、消费随之降低，进一步推动上海石油能源效率水平提升。

中部地区资源储量丰富，经济发达程度相对较高，具备雄厚的工农业基础，现代服务业较发达，同时其地理位置和气候的优势决定其作为我国重要经济腹地、交通枢纽以及交易市场，在全国地域分工中的重要性不言而喻。中部地区能源消费以煤炭为主，对石油天然气资源的利用均处于较低水平，随着能源密集型产业的转移和集中，石油消费占比有所上升，由2001年的17.67%

增至2016年的21.83%。资源的大量消耗一方面使得单位能耗强度增大，阻碍能效的提升；另一方面受到资源有限性以及节能环保的约束，刺激政府加大科技创新力度，能效水平随之提升。以安徽省为例，工业体系经过多年发展与建设，已具备较强的项目配套能力，形成较为齐全的工业门类。汽车及工程机械为该地区规模最大的工业行业，石油资源作为制造业主要消耗能源之一，得到广泛利用；同时，作为国际产业转移重要目的地和优选地，引资结构趋于优化，逐渐向产业链中高端环节转移，为经济高质量发展增添活力与动力，石油消费及需求比重下降，能源效率在同等经济发达城市中处于较高水平。

西部地区发展主要依赖于高耗能工业，能源开发也逐步成为支柱性产业，使得其国民经济对能源消耗具有较强依赖性，随着"西电东送"工程的逐步开展，西部地区煤炭消费量迅速上升，煤炭电力等产业开发不断发展，环境污染压力随之增加。为响应国家号召，西部地区逐渐转变粗放型经济发展方式，逐步利用石油、天然气取代煤炭资源，在此期间石油消费比重得以提升。同时，在国家倡导新能源开发和利用，经济绿色、可持续发展的情况下，新能源产业规模逐步扩大，天然气、水电等清洁能源的重要性逐步提升，石油消费比重下降，其能效水平也随之提升。以四川省为例，2001—2004年间，随着工业化的快速推进，高耗能的产业发展迅速，能源消费快速增长，煤炭为主要能源消耗来源；2005—2013年，产业结构实现了明显改变，工业内部产业结构有了较大变化，工业对经济增长的贡献率不断提高，汽车制造业、有色金属矿采选业以及黑色金属矿采选业等高耗能产业快速发展，石油消耗逐步增加；2014—2016年，产业结构实现了根本性改变，供给侧改革逐步推进，落后产能逐渐淘汰，关停高耗能、高污染企业，能源刚性需求随之降低，石油资源消费下降。整体看来，四川省石油消费比重长期处于20%以下，使其石油能效处于0.8479的较高水平，始终位于该地区前列。

2. 地区经济发展差异

据国家发改委的解释，我国东中西部地区的划分实质上是政策上的划分，而非行政区域和地理概念的划分。东部地区囊括了最早实行沿海改革开放政策且经济发达水平较高的省（市、自治区）。2001—2016年间东部地区经济发展年均增速在11.7%左右的较高水平；近几年随着经济发展方式的转变，经济增速有所下降，对产业结构、能源结构均产生不同程度的影响，高耗能、高污染行业逐渐由中西部地区接纳，第二产业比重逐渐由47.83%下降至40.57%。经济发展逐步平稳、产业结构优化调整、高附加值产业占据主导地位，石油能效随之提升。如我国最大的经济中心城市——上海，其具备雄厚的经济基础、较强的技术创新能力，同时具有极佳的地理位置条件（中国东南沿海和长江流域两条经济发展带的交汇点），为其奠定了资源、技术、资金、信息等各方面坚实的发展基础，促成其经济综合实力、产业结构层次提升。2001—2016年间，上海经济发展增速与全要素石油能源效率变动走势基本一致，年均增长率为9.9%，国民经济持续快速发展，经济增长质量明显提高。产业结构战略性调整的结构效应不断增强：第二产业比重由47.6%降低至29.8%；以现代服务业（金融、商贸等）为主的第三产业快速发展；电站设备、程控交换机等新支柱产业在制造业中迅速崛起，逐渐形成规模优势；第二、三产业协同推进将是当前经济发展的主要方向。对外开放逐渐扩大，上海利用外资迅猛发展，为先进技术引进已经实现技术创新奠定了基础。这一系列的变化对石油能源的相关技术带来积极影响：一方面，产业结构优化调整、经济高质量发展要求促使石油资源刚性需求降低，间接影响了石油能效的变化；另一方面，对外开放持续扩大、长江三角洲城市群的整体效应为能源利用技术创新及引进提供了保障，实现石油能源效率水平的进一步提升。

中部地区经济欠发达，土地贫瘠，生态环境恶劣，交通运输能力相对滞后，使得该地区长期处于闭塞状态，整体经济发展较为缓慢。长期以来，我国改革开放政策基本上均采取由沿海向内地逐步推进的方式，这使得相对滞后的内陆地区就经济发展水平、产业发展质量以及科学技术水平与东部地区之间的差距逐渐扩大。2001—2016年间，中部地区年均经济发展增速略高于东部地区，约为11.51%，经济发展方式转变较为滞后；受全国范围内产业转移及传统产业升级改造的影响，整体产业结构调整幅度较大，第二产业比重呈现出先上升后下降的变化趋势，目前仍处于44%左右的较高水平；较为充足的劳动力资源、劳动密集型产业发展需求以及有限的技术资源引进，使得中部地区技术水平相对滞后。各种原因的共同作用，使得中部地区全要素石油能源效率发生了如图6-3所示的变动。对比看来，2006年以后，中部地区能效水平变动走势与东部地区能效水平及其自身经济发展变化趋势较为一致，再次表明经济因素对能效水平的变化具有较强的影响力。以安徽为例，2001—2016年间年均经济增速处于11.59%的较高水平，近几年有所下降；在国内产业分工转移趋势下，有效承接了部分发展良好产业，一定程度上推动了地区经济的发展；在改革开放持续深入和"一带一路"沿线国家、地区经贸合作持续加强的作用下，传统产业不断升级改造；工业作为地区经济发展的主动力、主引擎，其发展经历多次升级调整，目前正处于高速扩张、跨越赶超阶段，呈现高质量、可持续的良好发展态势，占比由43%增至48.43%，逐步向智能化的方向发展；

与长三角、珠三角地区的合作日益加强，使得安徽不断消化引进国内外的新理念、新技术；经济发展带来的一系列变化对能源消费造成了巨大影响，能源密集型产业逐步向山西、河南等省份集聚，石油资源刚需下降，同时技术的不断更新、引进，使得安徽石油能效水平始终位于中部地区前列。

西部地区主要包括经济欠发达地区，整体发展水平、人民意识理念、基础设施建设等处于滞后状态，仍受传统计划经济观念的束缚，一定程度上阻碍了国际化进程的持续推进。2001—2016 年间，西部地区年均经济增速为 11.55%，略高于其他地区，近几年逐渐平稳；工业发展仍处于大规模推进阶段，第二产业比重先增后降，主要以质量调整为主，整体变化幅度较小；在技术水平滞后的情况下，接受了东部地区部分重工业的产业转移，使得本就较低的能源效率水平连续下降；同时区域内部也存在明显产业转移现象，进一步造成地区内部能效水平差异大的局面。综合看来，技术、观念的限制以及经济发展的滞后性使得西部地区全要素石油能源效率水平显著低于东、中部地区；同时，2000 年提出的西部大开发战略带动西部地区经济社会快速发展，强化科技创新实力、加大改革开放力度，使得能源消费观念、需求、技术等均朝着积极的方向改变，实现了能效水平的提升。以四川省为例，其全要素石油能源效率处于全国中高水平，其能源效率平均值高于全国石油能效平均值，在同等经济实力的省份中能源效率位于较高水平，但是与经济发达的北京、上海、浙江等省份相比仍有较大差距。一方面，四川省经济体量较大，工业规模大，高能耗产业较多，使得其初期石油能源效率水平偏低，而后受西部大开发的影响，国民经济发展获得新动力，年均增速高达 11.81%；随着“走出去”战略逐步推进，国际资本、技术以及资源得以良好利用，为四川省能效水平提升提供过了支撑。另一方面，作为经济发展主要动力来源的传统重工业遭受冲击，产业结构和能源消费结构呈现出“被动优化”，在短期内影响了能源效率的走势。

3. 地区资源禀赋差异

我国油气能源资源分布广泛但不均衡，全国共有 6 个含油气区，石油资源主要分布在东部地区，包括东北、华北、江淮地区；中部主要包括黑龙江、吉林等地；西部主要包括陕西、甘肃、宁夏、新疆、四川等地区。丰富的油气资源为当地带来经济发展、能源消费结构优化转型的同时，也在一定程度上阻碍了其在科学技术方面的提升，使得这些地区的能效水平相对较低，如 2001—2016 年间陕西、甘肃平均全要素石油能源效率分别为 0.4056、0.3083，显著低于西部地区的平均水平。早在 1963 年，位于黑龙江西部地区的大庆油田就具有 600 万吨的生产能力，成为我国石油资源来源地之一，对实现全国范围内石油自给自足起到了决定性作用。1996 年，该油田连续生产原油 5000 万吨/年，实现 21 年稳产。丰富的资源采储量，推动了黑龙江省乃至全国的经济发展，同时对保障国家安全及能源安全做出了巨大的贡献，但也对当地石油资源效率的提升形成了阻碍。根据实际测算结果来看，2001—2016 年间，黑龙江平均全要素石油能源效率为 0.6188，显著低于中部地区平均水平。而同属中部地区的山西省，石油资源匮乏，据目前资源勘测情况来看，不具备石油勘探开发条件，其年均石油能效水平为 0.8581，显著高于该地区的其他省市，再次验证了资源禀赋优势对能效水平提升具有一定阻碍作用的论断。

4. 地区政策导向差异

从表 6-5 可以看出，在国家政策的统一领导下，各地区能源政策均向清洁、节能、高效的方向发展。但由于各地区所面临的发展阶段不同，能源需求、消费起点不同，技术水平以及产业调整方向存在差异，因此各地区能源政策仍呈现出较强的差异性。总的来看，东部地区目前的发展以调结构、重质量为主，因此节能增效的实施力度及成果就更为显著；而中西部地区本身经济发展较为滞后，为减少各地区发展之间的差距，实现协同发展，政策重心则主要放置在推进工业化、增强综合实力上，对于能源技术及效率水平提升的重视程度相对较弱，进而造成全国范围内石油能效水平呈现出“东高西低”的特征。

表 6-5　2001—2016 年间各地区指导政策

地区	政策	主要内容
全国	2006 年《国民经济和社会发展第十一个五年计划》	贯彻落实西部大开发战略，促进中部地区崛起，积极鼓励东部地区先发展带动区域整体发展的战略，促进区域协调发展格局的形成。
东部	2010 年《国务院关于中西部地区承接产业转移的指导意见》	基于中西部地区的劳动力、资源及产业优势，推动重点产业承接，积极促成现代化产业体系建设，推动经济、环境、资源协调发展。

续表

地区	政策	主要内容
中部	2004年《促进中部地区崛起规划》	加快推进工业化、城镇化建设，加快调整产业结构，加快实现循环经济发展，加快体制机制创新和改革开放。
	2014年《关于依托黄金水道推动长江经济带发展的指导意见》	促进城市资源优化配置，加强地区协作，推动现代服务业发展。
	2016年《促进中部地区崛起"十三五"规划》	从能源供求调整、产业体系建设、能源体系建设着手，实现城市综合竞争实力的提升，推动城市绿色、生态建设与发展。
西部	2001年《关于西部大开发若干政策措施实施意见》	协同各方力量建设包含"西气东输""西电东送"、水资源合理开发和节约利用等在内的西部大开发重要战略，努力实现基础设施、资源开发利用以及生态环境建设的优化布局。

6.4 全要素天然气能源效率测算结果分析

由于篇幅限制，在此仅列出2001—2016年间部分年份的中国各地区全要素天然气能源效率测算结果（表6—6）。

表6—6 2001—2016年中国各地区全要素天然气能源效率值

地区	2001	2004	2007	2010	2013	2016	平均
辽宁	0.0911	0.8961	0.5438	1.0000	0.7739	1.0000	0.7248
北京	0.1409	0.7582	0.8339	1.0000	1.0000	1.0000	0.7942
天津	0.0786	0.1790	0.5851	0.9077	0.9872	1.0000	0.6546
河北	0.0001	0.0364	0.1261	0.4816	1.0000	1.0000	0.4286
山东	0.0007	0.5395	0.8782	1.0000	1.0000	1.0000	0.7873
上海	1.0000	1.0000	0.9762	1.0000	0.9429	1.0000	0.9916
江苏	1.0000	0.4227	0.5540	1.0000	0.9578	1.0000	0.7512
浙江	1.0000	1.0000	0.8779	1.0000	1.0000	1.0000	0.9489

续表

地区	2001	2004	2007	2010	2013	2016	平均
福建	1.0000	1.0000	1.0000	0.9125	0.8840	1.0000	0.9718
广东	1.0000	1.0000	1.0000	1.0000	1.0000	1.0000	0.9961
东部平均	**0.5311**	**0.6832**	**0.7375**	**0.9302**	**0.9546**	**1.0000**	**0.8049**
吉林	0.0001	0.0261	0.6014	0.9344	0.9357	1.0000	0.6114
黑龙江	1.59E−05	0.0181	0.3108	0.9299	1.0000	1.0000	0.5480
山西	1.46E−06	1.0000	0.4954	0.3096	0.9217	0.7091	0.5385
内蒙古	0.0014	0.0337	0.0567	0.4343	0.6767	1.0000	0.3818
河南	4.72E−05	0.0282	0.0806	0.4169	0.7173	1.0000	0.3686
安徽	1.0000	1.0000	1.0000	1.0000	1.0000	1.0000	1.0000
湖北	0.0007	0.2212	0.1562	0.7520	1.0000	1.0000	0.5372
湖南	1.0000	0.3548	0.1330	0.7499	1.0000	1.0000	0.6631
江西	1.0000	0.6909	0.2755	1.0000	1.0000	1.0000	0.8638
中部平均	**0.3336**	**0.3748**	**0.3455**	**0.7252**	**0.9168**	**0.9677**	**0.6125**
陕西	2.17E−05	0.0200	0.1749	0.2835	0.3306	0.3249	0.1900
广西	0.3652	0.3988	0.7418	0.9047	1.0000	1.0000	0.8354
甘肃	0.0001	0.0112	0.1454	0.3415	0.4797	0.5765	0.2547
青海	5.99E−06	0.0017	0.0730	0.0968	0.0876	0.1072	0.0602
宁夏	0.0002	0.0141	0.0084	0.1350	0.1676	0.1971	0.1070
新疆	3.85E−06	0.0076	0.0939	0.1504	0.1420	0.1666	0.0932
贵州	2.22E−05	0.0948	0.0822	0.6305	1.0000	0.7434	0.4359
四川	9.00E−06	0.2907	0.4143	0.1661	0.0507	0.5575	0.3176
云南	4.47E−05	0.0656	0.1133	0.5143	0.9222	0.6313	0.3805
重庆	8.65E−06	0.6141	1.0000	0.9057	0.9057	0.9462	0.7489
西部平均	**0.0366**	**0.1519**	**0.2847**	**0.4128**	**0.5086**	**0.5251**	**0.3423**
全国平均	**0.3226**	**0.4241**	**0.4777**	**0.6902**	**0.7701**	**0.8082**	**0.5895**

从表6−6中可以得知，2001—2016年中国各地区全要素天然气能源效率值大体呈现出上升趋势。我国全要素天然气能源效率的影响因素主要包括经济

发展状况、产业结构、能源消费结构、国家政策、能源价格和科学技术水平等。本小节主要从时间维度和区域维度两个角度，利用天然气能源效率的主要影响因素，对我国各地区在 2001—2016 年间的天然气能源效率测算结果进行分析。

6.4.1 时间维度分析

随着我国国民经济的快速发展，不断提高经济发展质量是重中之重。目前，我国经济增长方式已由粗放型转为集约型，市场化进程不断加快，产业结构也日趋合理化；"节能减排"政策的实施，要求构建新的能源体系，能源消费结构也在向高效、低碳、清洁方向转变；加之科学技术水平不断提高，天然气的生产供应保障能力不断增强，使得天然气资源的生产和利用效率不断提高。从图 6-4 中可以得知，我国全要素天然气能源效率在 2001—2016 年间大体呈现出上升趋势，其变化趋势大致可分为两个阶段。

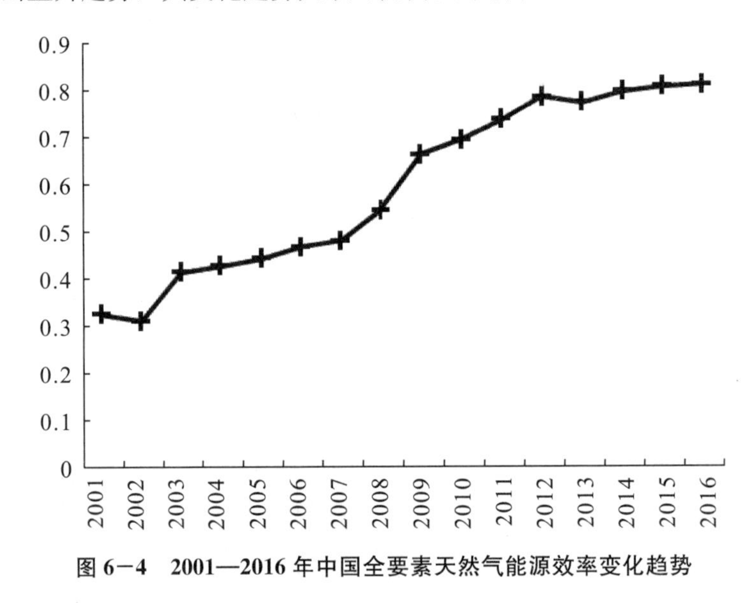

图 6-4 2001—2016 年中国全要素天然气能源效率变化趋势

6.4.1.1 2001—2007 年缓慢上升阶段

2000 年 1 月，国务院成立了西部地区开发领导小组，标志着"西部大开发"政策开始实施。西部地区作为我国天然气资源的主要产地，天然气生产量较为丰富，与天然气有关的产业是带动经济发展的重点产业。随着"西气东输""北气南下"等一系列重点输气管道工程的建成，天然气消费地不断拓宽，一批批以天然气为主要消耗能源的产业也在我国兴起。这在一定程度上使得我国天然气能源效率有所上升。但是随着“西部大开发”带来的资源的过度开采、资源浪费、环境污染等一系列问题，也制约着我国天然气能源效率的上升速度。

产业结构的不断优化，促使了我国天然气能源效率的上升。2001—2007年间，我国三次产业的增加值不断上升，其中又以第二、三产业的增加值上升速度较快，逐渐形成了以第二、三产业为主导的产业结构。但是以重工业为主的第二产业增加值在GDP中的占比最大，影响着天然气能源效率的增长速度。其中，非金属矿物制品业、黑色金属冶炼及压延加工业、化学原料及化学制品制造业、有色金属冶炼及压延加工业、电力热力的生产和供应业、石油加工炼焦及核燃料加工业等以煤炭、电力、石油能源为主要消耗能源的高耗能行业更是快速发展。截至2007年，我国GDP为270092.3亿元。其中第一产业增加值为27674.1亿元，在GDP中的占比约为10.2%；第二产业增加值为126633.6亿元，在GDP中的占比约为46.9%；第三产业增加值为115784.6亿元，在GDP中的占比约为42.9%。

我国政策的大力支持，科学技术的大力投入，使得我国天然气资源勘探开发取得明显进展。随着天然气生产量的年年攀升，其消费量不断增长，天然气生产和利用效率不断提高，全要素天然气能源效率也相应提升。但是从总体来看，我国能源结构仍以煤炭为主。在天然气生产量和消费量增长的同时，煤炭的生产量和消费量也以较快的速度增长。截至2007年，我国能源生产总量为264172.55万吨标准煤，消费总量为311442.00万吨标准煤。其中，煤炭的生产总量为205526.25万吨标准煤，消费总量为225795.45万吨标准煤，消费量在能源消费结构中的占比由2001年的68%提升为72.5%；石油的生产总量为26681.43万吨标准煤，消费总量为52945.14万吨标准煤，消费量在能源消费结构中的占比由2001年的21.20%下降到17%；天然气的生产总量为9246.04万吨标准煤，消费总量为9343.26万吨标准煤，消费量在能源消费结构中的占比由2001年的2.40%提升为3%；水电、核电、风电生产总量为22718.84万吨标准煤，消费总量为23358.15万吨标准煤，消费量在能源消费结构中的占比由2001年的8.40%下降到7.5%。通过这一数据的变化，可以直观地看到我国天然气生产总量虽有所上升，但和煤炭、石油、电力等能源相比，其生产总量仍然只占我国能源生产总量的一小部分，且其在我国能源消费结构中的占比，远低于煤炭能源消费占比，从而制约着我国天然气能源效率的提升速度。

天然气价格也是影响我国天然气能源效率的主要因素之一。一般来说，天然气价格与天然气能源效率之间是负相关关系。由于前期天然气开采生产技术不完善以及天然气输送管网不完备，使得我国天然气生产和运输成本较高，相应地价格也较高。在同等的选择条件下，能源需求者（特别是企业）更倾向于选择价格相对低廉的煤炭、火电等能源作为日常消耗能源，这也制约着我国天然气能源效率的提高。2001—2007年间，工业的能源消费总量是所有行业中增长最快的，其次是交通运输、仓储和邮政业的能源消费总量。在工业中，黑色金属冶炼及压延加工业，化学原料及化学制品制造业，非金属矿物制品业，电力、热力的生产和供应业，石油加工、炼焦及核燃料加工业，有色金属冶炼及压延加工业，煤炭开采和洗选业等行业的能源消费总量增长较快，而这些行业又以煤炭、电力、石油能源为主要消耗能源。

值得注意的是，2002年我国全要素天然气能源效率出现了负增长，效率值为0.3079，较2001年下降了0.0147。2002年我国天然气消费量较2001年上升了约4.48%，但我国煤炭消费量上升了约9.82%。同时期对比，我国煤炭消费量增幅是天然气消费量增幅的两倍多。能源消费结构中煤炭消费量占比的上升使得我国全要素天然气能源效率下降。截至2007年，虽然我国全要素天然气能源效率约为0.4777，较2001年增长了0.1551，但仍未突破0.5000大关，还存在52.23%的上升空间。

6.4.1.2 2008—2016年快速增长阶段

《国民经济和社会发展第十一个五年规划纲要》明确提出，“十一五”期间实现我国单位GDP能耗降低20%和主要污染物排放总量减少10%的约束性指标。这一“节能减排”目标的提出，是我国推进经济结构调整、转变增长方式、建设资源节约型、环境友好型社会的必然要求。“十二五”规划纲要进一步强调要加大力度实现优化产业结构、调整能源消费结构和淘汰落后产能等目标。随着我国经济步入“新常态”，大力推进生态文明建设是社会的需要。继“节能减排”政策之后，我国实施“煤改气”政策，使得我国能源消费结构不断优化。“十三五”规划纲要强调能源产业的转型升级，更是提高了我国全要素天然气能源效率。

淘汰生产能力落后的企业、大力发展第三产业是我国产业结构的主要优化方向。在我国三次产业中，第一产业和以工业为主的第二产业的增加值占GDP的比重均不断下降，以批发和零售业、金融业、房地产业为主的第三产业增加值占GDP的比重不断上升。截至2016年，我国GDP为740060.8亿元。其中，第一产业增加值为 60139.2 亿元，约占 GDP 的 8.1%；第二产业增加值为 296547.7 亿元，约占 GDP 的 40.1%；第三产业增加值为 383373.9 亿元，约占 GDP 的 51.8%。六大高耗能行业增加值增长率明显下降，2016 年其增加值仅为规模以上工业增加值的 28.1%，天然气利用效率不断改善。

研发经费的投入能够带来先进的生产技术，促进“节能减排”技术的发展与传播、新型专利设备的发明与使用，引起全要素能源效率的显著提升。近几年，我国政府不断加大研究与试验发展经费投入力度。截至 2016 年，研究与试验发展经费约为 15676.75 亿元，与 GDP 之比为 2.12%，其中基础研究经费 822.89 亿元；全年共签订技术合同 32.0 万项，技术合同成交金额 11406.98 亿元，比上年增长 16.0%。随着研究与试验发展经费投入力度的加大，与天然气生产和消耗相关的科学技术取得较大进步，天然气资源生产和利用效率提高。

随着天然气勘探开发不断取得重大突破，我国天然气产量增长较快，总产量不断提高，消费量在能源消费总量中的占比也在不断上升。同时期，虽然煤炭的总产量依然远超天然气，但是其消费量在能源消费总量中的占比呈现出下降趋势。截至 2016 年，我国煤炭消费总量为 270320.00 万吨标准煤，约占能源消费总量的 62.03%，较 2008 年下降了 9.47%；我国天然气消费总量为 27904.00 万吨标准煤，约占能源消费总量的 6.40%，较 2008 年上升了 3%。

在天然气总消耗中，各行业的消耗占比变化也影响着天然气能源效率的变化。2008 年，我国工业所消耗的天然气占总消耗量的比重为 65.40%，较 2007 年下降了 2.62%；交通运输、仓储和邮政业所消耗的天然气占总消耗量的比重为 8.81%，较 2007 年上升了 2.16%。工业消耗占比的下降与交通运输、仓储和邮政业消耗占比的上升，使得 2008 年我国天然气能源效率取得较大提升。2008—2016 年间，工业所消耗的天然气占总消耗量的比重大体保持在 65%的水平，交通运输、仓储和邮政业所消耗的天然气占总消耗量的比重提升到 12.26%，生活消费所消耗的天然气占总消耗量的比重下降到 18.27%，其他行业所消耗的天然气占总消耗量的比重变化幅度较小。交通运输、仓储和邮政业消耗占比的上升与生活消费消耗占比的下降，使得这一时期我国天然气能源效率不断上升。

值得注意的是，2013 年我国全要素天然气能源效率出现了负增长，效率值为 0.7701，较 2012 年下降了 0.0115。我国颁布的“十二五”规划，要求提高全社会应对气候变化意识，引导低碳生产和消费。2013 年是规划实施的重要一年，产业结构的合理化调整和能源消费结构的高效清洁化调整，使得我国

全要素天然气能源效率出现较小幅度的下降。除此之外，我国全要素天然气能源效率在 2008 年突破 0.5000，达到 0.5421。截至 2016 年，我国全要素天然气能源效率约为 0.8082，较 2008 年提高了 0.2661。虽然我国全要素天然气能源效率已达到 0.8000 水平，但还存在 19.18%的上升空间，应不断推进产业结构调整，优化能源消费结构，构建清洁低碳、安全高效的现代能源体系，从而提高全要素天然气能源效率。

6.4.2 区域维度分析

地区间不均衡的天然气资源状况和经济发展水平，造成了我国全要素天然气能源效率也表现出地区间的较大差异。经济发达、市场化程度高、技术条件良好的东部地区全要素天然气能源效率相对较高，经济较不发达、技术条件相对薄弱的中西部地区全要素天然气能源效率相对较低。丰富的天然气资源对中西部地区全要素天然气能源效率的提升发挥着关键作用，使得其与东部地区的差距逐渐缩小。2001—2016 年间，我国东部地区、中部地区和西部地区的全要素天然气能源效率如图 6−5 所示。

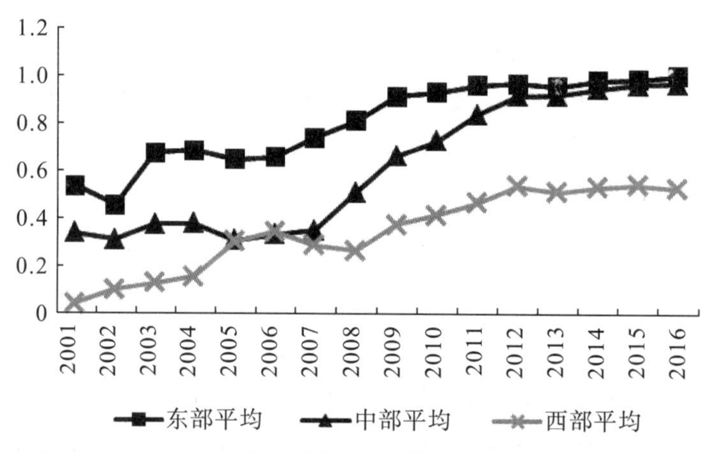

图 6−5　2001—2016 年中国东中西部地区全要素天然气能源效率

6.4.2.1 东部地区

东部地区的全要素天然气能源效率最高，平均天然气能源效率约为 0.8049，比全国平均水平高出 0.2154。东部地区由于其地理位置优越，通过吸引外商投资、引进先进能源技术、加强研发投入等手段强化了人才、技术和资金等方面的优势，对外开放程度较高、技术先进、产业结构合理等原因使得其全要素能源效率一直处于领先地位。特别是沿海地区，由于其经济发达、第三产业占比高、高新技术和人才资源丰富，其全要素天然气能源效率相比内陆地区要高。

东部地区全要素平均天然气能源效率最高的是广东（0.9961），其次是福建、浙江和上海三地，这三地的全要素平均天然气能源效率也在0.9000以上，最低的是河北（0.4286）。2001年，东部地区的平均天然气能源效率为0.5311。随后，呈现出波动上升的趋势，于2008年突破0.8000，达到0.8097。2001—2008年间，东部地区的平均天然气能源效率在2002年达到最低值（0.4527），低于0.5000。这主要源于我国能源消耗中煤炭资源的生产和消费大幅度提高。2008年以后，东部地区的平均天然气能源效率明显有效提高，在2016年达到峰值“1”。在这一时期，随着经济的快速发展，东部地区产业结构不断高级化，高耗能产业不断被淘汰。

广东是东部地区全要素平均天然气能源效率最高的地区，其全要素平均天然气能源效率为0.9961，虽未达到峰值“1”，但除2003年其全要素天然气能源效率为0.9376之外，其余年份皆达到峰值“1”。广东是我国经济发达地区，其产业结构已由低级转为高级，产业主要以工业、批发和零售业、房地产业、金融业等产业为主。根据广东统计局发布的《广东统计年鉴2017年》，2016年广东的地区生产总值为79512.05亿元。其中，第一产业增加值为3694.37亿元，约占地区生产总值的4.6%，对GDP增长的贡献率为1.9%；第二产业增加值为34001.31亿元，约占地区生产总值的42.8%，对GDP增长的贡献率为36.7%；第三产业增加值为41816.37亿元，约占地区生产总值的52.6%，对GDP增长的贡献率为61.4%。在现代产业中，高技术制造业、先进制造业和现代服务业等行业增长迅速，这些行业增加值约占地区生产总值的63.04%。2003—2016年间，广东的天然气消费量呈大幅度上升趋势，年增幅约为145.69%。截至2016年，广东的天然气消费为167.79亿立方米。同时期，广东的煤炭消费量呈现出先升后降的趋势。在广东的一次能源消费总量构成中，天然气消费占比由2003年的0.2%上升为2016年的8.1%，原煤消费占比由2003年的53.5%下降到2016年的39.7%，原油消费占比由2003年的28.6%下降到2016年的26.6%。产业结构的合理化、高级化与能源消费结构的清洁化、低碳化是广东全要素天然气能源效率远超其他地区的主要原因。

河北是东部地区全要素平均天然气能源效率最低的地区，其全要素平均天然气能源效率为0.4286，较广东低0.5630。2008年以前，河北的天然气能源效率增长缓慢，且效率值极低；2008年开始，河北省天然气能源效率增长速

度加快，于 2011 年突破 0.5000，且仅用两年时间，就于 2013 年达到峰值“1”。随着煤炭采选业、黑色金属矿采选业、医药制造业、化学原料及化学制品制造业、电气机械及器材制造业、农副食品加工业、石油和天然气开采业等行业的迅速发展，使得河北第二产业增加值迅猛增长；六大高耗能行业增加值增速的回落，以及第三产业增加值在河北地区生产总值中的占比不断上升，使得河北省天然气能源效率大幅提升。2010 年以前，河北能源消费结构中，煤炭的占比均在 90%以上，天然气的占比仅为 1%左右；随着河北煤炭消费量的降低、天然气消费量的上升，河北天然气能源效率逐渐向峰值“1”靠近。截至 2016 年，河北煤炭消费量在能源消费总量的占比下降到 85.01%，天然气消费量在能源消费总量的占比上升为 3.14%。虽然近几年河北天然气能源效率较高，但由于 2008 年以前效率值过低，河北平均天然气能源效率落后于东部地区的其他省份。

6.4.2.2 中部地区

全要素天然气能源效率排名第二的是中部地区，平均约为 0.6125。近几年，由于东部地区的生产成本攀升，东部制造业逐渐向中部地区转移，在一定程度上促进了先进生产技术向中部传播，缩小了地区之间的发展差距，也使得中部地区的全要素天然气能源效率与东部地区的差距逐渐缩小。除此之外，天然气干线、支线管网及配套设施不断完善，中部地区天然气用户持续增加，天然气消费快速增长，构建清洁低碳、安全高效的能源消费体系成效显著等也使得中部地区全要素天然气能源效率大幅上升。

中部地区全要素平均天然气能源效率最高的是安徽，其天然气能源效率值达到峰值“1”，其次是江西（0.8638），最低的是河南（0.3686）。2001 年，中部地区的天然气能源效率为 0.3336。一直到 2007 年，中部地区的天然气能源效率小幅度波动增长，增长到 0.3455。之后，随着吉林、黑龙江、湖北等地区的天然气能源效率大幅度提高，使得中部地区的天然气能源效率大幅度上升，于 2012 年突破 0.9000，达到 0.9149。截至 2016 年，中部地区的天然气能源效率值为 0.9677，与东部地区的差距逐渐在缩小。

在中部地区的各个省份中，湖北的全要素天然气能源效率变化趋势最接近整个地区的发展趋势。2001 年的时候，湖北的天然气能源效率值仅为 0.0007，之后一直缓慢增长。2008 年开始，湖北的天然气能源效率值大幅度上升，突破 0.5000，达到 0.5597；且从 2012 年开始，年年达到峰值“1”。2001—2007 年间，湖北的地区生产总值虽有所上升，但上升速度较缓，平均下来每年仅增长 908.81 亿元。2008 年开始，湖北的各行各业取得较快发展，特别是服务业、金融业与房地产业，经济增长速度加快，地区生产总值呈现出较快增长的趋势。截至 2016 年，湖北的地区增加值由 2008 年的 11328.92 亿元增长到 32297.91 亿元。其中，第一产业增加值为 3659.33 亿元，约占地区增加值的 11.3%，对 GDP 增长的贡献率为 5.4%；第二产业增加值为 14375.13 亿元，约占地区增加值的 44.5%，对 GDP 增长的贡献率为 44.0%；第三产业增加值为 14263.45 亿元，约占地区增加值的 44.2%，对 GDP 增长的贡献率为 50.6%。湖北的产业结构主要以第二、三产业为主，且第二、三产业增加值在地区生产总值中的占比相当。2001—2016 年间，湖北的天然气消费量呈大幅度上升趋势，年增幅约为 130.56%。截至 2016 年，湖北的天然气消费为 41.50 亿立方米。同时期，湖北的煤炭消费量呈现出先升后降的趋势。第二产业的快速发展和第三产业的兴起带来的地区经济增长，以及不断向高效、清洁化转变的能源消费结构是使得湖北全要素天然气能源效率后期达到峰值“1”的主要原因。

6.4.2.3　西部地区

全要素天然气能源效率最低的是西部地区，平均天然气能源效率约为 0.3423，比全国平均水平低 0.2472。2012 年以前，西部地区的全要素天然气能源效率虽有小幅度上升，但是仍低于 0.5000，2012 年开始才实现效率值大于 0.5000。西部地区全要素平均天然气能源效率最高的是广西（0.8354），其次是重庆（0.7489），最低的是青海（0.0602）。随着西部大开发的深入实施，西部地区经济增长步伐明显加快，但是过度能源消耗和污染严重等问题制约着西部地区经济发展。东部部分重工业向西部进行转移，但西部地区经济技术水平较落后，与产业发展存在严重不匹配，西部地区环境污染随工业转移而严重。

除广西和重庆外，西部地区的其他省（市、自治区）全要素天然气能源效率皆未超过 0.5000。四川作为主要的天然气生产地之一，其全要素平均天然气能源效率仅为 0.3176。2001 年，四川全要素天然气能源效率近似“0”。到 2016 年，四川全要素天然气能源效率为 0.5575。虽然看似四川的天然气能源效率增长迅速，但是仍存在 44.25%的较大上升空间。从地区生产总值来看，2009 年之前，四川的地区生产总值缓慢增长。2009 年开始，随着工业、金融业、批发和零售业等行业的快速发展，四川的地区生产总值大幅增长。截至 2016 年，四川的地区生产总值为 32680.5 亿元。其中，第一产业增加值为

3924.08亿元，约占地区增加值的12.0%；第二产业增加值为13924.73亿元，约占地区增加值的42.6%；第三产业增加值为14831.69亿元，约占地区增加值的45.4%。地区生产总值的增加和产业结构的优化促使四川天然气能源效率上升。但是，高耗能产业过多带来的过度的能源消耗和污染严重等问题又制约着四川全要素天然气能源效率的提高。从能源消费结构来看，虽然四川是我国天然气生产大国，但其能源消耗仍以煤炭为主。截至2016年，四川的煤炭、石油、天然气与水、核电在消费总量中的占比（按当量值计算）分别为41.6%、27.1%、14.5%与22.2%，且高耗能行业消耗能源约为能源消费总量的72.72%；从天然气用途来看，生活消费就占了天然气消费总量的23.04%。这也使得四川天然气能源效率的提高愈加艰难。

7 中国全要素石油天然气能源效率对比分析

21 世纪初期，我国经济呈现高速增长的趋势，快速的城镇化进程以及出口依赖型经济等使得重工业化趋势日益明显，能源需求持续扩张。“十一五”时期，“去产能”政策推行取得显著成效，服务业得以稳定发展；“十二五”时期，能源结构发生质的改变，能源效率水平显著提升，建筑节能取得较大进展，非化石能源消费比重逐渐上升。当前，我国正处于工业化中后期，汽车、家电行业在经济中的重要性不断提高，拉动了国内对石油的需求。同时，随着经济发展方式的转变，第三产业的快速发展大大减少了我国八个高能耗行业的需求，能源消费朝着更加节能环保的方向发展。在此过程中，石油、煤炭、水电效率均呈现出不同程度的变化，为提出更适宜发展的、具有针对性的提能增效政策建议，本章将分析各种能源效率的异同，研究其变化的原因。

7.1 石油效率与煤炭、电力效率对比

《节约能源法》于 2007 年 10 月审议通过，其中明确指出“节约资源是我国的基本国策”，标志着我国能源立法进入新阶段。同年，《能源发展“十一五”规划》确定能源建设总方略：加快油气开采，优先发展煤炭、火电，积极推进核电、水电建设。这些政策和规划直接影响我国能源消费结构调整进程，进而造成能源效率变化。我国目前仍然是以煤炭为主的能源消费结构，生产制造是能源消耗的主要部门，但对煤炭的需求及消费正在逐步减少。随着我国经济由高速增长转变为高质量增长，建筑、公路、铁路等城市基础设施的建设不断加快，城镇人口逐渐增多，现代化逐步推进，能源消费需求将面临新的变化，各种能源效率也将在此情况下发生不同程度的改变。从能源消费结构看，经济增长对能源质量有更高的要求；随着经济体量不断增大，高能效、低污染清洁能源的地位将有所上升。这对煤炭、石油等传统能源效率以及清洁型能源效率的变化均将带来新的挑战。为了更清晰、合理地分析能源效率产生差异的原因，我们基于 Undesirable－Window－DEA 模型的测算方法，计算了

2001—2016 年间全国各地区的全要素煤炭、电力效率，测算结果如表 7-1 所示。

表 7-1 2001—2016 年间各地区全要素煤炭、电力效率

	东部地区		中部地区		西部地区		全国平均	
	煤炭	电力	煤炭	电力	煤炭	电力	煤炭	电力
2001	0.5258	0.9300	0.2510	0.8474	1.29567 E-06	0.6583	0.2589	0.8119
2002	0.4786	0.9072	0.3863	0.7884	0.1142	0.5290	0.3263	0.7415
2003	0.6504	0.9575	0.5179	0.8379	0.2284	0.5682	0.4655	0.7879
2004	0.6831	0.9531	0.6340	0.8527	0.3680	0.5605	0.5617	0.7888
2005	0.6776	0.9489	0.5975	0.8854	0.4618	0.6423	0.5790	0.8255
2006	0.7179	0.9387	0.5940	0.8447	0.4401	0.6310	0.5840	0.8048
2007	0.7495	0.9373	0.6355	0.8580	0.4366	0.6171	0.6072	0.8041
2008	0.7948	0.9698	0.6406	0.8504	0.4301	0.5818	0.6218	0.8007
2009	0.8706	0.9726	0.7697	0.8563	0.4451	0.6322	0.6952	0.8204
2010	0.8020	0.9603	0.7600	0.8485	0.4421	0.6100	0.6681	0.8063
2011	0.8337	0.9567	0.6874	0.8344	0.4427	0.5812	0.6546	0.7908
2012	0.7444	0.9553	0.6217	0.8469	0.4460	0.5975	0.6040	0.7999
2013	0.8141	0.9422	0.6920	0.8404	0.4858	0.6073	0.6640	0.7966
2014	0.8215	0.9436	0.7941	0.8667	0.4665	0.6104	0.6940	0.8069
2015	0.8338	0.9739	0.7971	0.8907	0.4615	0.6230	0.6974	0.8292
2016	0.8814	0.9730	0.8478	0.9223	0.4910	0.6258	0.7401	0.8404
平均	0.7424	0.9512	0.6392	0.8545	0.4107	0.6047	0.6109	0.8035

从表 7-1 中的数据可以看出，各地区乃至全国整体煤炭、电力能效均呈现显著上升趋势，但各地区变化走势之间差异较大，造成这一现象的主要原因包括经济发达程度、能源资源供需情况、产业结构变化以及相关技术水平等。为了更准确地厘清个中关系，找出影响能源效率提升的因素，后续内容将着重对比各种能源效率的变化情况及原因，以期找出制约整体能效水平提高的瓶颈与障碍。

7.1.1 石油效率与煤炭效率对比

7.1.1.1 全国整体石油、煤炭效率变动走势相似

中国经济扩张对于煤炭资源依赖性较强，一方面低廉的煤炭为我国经济发展提供了动力保障，实现了能耗成本的降低；另一方面却带来了严重的环境污染问题。为缓解这一情况，政府从节约能耗、降低排放、提高能效等方面着手，取得了显著成效，煤炭能源效率水平得以提升。具体能效变化如图 7-1 所示。

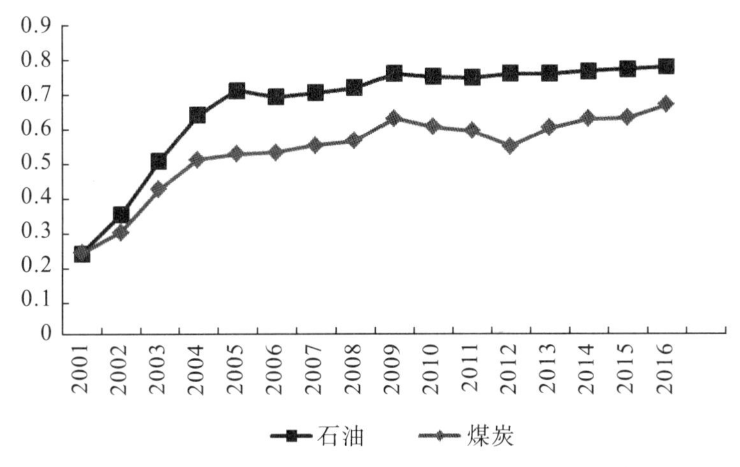

图 7-1 2001—2016 年间全国平均石油与煤炭效率变化

由图 7-1 可知，全国平均石油能源效率与煤炭能源效率变化走势基本一致，均呈现出波动上升趋势，且煤炭能效水平明显偏低。主要原因在于：煤炭作为我国国民经济和社会发展的主要消耗能源，相比石油而言，其能效水平的提升难度更大，受限更多。2001—2009 年间，我国经济仍处于高速增长期，煤炭作为主要消耗能源，需求量持续增长，整体能耗强度较高。与此同时，煤炭过度消费带来的负外部性逐渐显现：一方面经济的快速增长为技术研发提供了资金保障，促进技术水平提升；另一方面，环境问题层出不穷为经济社会高质量发展带来挑战。为扫清发展障碍，政府逐渐加大技术研发力度，不断推进节能增效政策实施。多项因素的共同作用，使得我国煤炭效率得以迅速提升，由 0.2589 上升至 0.6952。2009—2012 年间，我国经济由高速增长转变为中高速，GDP 增速显著降低，加之工业化的持续推进，从资金及产业结构两方面对节能增效技术提升造成障碍，刚性需求持续增大，使得煤炭能源效率短期内

下降，降至0.6040。2012—2016年间，随着“煤改气”工程的大规模展开，煤炭消费量得以降低，促进煤炭效率进一步提升，同时过快的改革也为经济社会发展带来了负担，“气荒”现象随之出现。供不应求的天然气市场使得公众对煤炭的需求再次增加，对煤炭效率造成暂时性影响，煤炭效率由0.6640波动上升至0.7401。

从2001—2016年的石油与煤炭能源消费构成的行业变化来看：石油在工业中的消费占比由49.05%下降到33.85%，在建筑业中的消费占比由4.08%增加为6.85%，在交通运输、仓储和邮政业中的消费占比由28.78%增加为37.29%，在生活消费中的消费占比由6.01%增加为11.90%；煤炭在工业中的消费占比由90.95%上升为94.44%，在建筑业、交通运输、仓储和邮政业与生活消费中的消费占比都有所减少。同时期，我国以交通运输、仓储和邮政业为主的第三产业增加值占比在不断上升，以工业为主的第二产业增加值占比在不断下降，这也就不难解释为什么我国煤炭能源效率整体低于石油能源效率。另外，与石油相比，煤炭相关技术的研究较为落后，这也在一定程度上对我国煤炭效率的提升形成阻碍。因此，要实现煤炭能效的有效提升，我国更加需要加大科研力度、突破技术瓶颈，实现在煤炭增效技术上的创新，以创新推动煤炭行业健康、高效发展。

7.1.1.2 东部地区石油、煤炭效率均呈波动上升趋势

东部地区是我国经济最发达的地区，同时也是我国多数政策的优先试行点。东部地区优先实行经济发展模式调整、能源消费结构转型以及产业结构优化调整，并逐步扩张至其他地区。自21世纪以来，国内产业转移促使高质量、高水平、高附加值产业向东部地区聚集，传统高能耗产业逐渐由中西部地区承接。一方面，传统工业、制造业转移，是地区经济发展对传统化石能源的依赖程度大幅下降；另一方面，促使东部地区人才、技术、资本聚集，进一步促进科技水平提升，进而对能源效率变动走势带来影响。具体变化情况如图7-2所示。

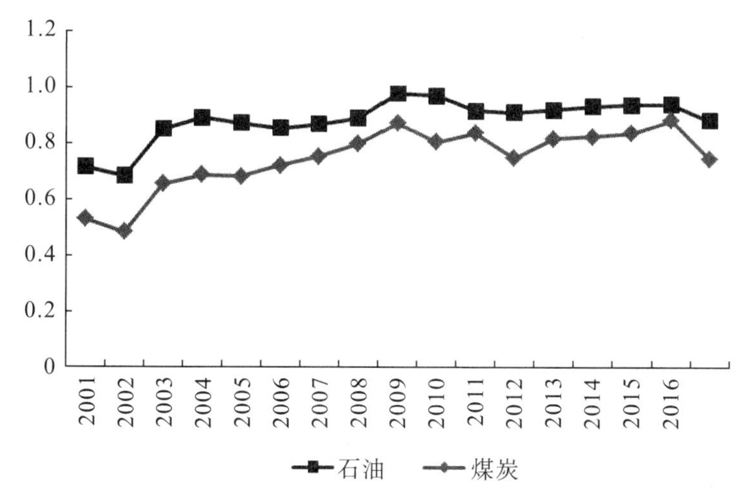

图 7-2 2001—2016 年间东部地区石油与煤炭效率变化

从图 7-2 可知，我国东部地区煤炭效率水平显著低于石油效率水平，但整体变化走势基本一致，均呈现出波动增长的趋势。2001—2009 年间，产业转移逐步推进，煤炭消费量持续快速下降，同时东部地区产业逐渐由劳动密集型转向技术、资本密集型，为能效水平的提升提供了有力保障，使得煤炭能源效率由 0.5258 快速上升至 0.8706。2010—2016 年间，受到金融危机、经济转型以及“煤改气”政策实施等多方影响，能源效率产生暂时性波动，整体效率水平维持在 0.8500 左右，而后“气荒”现象频发，“煤改气”工程的大规模实施遭遇供给瓶颈，一定程度上阻碍了煤炭能效的进一步提升。

对比石油、煤炭效率变化来看，对于经济较为发达的东部地区，两种能源效率受到经济发展、产业结构、能源结构等外界因素影响程度差异较小，主要差异来源于资源本身的特殊性以及我国对煤炭资源的高依赖性。广东是我国东部地区石油与煤炭能源效率最高的地区。2016 年，广东石油能源效率约为 0.9988，煤炭能源效率约为 0.9940，煤炭能效比石油能效低 0.0048。从能源消费结构来看，广东原煤消费量占比由 2001 年的 52.5%减少为 2016 年的 39.7%，原油消费量占比由 2001 年的 34.0%减少为 2016 年的 26.6%。随着东部地区能源消费结构逐渐转型升级，煤炭清洁化利用技术得以突破，产业转移优势得以充分发挥，石油、煤炭能源效率均将得到进一步提升。

7.1.1.3 中部地区煤炭效率略低于石油效率

中部地区能源消费以煤炭为主，占一次能源消费比重高达 80%，2001 年以来，呈现出显著下降趋势。一方面，粗放型经济增长模式面临调整，煤炭刚需随之下降；另一方面，煤炭的过度消耗为资源和环境带来了巨大的负面影响。为缓解污染问题，政府推出一系列节能环保政策，遏制高耗能、高污染行业的过快增长。在节能增效政策逐步推进、实施，落后生产力逐步淘汰过程中，中部地区能源效率得以提升，同时受到经济增速减缓，劳动密集型、能源密集型产业转移的影响，能源效率又表现出暂时性波动，具体变化情况如图7—3所示。

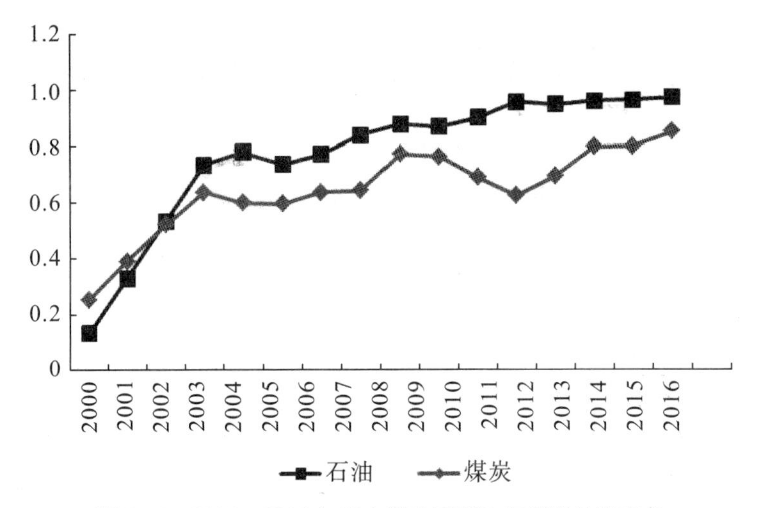

图 7—3　2001—2016 年间中部地区石油与煤炭效率变化

从图 7—3 可知，中部地区石油、煤炭效率变动走势基本一致，均呈现显著上升趋势，但煤炭效率波动幅度更大。2001—2009 年间，东部地区经济发展方式转变较为滞后，GDP 增长率仍处于 11.51%的较高水平。同时除传统低端产业外，机械行业、电子信息行业等高端产业也逐步向中部地区聚集，推动中部地区工业增加值比重提升 4.81 和 5.12 个百分点。行业的集聚也为东部地区实现技术引进和创新开拓了渠道，提供了保障。此外，2004 年提出的“中部崛起计划”进一步为能效水平提升提供了政策支持，使得 9 年间煤炭能源效率水平由 0.2510 增至 0.7697。2010—2016 年间，中部地区经济实现转型，GDP 增速显著下降，同时工业化、现代化、城镇化的逐步推进，供给侧改革逐步实施，煤炭行业改革逐步深入，导致能源效率短期内提升难度增大；而后随着“煤改气”工程逐步展开，地区对外贸易逐步放开，能效水平再次提高，由 0.7697 增至 0.8478。

综合看来，中部地区石油、煤炭效率变化差异较小，均受经济、结构以及政策因素影响。不同的是，作为中部地区煤炭大省的山西，煤炭资源给予其经济发展充足保障的同时也为经济转型做出了巨大贡献。在煤炭能源效率提升过程中，山西煤炭工业的改革进程直接对地区煤炭能效水平的提升形成了影响。因此，要实现整体能效水平的提升，一方面要把握主要影响因素，另一方面也要根据地区实际情况认识其他主要制约因素。

7.1.1.4 西部地区煤炭效率显著低于石油效率

西部地区经济发展、消费观念以及基础设施均处于滞后状态，煤炭资源长时间占据主导能源地位。21 世纪以来，随着国家节能环保政策的不断出台，煤炭消费比重有所下降，但目前仍处于 60%左右的较高水平。在煤炭消费、需求不断变化的过程中，煤炭效率也随之产生了一系列变动，具体情况如图 7－4所示。

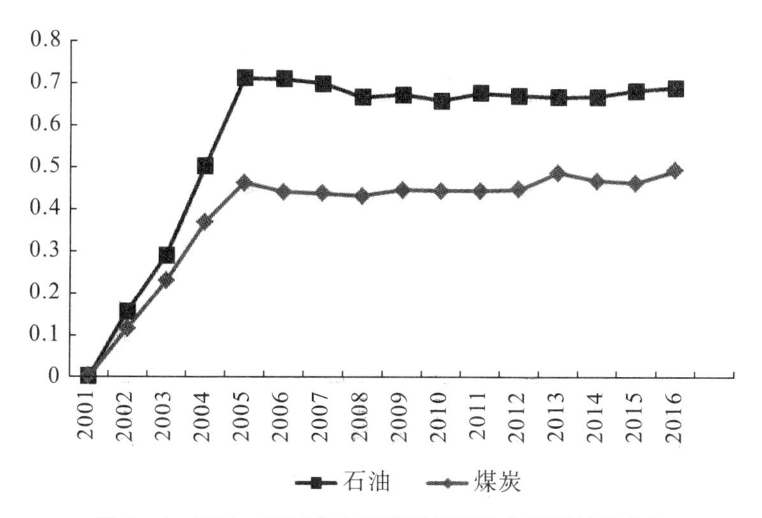

图 7－4　2001—2016 年间西部地区石油与煤炭效率变化

从图 7－4 可知，西部地区煤炭效率显著低于石油效率，但整体变化走势一致，均呈现出先增长后平稳的趋势。2001—2005 年间，西部大开发计划的提出，为地区科技水平提升、经济高质量发展以及产业转型升级提供了资金、技术以及政策保障，在此过程中煤炭能源效率得以显著提高，由 0.1142 快速增长至 0.4618。2006—2016 年间，传统高耗能产业、能源密集型产业逐步向西部地区转移；同时，受开放程度及资源限制，西部地区难以实现技术上的突破，进而导致能效提升难度大、速度慢，10 年间仅由 0.4401 增至 0.491。

综合来看，西部地区石油、煤炭能源效率水平的进一步提升均受到来自技术、观念以及资金方面的限制。正是由于地区经济发展较为滞后，地区经济开放程度较低，优势技术引进难度大，能源消费观念难以得到改善。因此，要实现西部地区整体能效水平的提升，解决发展问题是关键。

7.1.2 石油效率与电力效率对比

7.1.2.1 全国整体电力效率变化较为平稳

我国电力消费自改革开放以来就持续上升，总量跃升世界首位，为我国经济社会发展提供了坚实的基础和保障。随着经济逐步迈入“新常态”，电力消费规模、增长速度也随之产生一系列的变化，进而对电力效率水平产生了影响，具体变动走势如图 7—5 所示。

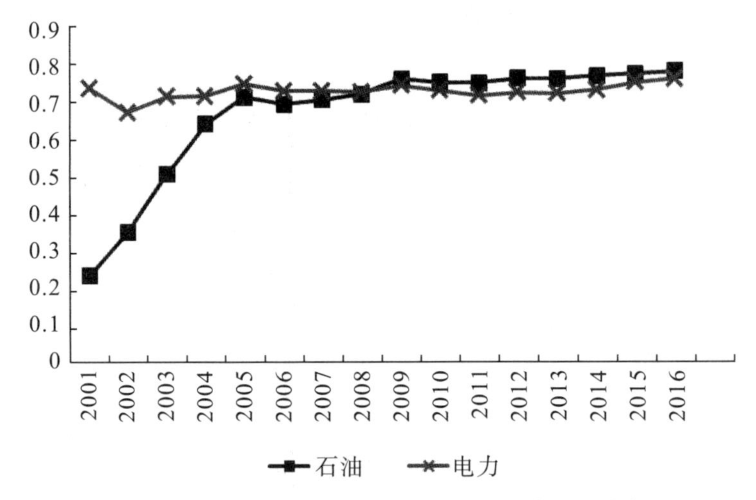

图 7—5　2001—2016 年间全国平均石油与电力效率变化

从图 7—5 可知，我国电力能源效率水平呈现出缓慢上升的趋势，目前略低于石油效率水平。21 世纪以来，随着我国加入世界贸易组织，投资、消费、贸易三驾马车协同发力，给予经济增长快速上升的动力，刺激全社会用电量大幅上升，增速总体呈现出倒“V”型走势。2001—2008 年间，受投资和出口的高速增长影响，经济快速增长，用电年均增长率达到 12.5%，电力高消费使得整体能耗强度提升，能源效率随之降低；同时，进出口贸易逐步放开为国内外技术交流提供了有利渠道，一定程度上减缓了能效的下降幅度，由 0.8119 微降至 0.8007。2009—2016 年间，受全球性金融危机及我国经济发展方式转变、产业结构调整等相关政策的影响，用电增速进入换挡期，年均增长率下降至7%，能源效率随之缓慢提升，由0.8204增长至0.8404。

从2001—2016年的电力能源消费构成的行业变化来看：电力在工业中的消费占比由74.33%下降到70.30%，在生活消费中的消费占比由10.93%增加为13.74%；煤炭在工业中的消费占比由90.95%上升为94.44%，在建筑业与批发零售业和住宿餐饮业中的占比有所增加，在交通运输、仓储和邮政业中的消费占比有所减少。与石油相比，电力在工业与生活消费中的消费占比较高，从而使得2016年的电力能效略低于石油能效。

综合来看，我国电力效率与石油效率基本处于同一水平，近几年均呈现出波动中缓慢上升的趋势，而两者面临的效率提升瓶颈问题则有所差异。对于石油来说，技术、资金、用能观念可能是最主要的影响因素。而对于我国电力效率来说，除上述影响因素外，还有更重要的影响源自电源侧、电网侧以及用户侧的电力系统冗余。缺乏合理、有效的规划以及市场机制的良好有序发展，使得我国电力系统整体利用程度较低，经济性和可靠性不能并存，进一步拉低了整体能效水平。

7.1.2.2 东部地区电力效率水平高于石油效率

东部地区既是全国经济中心，也是电力消费中心，其在我国电力消费领域首屈一指。而后受经济增速变化、产业结构调整以及宏观政策调控的影响，电力消费产生了巨大的变动，其效率水平也随之发生变化，具体情况如图7-6所示。

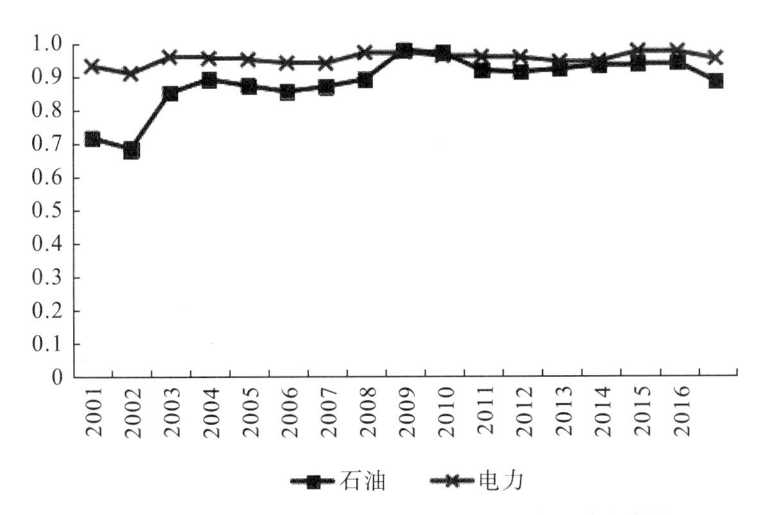

图7-6 2001—2016年间东部地区石油与电力效率变化

从图 7-6 可知，2001—2016 年间东部地区电力效率变化较为平稳，且整体水平较石油效率高。2001—2009 年间，东部地区用电增速高达 13%，电力高需求使得其整体效率提升受阻；同时经济快速增长为科技水平的提升创造、增添了动力，使得电力能效水平由 0.93 波动上升至 0.9726。2010—2016 年间，受经济下行形势及传统制造业转移的影响，用电量持续下降，用电增速持续低于全国平均水平；同时，在国际经济形势和国内宏观调控的双重影响下，东部地区产业面临调整，技术密集型产业的集聚为东部地区带来了充足的人才及资本，进一步促进了整体能效水平的提升。东部地区有完善的公共基础设施、产业配套体系以及雄厚的产业发展及人力资源优势作为保障，科技创新实力得以持续增强，但国际经济形势持续疲软，环保和资源限制为科学技术提出更高的要求，技术瓶颈随之出现，近几年随着电力行业投资放缓，能源效率也呈现出小幅下降的趋势。

综合看来，我国东部地区电力能源效率显著高于石油资源效率，尽管影响其变化走势的因素相差无异，但对于东部地区来说，较雄厚的经济基础和大规模的电力消耗，使其相关科学技术较为先进，一方面为能效水平提升提供技术保障，另一方面也增大了技术水平提升的难度。因此，要实现电力效率的提高，应当重点把握其技术瓶颈，实现技术突破，实现电力资源的合理规划。

7.1.2.3 中部地区近几年电力效率较石油有所下降

中部地区无论在经济发展水平、工业发展程度还是基础设施完善度上均较东部地区弱，且略强于西部地区，这一特征决定其能源消费结构及能源效率也处于中等发展水平。在绿色发展理念的指引下，中部地区逐步推进节能环保政策的实施，可再生资源及清洁能源发电得以大规模利用，电力消费占一次能源消费比重持续上升，能源效率水平也随之产生如图 7-7 的变化。

从图 7-7 可知，2001—2016 年间中部地区电力效率变化幅度较小，整体呈现出上升趋势，近几年能效水平略低于石油能源。2001—2011 年间，中部地区经济仍处于快速发展阶段，受产业转移、能源消费结构调整，经济高质量发展的要求，电力资源得以大规模利用，高耗能行业的聚集加大电力资源的消费利用程度，整体能效水平由 0.8474 缓慢降低至 0.8344。2012—2016 年间，经济的持续发展导致电力缺口持续增大，倒逼技术水平提升，同时“中部崛起计划”的逐步推进为电力的大规模利用提供了技术及资金支撑，进一步促进电力能效水平由 0.8469 上升至 0.9223。

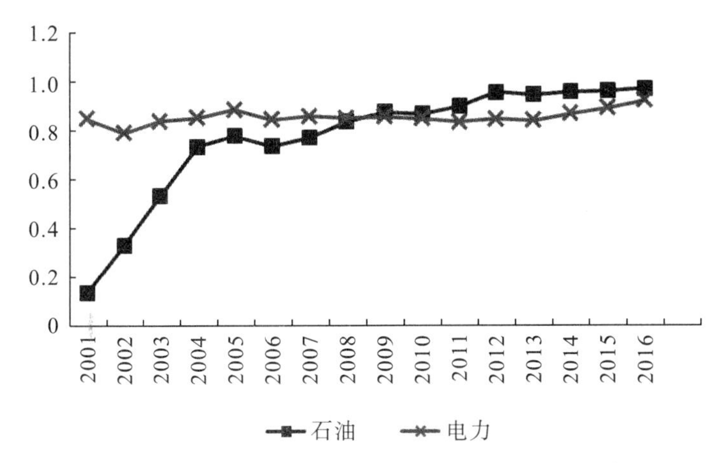

图 7-7 2001—2016 年间中部地区石油与电力效率变化

综合看来，国际国内产业转移及“中部崛起计划”对我国中部地区经济发展、科技创新以及能源消费均造成了不同程度的影响，进一步导致能源利用效率发生变化。在两大政策的影响下，中部地区石油、电力资源消费均呈现出缓慢上升的趋势；同时受资源及环境的约束，技术引进和创新的推动，其效率水平均实现了进一步提升，目前整体差异较小。

7.1.2.4 西部地区电力效率变化波幅较大

西部地区电力资源消费及需求均处于较低水平，整体能效水平也相对较低。21 世纪以来，受到“西电东送”工程的影响，西部地区电力需求及电力行业迎来新的挑战与机遇，能源效率也随之产生一系列变化，具体情况如图 7-8 所示。

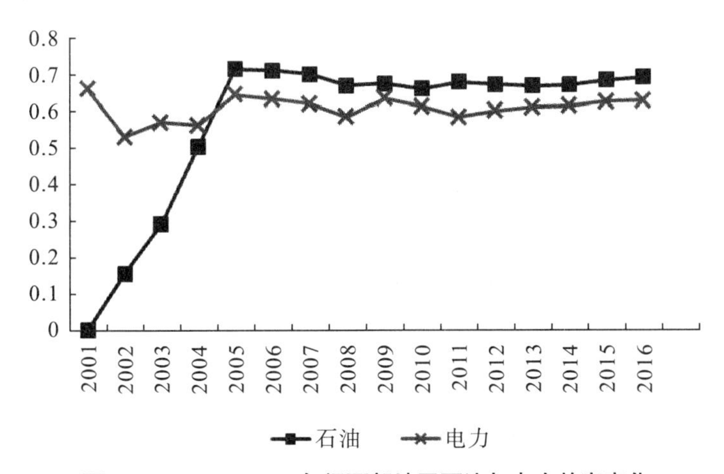

图 7-8 2001—2016 年间西部地区石油与电力效率变化

从图 7-8 可知，2001—2016 年间，西部地区电力能源效率前期波动幅度较大，后期逐渐平稳，呈现出小幅下降的趋势，且整体能效水平低于石油资源。自 2001 年“西电东送”项目投资建设以来，不仅缓解了东部地区电力缺口，更加推动了西部地区电力能源效率的提升乃至整个电力行业的进一步发展。“西电东送”工程的持续推进，一方面加强了东西部地区的区域性合作，拓展了相关科学技术的沟通交流渠道；另一方面扭转了西部地区原有的消费观念，为能效水平的提升扫清了障碍。此外，国内外经济形势的变化以及产业结构的调整也对西部地区电力能效造成了短期影响，但由于电力消费占比较小，因此，类似影响程度不大，持续时间较短，使得电力效率维持在 0.6200 左右的水平，且近几年呈现出缓慢上升趋势。

综合来看，2005 年以后，西部地区石油、电力能源效率均呈现出小幅波动，整体效率水平变化不大。这主要是由于西部地区对石油、电力资源的利用程度相对较低，同时受技术、资本、人才的限制，经济相对落后以及宏观政策调控重心的影响，整体能效提升难度较大。

较为短缺的石油资源拥有量，使得我国必须积极探索与发展新能源，集中力量推进煤炭资源清洁化利用技术的研发，进而减少资源耗费，降低污染排放，提高能源效率，实现经济高质量发展。从资源富足程度看来，在可预见的未来，仍然是以化石能源为主，并且将更多地依赖于天然气及非常规油气；可再生能源仍将维持较低水平，主要起辅助作用。无论从世界环境政策，还是公众能源消费观念的角度出发，加大节能增效政策的实施力度始终是推动经济可持续发展的首选。我国当前处于工业化后期，也是实施节能增效政策的关键期，在能源消费观念、经济增长模式及工业发展方式逐步转变的过程中，清洁能源及新能源得以不断探索、研发，以煤为主的能源消费结构即将面临转型。石油、天然气作为主要的替代能源，其消费量在未来很长一段时间内仍将保持增长态势。因此，加大油气能源相关技术研发，推动油气能效提升，对于实现我国能源消费绿色健康发展、经济高质量发展起着关键性作用。

7.2 天然气效率与煤炭、电力效率对比

在对我国全要素天然气能源效率的分析中，除了从时间和区域两个维度对其自身变化趋势进行分析外，还需结合我国全要素煤炭效率和电力效率进行对比分析。通过将天然气能源效率分别与煤炭效率、电力效率进行对比，更能深

刻地认识到天然气资源在我国能源结构中占据的地位变化和发挥的重要作用，也能为接下来我国煤炭效率和电力效率的可能变化方向提供重要依据。

7.2.1 天然气效率与煤炭效率对比

7.2.1.1 全国天然气与煤炭效率大幅度上升，高低地位交替变化

从全国平均来看，2001—2016 年我国的天然气效率与煤炭效率均呈现出大幅度上升趋势。2009 年以前，煤炭效率增长速度快于天然气效率，其值也高于天然气效率值。2009 年以后，煤炭效率增长速度低于天然气效率，其值也低于天然气效率值。截至 2016 年，全国平均的天然气效率值上升为 0.8082，比煤炭效率值高 0.0681。2001—2016 年全国天然气与煤炭效率变化如图 7－9 所示。

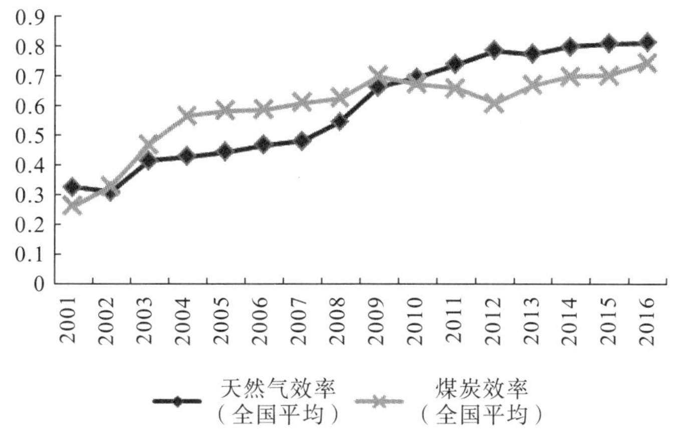

图 7－9 2001—2016 年全国天然气与煤炭效率变化

2001 年的天然气与煤炭效率都较低，主要是由于当时我国经济发展和能源发展正处于关键的转型期。西部地区落后的经济问题一直是当时的一大热点问题，为了振兴西部的发展，我国国务院成立了领导小组，实施“西部大开发”政策。这一政策的实施，使得天然气资源产量大幅度提高，随之管道运输的建设，更是在我国形成了“西气东输”“北气南下”的天然气新格局。在政策引导下，我国天然气效率在 2001 年超过了煤炭效率，2001 年的天然气效率值为 0.3226，高出煤炭效率值 0.0637。

作为一个煤炭资源丰富的大国，我国能源结构主要是以煤炭资源为主要消耗能源。虽然国家要求大力发展天然气，但是由于煤炭资源的基数太大，使得

我国煤炭总产量远超于天然气总产量，天然气的消费量也远低于煤炭的消费量。为了发展我国经济，第二产业增加值增长迅速，特别是一些高耗能行业，煤炭资源消费量在能源消费结构中的占比也逐年上升。故从 2002 年开始，全国平均的煤炭效率增幅大于天然气效率，煤炭效率值高于天然气效率值。截至 2009 年，全国平均的煤炭效率值约为 0.6952。

随着发展带来的环境污染问题愈加严重，“绿色发展”已成为全球性的发展趋势。我国也在“十一五”规划纲要中提出了“节能减排”的目标。作为我国能源消费中的“老大哥”——煤炭，控制其生产与消费已是重中之重。从 2009 年开始，全国平均的煤炭效率呈现出下降趋势；同年，天然气效率大幅度增长。随后，全国平均的天然气效率值均高于煤炭效率值。自我国经济发展迈入“新常态”，构建高级产业结构，优化清洁能源消费体系是我国发展的必然要求。相比煤炭而言，天然气作为一种“清洁能源”，一直有其独特的优势。

7.2.1.2 东部地区天然气与煤炭效率波动上升，天然气效率略高于煤炭效率

从东部平均来看，2001—2016 年的天然气效率与煤炭效率均呈现出波动上升的趋势。2009 年以前，天然气效率与煤炭效率的变化方向和幅度大致相同。2009 年以后，天然气效率缓慢上升，煤炭效率先降后升，天然气效率值略高于煤炭效率值。截至 2016 年，我国东部地区煤炭效率为 0.8814，同天然气效率相比还存在 11.86％的上升空间。2001—2016 年东部地区天然气与煤炭效率变化如图 7−10 所示。

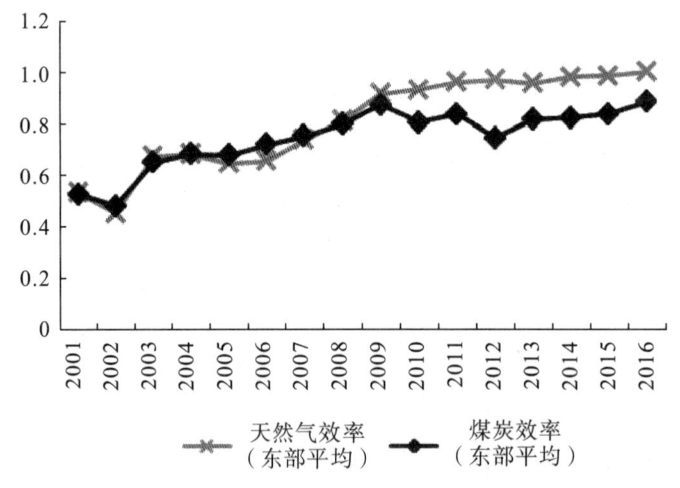

图 7−10　2001—2016 年东部地区天然气与煤炭效率变化

2001—2004 年的天然气效率与煤炭效率相差不大，都呈现出波动上升的状态。在这一时期，东部地区由于其独特的地理环境位置，通过其自身的发展，在对外贸易中引进大量的资金、设备和高新技术人才，从而使得我国天然气和煤炭效率均有所提升。2004—2008 年间，我国东部地区加大其制造业的发展投入力度，主要以煤炭为主要消耗能源的行业更是得到了快速发展；同时期，国外天然气相关研究技术取得重大突破，东部地区作为我国开放程度最高的地区，引进的先进天然气利用技术使得天然气利用效率也在不断提高。

2008 年后，为了应对全球金融危机对我国东部地区经济的冲击，东部地区产业结构升级的速度加快，通过不断淘汰高耗能产业，构建出高效、清洁的能源消费体系，天然气效率出现较大幅度的上升。相应地，煤炭效率出现下降的趋势。最近几年，由于我国天然气资源的短缺性以及煤炭资源相关技术的创新，使得东部地区的煤炭效率又有所提升。

7.2.1.3 中部地区天然气与煤炭效率走势与全国基本一致

从中部平均来看，2001—2016 年间其天然气效率与煤炭效率之间的关系近似于全国平均的天然气效率与煤炭效率之间的关系。2010 年以前，我国中部地区的煤炭效率高于天然气效率。2010 年以后，中部地区的天然气效率高于煤炭效率。截至 2016 年，我国中部地区的煤炭效率为 0.8478，比天然气效率低 0.1199。2001—2016 年中部地区天然气与煤炭效率变化如图 7-11 所示。

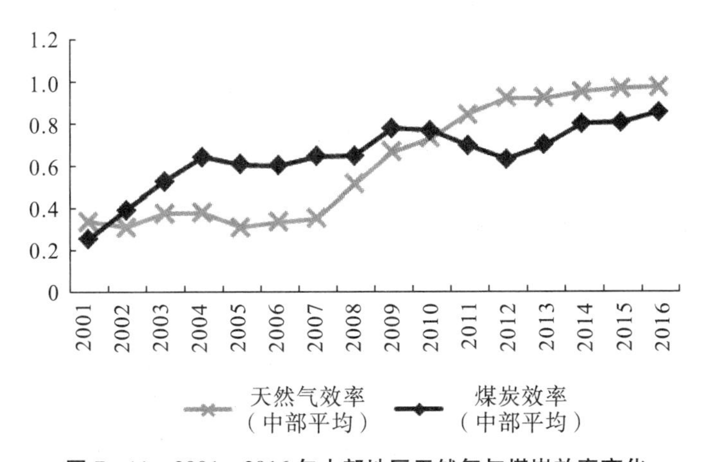

图 7-11 2001—2016 年中部地区天然气与煤炭效率变化

一方面，是由于中部地区的经济发展阶段的变化。2010 以前，中部地区的地区经济较不发达，地区生产总值总体较低。为了提高其地区生产总值，大力发展以工业和制造业为主的第二产业是必由之路。相应地，以高新技术和服务业为主第三产业发展较弱。随着经济发展到一定高度，一味地追求高经济增长反而阻碍了中部地区总体的发展，更加注重社会效益是进一步推动经济发展的必然要求。从能源自身特性出发，天然气作为一种清洁能源，比煤炭更加具有社会效益。同时，第三产业在产业结构中占比越来越大，对地区生产总值的拉动越来越强，天然气效率也随之上升。

另一方面，是由于天然气和煤炭价格的差异。随着天然气资源的勘探开发力度加强，可供利用的天然气也与日俱增。一般来说，天然气生产量的增加会导致其价格的下降。但是由于天然气资源生产地主要集中在西部地区，前期管道的建设还不完善，使得其运输到市场的成本较高，从而使得天然气价格相对较高。而煤炭相对天然气而言，其价格比较低廉，大力发展以煤炭为主要消耗能源的行业能为中部地区带来较高的经济收益。随着天然气生产和利用技术的不断创新，运输管道的覆盖地延伸到中部地区，天然气价格相对而言有所下降，再加之国家政策“节能减排”的要求，中部地区天然气效率不断提高，进而超过煤炭效率。

7.2.1.4 西部地区天然气波动上升，煤炭效率上升速度由快速变为缓慢

从西部平均来看，天然气效率和煤炭效率基本上都呈现出波动上升的趋势。2001—2010年间是西部地区的天然气效率和煤炭效率大幅度增长阶段，且煤炭效率增长幅度大于天然气增长幅度。2010年，西部地区的天然气效率由2001年的0.0366上升到0.4128，平均年增幅为30.89%；煤炭效率由2001年的近似“0”上升到0.4421，平均年增幅为154.13%。2011—2016年间是西部地区的天然气效率和煤炭效率缓慢增长阶段，这段时期的天然气效率虽高于煤炭效率，但两者相差较小。截至2016年，西部地区的煤炭效率为0.4910，天然气效率为0.5251。2001—2016年西部地区天然气与煤炭效率变化如图7-12所示。

西部地区是我国经济欠发达地区，虽然四川、重庆等省市的地区生产总值较高，但由于其他省（市、自治区）的地区生产总值过低，就总体水平而言，整个西部地区的生产总值远低于东部地区和中部地区。地区生产总值的状况影响了西部地区能源效率的提高程度。就产业结构而言，由于东部地区为了寻求自身更高层次的发展，以及西部地区人力资本的相对低廉性，许多低级制造业纷纷从东部地区转入西部，从而导致煤炭效率的上升。虽然西部地区在经济发

展上比较落后，但是西部地区作为我国天然气的一个主要生产地，天然气资源优势是其有望赶超的重要依据。随着天然气资源的生产量年年增加，量多价廉的天然气资源吸引了众多与天然气相关的产业入驻西部地区，天然气效率也相应提高，甚至超过煤炭效率。

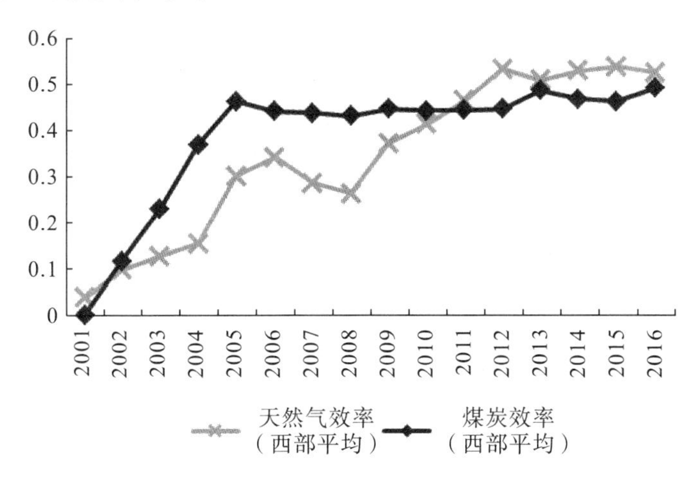

图 7－12　2001—2016 年西部地区天然气与煤炭效率变化

虽然西部地区的天然气与煤炭效率都有所提高，但就效率值而言，还存在较大的上升空间。这主要与西部地区天然气与煤炭能源的行业消费占比有关。四川作为我国西部地区较发达的主要省份之一，其天然气与煤炭能源的行业消费占比具有代表性。截至 2016 年，四川约五分之四的天然气主要集中利用在工业与生活消费领域，两者的天然气消费占比分别为 56.44％与 23.29％，交通运输、仓储和邮政业与批发零售业和住宿餐饮业较少，农林牧渔业与建筑业基本为“0”；煤炭基本运用在工业领域，仅工业中的煤炭消费占比就达到 96.98％，排名第二的生活消费也只占 2.08％，其他行业的煤炭消费占比更少。

7.2.2　天然气效率与电力效率对比

7.2.2.1　全国天然气效率波动上升，电力效率基于 0.8 水平小幅度上下波动

从全国平均来看，2001—2016 年间电力效率变化幅度较小，一直围绕 0.8000 上下波动。与电力效率相比，天然气效率的变化大致可分为两个阶段。第一个阶段是 2001—2012 年的大幅度增长阶段。2001 年的全国平均天然气效

率为 0.3226，电力效率为 0.8058，两者之间相差 0.4832。随着天然气效率的不断上升，其与电力效率的差距在不断缩小。2012 年的全国平均天然气效率为 0.7816，电力效率为 0.7913，两者之间仅相差 0.0097。第二个阶段是 2013—2016 年的缓慢增长阶段。这一阶段的天然气效率突破 0.8000，基本实现与电力效率持平。截至 2016 年，全国平均天然气效率为 0.8082，电力效率为 0.8308。虽然天然气效率与电力效率较高，但是还分别存在 19.18%与 16.92%的上升空间。2001—2016 年全国天然气与电力效率变化如图 7-13 所示。

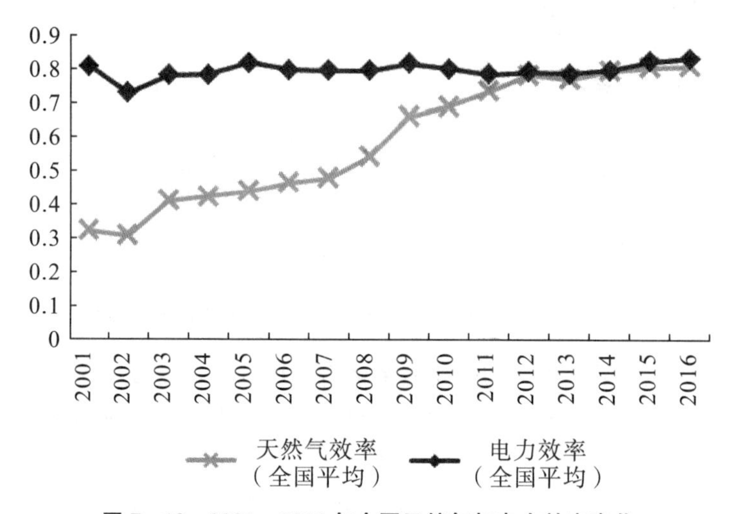

图 7-13　2001—2016 年全国天然气与电力效率变化

电力主要来源于火力发电、核能发电、水力发电、风力发电和太阳能光伏发电。其中，火电燃料容易获取，热机效率高，调峰较易实现，建设成本低，容易与冶金、化工、水泥等高能耗工业形成共生产业链。在我国工业化进程的关键时期，正是火力发电的特殊优势使得我国工业化水平得以提升，电力效率也相应保持在较高水平。随着全球气候变化，绿色发展成为时代的新主题，火力发电带来的污染问题越来越突出，影响着我国电力效率的变化。政策要求加大清洁能源的开发和使用，除天然气资源外，水力、风力和太阳能等基本对环境无污染的新能源的利用越来越受到重视。水电、风电和太阳能电等生产量和消费量的增加，削弱了火电对我国电力效率的负面影响，使其仍保持在一个较高水平。但是，由于新能源利用的经济成本较高，我国现有的技术还未能有效地控制，所以我国电力效率还存在上升的较大空间。

7.2.2.2 东部地区天然气与电力效率变化趋势与全国大体一致

从东部平均来看，天然气效率与电力效率的变化趋势以及相互之间的关系与全国平均的大体一致，但是在具体数据上有所区别。2001—2016 年东部地区天然气与电力效率变化如图 7－14 所示。2001 年，东部地区的电力效率为 0.9300，比全国平均高出 0.1242；天然气效率为 0.5311，比全国平均高出 0.2058。天然气效率与电力效率之间的差距为 0.3989，比全国平均的差距小。其主要原因在于东部地区的经济发展速度是我国所有地区中最快的，其所处的经济发展阶段也是最高的。东部地区天然气效率提升速度较全国而言也是比较快的，在 2009 年的时候，其便突破了 0.9000，达到 0.9134。同年，东部地区的电力效率为 0.9726，与天然气效率之间的差距缩减到 0.0592。2010 年开始，东部地区的天然气效率放慢了其增长速度，电力效率出现了小幅度的下降。次年，天然气效率超过了电力效率。截至 2016 年，我国东部地区的天然气效率达到了峰值“1”，电力效率为 0.9730。水能、风能和太阳能等新能源的开发利用与资源所处地理位置有关，相比而言，天然气管道的修建和 LNG 进口的大量增加扩大了其消费市场。“西气东输”工程的建设，更是方便了东部地区对天然气资源的利用，从而提高了其效率。

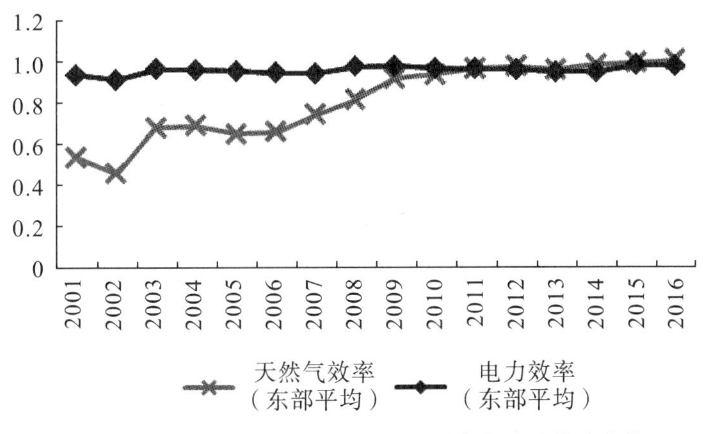

图 7－14 2001—2016 年东部地区天然气与电力效率变化

7.2.2.3 中部地区天然气与电力效率之间的差距不断缩小

从中部平均来看，2001—2016 年间的电力效率一直围绕着 0.8500 的水平上下波动。最低是在 2002 年，效率值为 0.7832，也是唯一一年低于 0.8000

的效率值；最高的是在 2016 年，效率值为 0.9204，也是唯一一年高于 0.9000 的效率值。2001—2016 年中部地区天然气与电力效率变化如图 7－15 所示。与电力效率相比，天然气效率的变化可大致分为三个阶段。

第一个阶段是 2001—2006 年的低水平阶段。这一阶段的天然气效率值较低，一直围绕 0.3500 的水平上下波动，与电力效率相差约 0.5000。第二个阶段是 2007—2010 年的快速上升阶段。2007 年开始，随着天然气管道在中部地区的覆盖范围越来越广，与天然气有关的产业不断兴起，东部制造业的转移使相关科学技术得以提升，原天然气效率低的省（市、自治区）的天然气利用效率不断上升，中部地区的整体生产总值突破性提高的同时，天然气效率也大幅度上升。2010 年的天然气效率与电力效率之间的差距缩小到 0.1233。第三个阶段是 2011—2016 年的小幅度增长阶段。2011 年，中部地区的天然气首次达到 0.8000，也是首次超过电力效率。之后，中部地区的天然气效率与电力效率同步上升，但是天然气效率的上升速度比电力效率快。

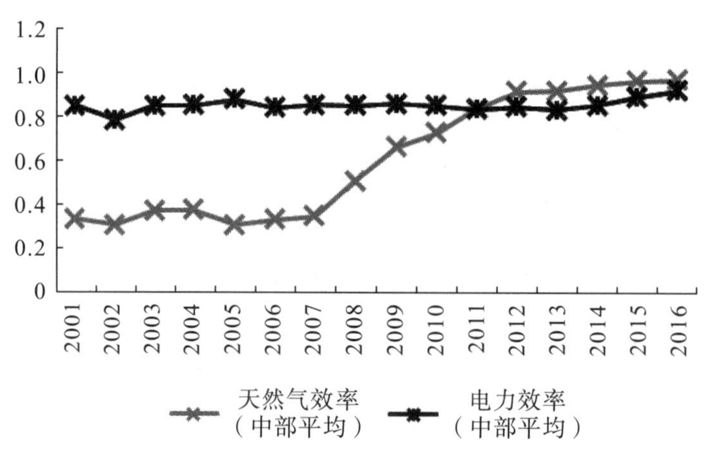

图 7－15　2001—2016 年中部地区天然气与电力效率变化

7.2.2.4　西部地区天然气与电力效率变化幅度较大，电力效率高于天然气效率

从西部平均来看，电力效率在 2001—2016 年间呈现出先波动下降后缓慢上升的趋势，与天然气效率之间的差距也在逐渐缩小，但是其效率值一直高于天然气效率值。截至 2016 年，西部地区的电力效率为 0.5991，较天然气效率高 0.0740。2001—2016 年西部地区天然气与电力效率变化如图 7－16 所示。

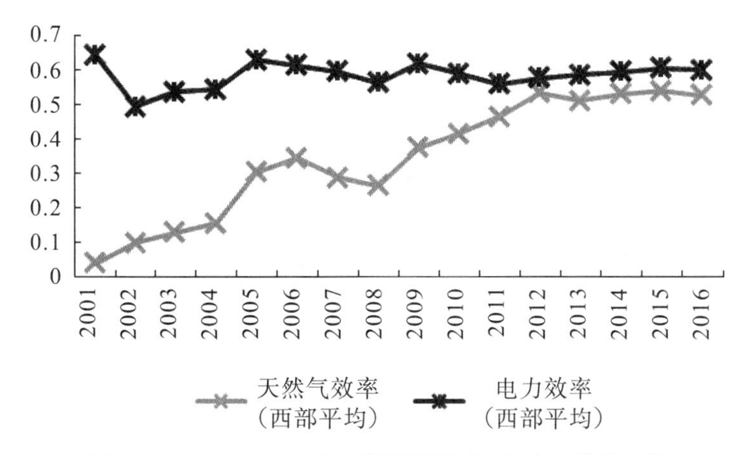

图 7－16　2001—2016 年西部地区天然气与电力效率变化

2001 年西部地区的电力效率为 0.6404，与天然气效率之间的差距最大，相差 0.6040。2001—2004 年间，电力效率波动下降，天然气效率不断上升，两者之间的差距开始缩小。2004 年西部地区的电力效率为 0.5414，与天然气效率之间的差距为 0.3895。2005—2009 年间，西部地区的电力效率和天然气效率皆呈现上升→下降→上升的趋势，且变化幅度大致相等，两者之间的差距变化幅度较小。2009—2012 年间，电力效率逐年下降，与之相反，天然气效率逐年上升，两者之间的差距也在不断缩小，在 2012 年达到最小，相差仅 0.0416。2012 年以后，西部地区的电力效率有所回复，缓慢上升，天然气效率波动下降，二者之间的差距又开始扩大。

西部地区除了是我国天然气资源的主要生产地之外，其风能和太阳能资源也比较丰富。作为清洁能源，天然气与风能和太阳能相比，具有不可再生性。风电和太阳能电使用效率的提高，使得西部地区电力效率得以提升。但是就整体而言，西部地区的电力效率还存在 40.09％的较大上升空间，主要原因在于新能源的相关技术有待创新和提高。继续充分利用丰富的可再生资源来发展地区经济是西部地区未来主要的发展方向。

7.3　石油与天然气效率对比

7.3.1　全国石油与天然气效率均在上升，两者差距先拉大后缩小

从全国平均来看，石油与天然气效率皆呈现出上升的趋势。2001—2016

年全国石油与天然气效率变化如图 7－17 所示。2001—2005 年间，石油效率大幅度上升，同时期的天然气效率虽也在上升，但上升速度缓慢，两者之间的差距逐渐拉开，于 2005 年差距达到最大。2005 年的石油效率为 0.7862，比天然气效率值高 0.3464。这一时期是我国产业结构转型的重要时期，石油作为重要的战略资源，其在现代化进程中的重要性不言而喻，其利用效率的提高是经济发展到高级阶段的必然要求。2005 年以后的石油效率虽然变化幅度较小，但仍是上升趋势，且其值一直高于天然气效率值；天然气效率也不断上升，2007—2012 年间的上升速度比较快，其与石油效率之间的差距也在不断缩小，于 2016 年达到最小，相差仅 0.0583。截至 2016 年，全国平均的石油效率为 0.8665，天然气效率为 0.8082，分别存在 13.35％和 19.18％的上升空间。

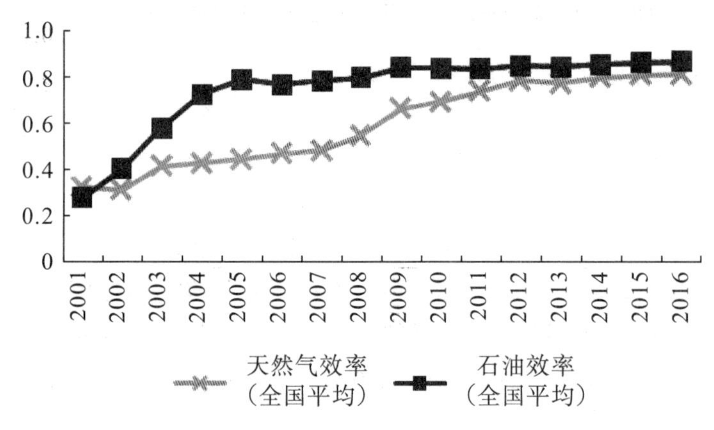

图 7－17　2001—2016 年全国石油与天然气效率变化

7.3.2　东部地区石油与天然气效率走势基本一致

从东部平均来看，石油效率与天然效率呈现出波动上升的趋势，且二者走势基本一致。2001—2016 年东部地区石油与天然气效率变化如图 7－18 所示。2001—2005 年间，东部地区的石油和天然气效率变化趋势为下降→上升→下降，且二者变化幅度相当，石油效率比天然气效率高，其值的差距也保持在 0.2000 的水平。2006—2010 年间，东部地区的石油和天然气效率均有所上升，但天然气效率的上升的速度快过石油效率上升的速度，二者之间的差距也在不断缩小。2010 年东部地区的石油效率为 0.9694，天然气效率为 0.9392，石油效率仅比天然气效率高出 0.0302。2011 年开始，东部地区的石油效率出现小幅度下降，天然气效率虽然变化幅度较小，但是仍在增长，天然气效率也首次超过了石油效率。2011—2016 年间，东部地区的石油效率小幅度波动，先降后升；天然气效率缓慢增长，其值一直大于石油效率值。截至 2016 年，东部地区的天然气效率已达到峰值“1”，石油效率为 0.9386，还存在 6.14%的上升空间。东部地区一直是我国的经济发展重要区域，其对石油资源的需求也比较大。但是，我国消耗的石油资源对外依赖程度高，威胁着我国经济命脉行业的发展。天然气利用效率的提高，在一定程度上减少了我国石油在能源消费结构中的占比，有利于保障我国能源安全。

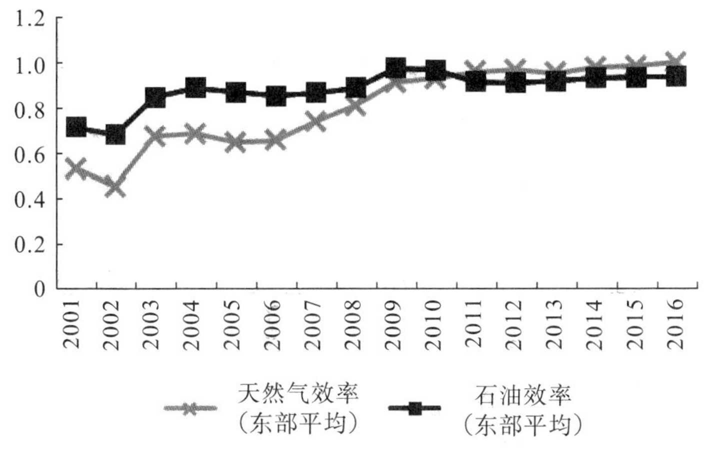

图 7−18　2001—2016 年东部地区石油与天然气效率变化

7.3.3　中部地区石油与天然气效率的变化趋势与全国类似

从中部平均来看，其石油与天然气效率的变化趋势与全国类似，2001—2016 年中部地区石油与天然气效率变化如图 7−19 所示。2001 年中部地区的天然气效率为 0.3336，石油效率为 0.1159，比天然气效率低 0.2177。之后，石油效率大幅度上升，于 2005 年达到 0.7770，同时期的天然气效率则是在波动中下降，2005 年的效率值为 0.3025，两者之间的差距也在这一年达到最大，相差 0.4745。石油效率的大幅度增加源于其自身在工业化进程中的特殊性是无法取代的，中部地区的经济命脉行业离不开石油资源。2006 年开始，石油效率的增长速度放缓，天然气效率的上升幅度较大，二者之间的差距也在逐年缩小。2015 年天然气效率首次超过石油效率。天然气利用效率的提高，主要是受地区产业结构和能源消费结构的影响。产业结构向高级化发展，能源消费结构向高效、低碳、清洁化发展都离不开天然气利用效率的提高。截至 2016 年，中部地区的石油效率为 0.9713，天然气效率为 0.9677。

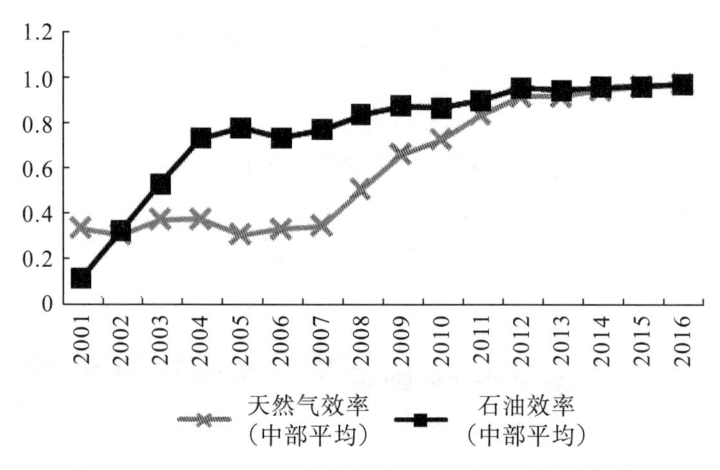

图 7-19　2001—2016 年中部地区石油与天然气效率变化

7.3.4　西部地区石油效率高于天然气效率

从西部平均来看，石油与天然气效率大体呈上升趋势，且石油效率高于天然气效率。2001—2016 年西部地区石油与天然气效率变化如图 7-20 所示。2001 年，西部地区的石油效率近似为“0”，这主要是因为当时西部地区石油资源的稀缺以及输油管道工程建设的不完善；天然气效率为 0.0366，这是唯一一年其值高于石油效率值。2001—2005 年间，石油效率大幅度上升，其值也超过同期的天然气效率，天然气效率虽然也在上升，但相对石油效率而言，上升幅度较低。2005 年西部地区的石油效率为 0.7121，比天然气效率高 0.4125，两者之间的差距达到最大。2005—2008 年间，石油效率与天然气效率有所下降，且下降幅度相当，差距基本维持在 0.4000 水平。

2008—2012 年间，石油效率与天然气效率均在上升，但天然气效率的上升速度快于石油效率的上升速度，二者的差距也在不断缩小。2012 年的差距为 0.1415，达到最小。一方面是由于相对石油而言，天然气作为一种清洁能源，加大其使用有利于改善环境污染问题；另一方面，天然气作为一种民生性资源，其价格的降低势在必行，价格的降低在一定程度上能提高其消费量，从而提高其效率。2012—2016 年间，石油效率仍在缓慢上升，天然气效率却在缓慢下降，两者之间的差距也逐渐拉大。截至 2016 年，西部地区的石油效率为 0.6896，天然气效率为 0.5251，相差 0.1645。虽然从整体来看，西部地区的石油与天然气效率均大幅度上升，但仅就效率值而言，二者的上升空间仍然很大。

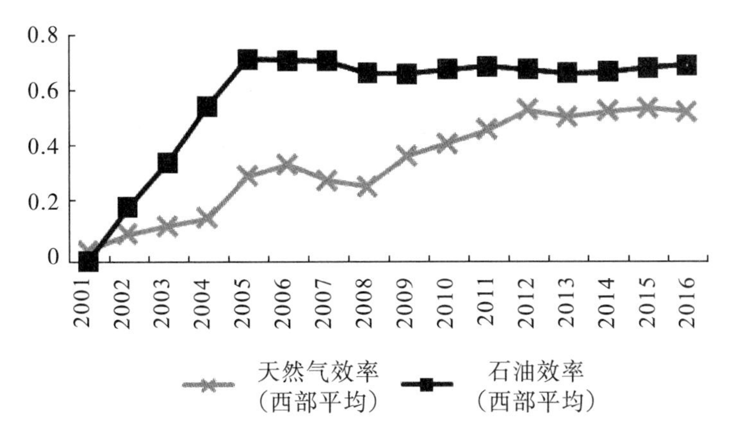

图 7-20　2001—2016 年西部地区石油与天然气效率变化

我国石油资源除了在开采与提炼过程中有所消耗外，主要作为燃料应用于航天、航空、航海、汽车等领域。虽然天然气与新能源等替代燃料的出现，对其造成了一定的冲击，但不可否认的是，未来几十年我国社会经济的发展仍离不开石油，特别是化石国防安全领域。面对我国石油资源的短缺以及较高的对外依存度这一现状，我们应不断通过科技手段提高石油效率。我国天然气作为一种民生性资源，在我国国民生活中占据较大比重。近两年，我国天然气生产速度明显低于消费速度，对外依存度也在不断提高，为了保障天然气供应安全，满足居民生活用气需求，通过科技手段提高其利用效率也势在必行。

8 绿色发展视角下中国油气能源效率优化调整对策建议

8.1 油气能源供给侧

8.1.1 石油能源供给侧优化对策

8.1.1.1 加大国内陆上原油勘探开发力度

我国原油生产区域分为陆上和海洋，目前陆上原油占我国原油生产总量的绝大部分。2017 年我国原油产量为 1.91 亿吨，其中陆上原油产量为 1.42 亿吨。我国陆域石油资源主要集中分布在渤海湾盆地、松辽盆地、塔里木盆地、鄂尔多斯盆地、准噶尔盆地、珠江口盆地、柴达木盆地和东海陆架八大区域，这八大区域的可采资源占全国可采资源的 81%。其中渤海湾盆地及松辽盆地的探明程度达到了 50%，但勘探难度较大，对于技术和设备的要求较高。在剩余的可采储量中，优质资源严重不足，稠油和埋深大于 3500 米的超 50%，主要分布在东部地区和西北地区。总体来看，陆上石油勘探难度逐渐增大，地表及地质条件复杂的地区已经成为勘探的重点。我国现存的老油田已进入高含水、高采出阶段，其综合含水率高于 80%，平均采出程度大于 65%。陆上原油产量呈递减趋势，开发难度逐渐增大，对开采工艺要求越来越高。

中国第三次油气资源评价结果表明：我国陆上石油远景资源量 934 亿吨；陆上石油地质资源量 658 亿吨；陆上石油可采资源量 183 亿吨，探勘程度处于中期[①]。《2017 年中国土地矿产海洋资源统计公报》表明：2016 年末我国陆上

① 《中国第三次油气资源评价结果》，http：//www.cngascn.com/resource/201010/21228.html。

石油资源查明储量为35.01亿吨[①]。上述数据均表明我国有丰富的石油资源储量，具备很强的增产潜力。对东部地区老油田应尽量提高采收率，加深东部挖潜，尽可能减缓剩余可采储量和产量的下降；应加大对西部地区的勘探开发力度，力争保证储量与产量均上升的势头，实现石油产区的战略转移。

8.1.1.2 重点开发海洋石油资源

我国是海洋大国，大陆海岸线长达18000多公里，专属经济区与大陆架面积约300万平方公里，相当于陆地面积的1/3，海洋油气资源在我国能源领域所占的比重越来越大，海洋石油的勘探开发也成为中国海洋经济的支柱产业，2017年我国海洋原油产量4886万吨，占当年度原油总产量25%。随着世界经济的发展，能源需求不断增加，在市场需求压力和高油价的驱使下，未来全球海洋油气勘探开发将持续较快增长，勘探开采作业海域范围和水深将不断扩大。深水、超深水海域，勘探程度低，油气资源丰富，潜力大，继续成为全球油气勘探热点。按照中国第三次油气资源评价结果：我国近海石油远景资源量152亿吨；近海石油地质资源量107亿吨；近海石油可采资源量29亿吨，勘探程度处于早期，海洋探明率仅有12.1%，远低于世界平均73%的探明率和美国75%的探明率，勘探开发潜力巨大。目前，中国海洋的开发主要集中在渤海、黄海和南海珠江口，对于南海其他地区并没真正开发。中国国土资源部初步统计，整个南海的石油地质储量大概在230亿吨至300亿吨之间，约占中国资源总量的1/3，开发潜力十分巨大，因此南海也被誉为第二个“波斯湾”，其中70%的资源蕴藏于深海区域。

8.1.1.3 健全石油多元化海外供应体系，多元化进口石油

2018年我国生产原油1.89亿吨，比2017年下降1.3%，全年进口原油4.18亿吨，对外依存度达到70%。2018年对中国出口原油最多的十个国家分别为俄罗斯、沙特阿拉伯、安哥拉、伊拉克、阿曼、巴西、伊朗、科威特、委内瑞拉、美国，这十个国家全年对中国出口原油3.34亿吨，占中国进口原油总量的80%。从进口来源来看，中国进口石油相当部分来自中东地区。2018年我国从中东地区进口原油1.81亿吨，占进口总量的43%；从非洲进口原油7480万吨，占进口总量的18%；俄罗斯成为我国原油进口的第一大国。具体

① 《2017中国土地矿产海洋资源统计公报》，http://gi.mlr.gov.cn/201805/t20180518_1776792.html。

数据如表 8−1 所示。

表 8−1　2018 年我国主要原油进口国

进口来源国家	进口原油数量（万吨）
俄罗斯	6445.48
沙特阿拉伯	4976.58
安哥拉	4304.21
伊拉克	4137.41
阿曼	3037.01
巴西	2880.48
伊朗	2713.39
科威特	2161.36
委内瑞拉	1547.82
美国	1228.07
刚果（布）	1117.79
阿联酋	1059.23

数据来源：中国海关官网。

我国石油进口路线可以分为非洲航线、中东航线、东南亚航线、拉美航线、巴西航线、东北通道和西北通道七大石油运输路线。非洲航线又可以分为北非、西非和南非三条航线。北非航线通过北非、苏伊士运河、亚丁湾、马六甲海峡、南海进入中国，西非航线通过西非、好望角、马六甲海峡、南海通往中国，南非航线则通过南部非洲、马六甲海峡、南海到达中国。中东航线通过中东地区、波斯湾、霍尔木兹海峡、马六甲海峡、南海通往中国。东南亚航线则通过东南亚、马六甲海峡、南海通往中国。拉美航线则通过巴拿马运河、太平洋到达中国。巴西航线通过巴西、好望角、马六甲海峡、南海到达中国。东北通道则主要从俄罗斯通过陆上石油管道、铁路以及海上通道到达中国。西北通道则主要从里海、中哈石油管道达到中国。另外，还有中缅石油通道，该通道起点是缅甸马德岛，在云南瑞丽进入中国，途经贵州安顺，最后到达重庆。

总体来看，我国石油进口主要依靠中东和非洲，但是近年来对东北通道、拉美航线、巴西航线以及东南亚航线的依赖程度在不断提高。2000 年，我国进口的 55.9％和 25％的石油分别通过中东航线和非洲航线，其他航线占比较低。到 2017 年，我国进口的 44.8％和 20.3％的石油分别通过中东航线和非洲航线，可见对这两个航线的依赖程度已经大大下降。对于东北通道，从2000年的2.2%提高到了2017年的14.7%，对拉美航线的依赖程度从不足1%上升到了2017年的8.7%，对巴西航线的依赖从2000年的0.3%提高到了2017年的5.7%。根据全球石油生产趋势，随着我国对中东、非洲以外航线的依赖程度不断提高，我国石油进口渠道多元化水平也会不断提高。

8.1.1.4 加强战略石油储备

战略石油储备制度诞生于第一次石油危机，在第二次石油危机期间得到加强，并在之后的历次石油价格暴涨暴跌中不断成熟和完善。1973年的第一次石油危机期间，欧佩克组织（OPEC）通过控制产量，并对西方发达国家实行石油禁运，使得国际原油价格从每桶3美元暴涨至每桶11美元以上，上升近3倍，使严重依赖石油进口的西方发达国家发生社会骚乱，大大加大了西方大国国际收支赤字，最终引发了第二次世界大战后最大的一次经济危机，西方发达国家开始意识到石油供应过分依赖进口是其经济“软肋”。在1974年，经合组织（OECD）国家联手成立了国际能源署（International Energy Agency，IEA），要求成员国至少要储备60天进口量的石油，以应对石油危机，这被称为应急石油储备。石油储备包括政府储备和企业储备两种形式，其中政府储备也被称为战略石油储备，在必要的时候成员国之间应该互相提供储备支持。随着石油储备制度逐步完善，石油储备规模进一步扩大。第二次石油危机期间，油价从每桶13美元上升至40美元以上，进一步凸显了石油依赖经济体面对油价危机的脆弱性。IEA要求成员国把石油储备增加到90天进口量。

西方发达国家通过应急石油储备，一是有效地削弱了石油生产国以石油为武器对西方国家的威慑，使人为的供应冲击不至于影响短期的经济稳定和社会稳定；二是在真正发生供应危机时，通过释放原油储备，平抑危机风险，将石油供应冲击的影响降到最小，确保了自身经济和政治稳定。可以说，应急石油储备已成为西方国家重要和有效的能源保护措施和经济武器。

20世纪80年代西方国家刚建立应急石油储备时，我国也有相关的学者和专家认为，中国应该建立自己的战略石油储备。但由于那时我国石油处于供大于求的阶段，为石油出口国，国家层面对石油供应的短缺或中断的危机感并不强烈，那时很难预料到中国未来的石油需求会如此快速增长，成为世界上最大的石油进口国，因此，这个提议并没有引起特别重视而付诸实施。

1993年是我国能源供需变化的重大分水岭。由于经济的持续快速发展，原油进口急剧增加，在这一年我国由原油出口国转变为原油进口国，结束了大

庆油田发现以来，我国实现石油自给并略有盈余出口 30 年的历史。此后，原油进口量不断跨上新台阶。2004 年首次突破 1 亿吨大关，2009 年突破 2 亿吨，2014 年突破 3 亿吨，2018 年中国进口原油 4.62 亿吨，对外依存度 70%。正是在这种急剧变化的能源发展格局下，建立我国战略石油储备的必要性和迫切性日益凸显。

2002 年，国务院总理办公会听取并审议批准了《国家计委关于建立国家石油储备实施方案的请示》（计综合〔2002〕2082 号），标志着我国从此正式启动国家石油储备基地建设。

相关数据表明，美国目前的战略储备足以支持 149 天的进口量，日本的战略储备接近 150 天，德国的战略储备为 100 天。截至 2016 年，中国建成舟山、舟山扩建、镇海、大连、黄岛、独山子、兰州、天津及黄岛国家石油储备洞库共 9 个国家石油储备基地，上述储备库加上部分社会企业库容，储备原油 3325 万吨。据测算，目前中国原油储备只相当于不足 40 天的石油净进口量，与发达国家有较大差距，我国应加强战略石油储备库建设，在油价低迷时期大量进口原油入库储备。

8.1.2 天然气能源供给侧优化对策

8.1.2.1 加大国内勘探开发力度

我国天然气资源丰富，截至 2015 年底我国常规天然气地质资源量 68 万亿立方米，累计探明地质储量约 13 万亿立方米，探明程度 19%，处于勘探早期[①]。2017 年中国生产天然气 1492 亿立方米，消费天然气 2404 亿立方米，采储比 38。目前国内天然气的勘探开发以中国石油天然气集团公司（中石油）、中国石油化工集团公司（中石化）和中国海洋石油总公司（中海油）三家公司为主，中石油天然气产量占全国产量的 75%左右，中石化天然气产量占全国产量接近 15%，中海油天然气产量占全国产量的 10%。在“海陆并进，常非并举”的发展战略下，我国陆续建成了塔里木、鄂尔多斯、四川和海域四大天然气生产基地。

目前国内天然气勘探开发存在的主要问题是投入不足。国内天然气资源丰富、探明率低，处在勘探早期，具备快速增储上产的物质基础，但是由于地质工作程度和资源禀赋不同，油气领域勘探开发主体较少，区块退出和流转机制

① 国家发展和改革委员会：《天然气发展“十三五”规划》。

不健全，竞争性不够等原因，石油公司的勘探主要集中在资源丰度高的地区，对于新区新层系风险勘探和页岩气等非常规资源勘探投入严重不足。国内一些企业通过“走出去”已获得国外区块，积累了技术和管理经验，但国内准入仍存在诸多限制，制约了多元资本投入[①]。。

对于天然气产业上游，国家应深化油气勘查开采管理体制改革，尽快出台相关细则，鼓励油气企业增加勘探开发投入，鼓励更多的企业进入天然气勘探开发领域，具体措施有：①开放天然气勘探开发领域，鼓励支持社会资本进入该领域。②对于油气勘察区严格执行区块退出机制，全面实行区块竞争性出让，鼓励企业之间以市场化方式转让矿业权。③完善矿业权转让、储量及价值评估等规则。④建立完善油气地质资料公开和共享机制，建立已探明未动用储量加快动用机制。⑤鼓励各类型企业合资合作开发天然气资源。⑥国家统筹规划天然气开发战略，统筹平衡天然气勘探开发与生态环境保护，引导企业加大勘探开发投入，确保增储上产见实效，确保天然气供应安全。

8.1.2.2 健全天然气多元化海外供应体系

2017 年中国生产天然气 1492 亿立方米，消费天然气 2404 亿立方米，对外依存度 37.9%，并呈上升趋势。能源发展“十三五”规划提出，在“十三五”期间，我国将形成国产常规气、非常规气、煤制气、进口液化天然气、进口管道气等多元化的供气来源和形成“西气东输、北气南下、海气登陆、就近供应”的供气格局。中国进口天然气分为液化天然气与管道天然气。管道天然气方面，目前有三条进口管道天然气的主要通道，分别是从中亚进入新疆运输至东部地区，从缅甸进入云南运输至川渝地区，从俄罗斯进入黑龙江再向南运输，具体路线如表 8-2 所示。2017 年天然气进口量为 6934.47 万吨，其中管道天然气进口 3105.92 万吨，同比增长 8.78%。由于现有天然气管网建设滞后、储气库基础设施不足等，进口管道设计运输能力远未充分利用，进口增长有限；以中缅管道为例，2016 年进口总量 40.9 亿立方米，仅达到设计能力每年进口 120 亿立方米的三分之一。

① 国家发展和改革委员会：《天然气发展“十三五”规划》。

表 8—2　中国天然气进口管道

天然气管道名称		气源	管长（千米）	设计年进口量（亿立方米）	建成时间
中亚线	A线	土库曼斯坦 乌兹别克斯坦 哈萨克斯坦	1833	150	2009.12
	B线		1833	150	2010.1
	C线		1830	250	2014.5
	D线		1000	300	“十三五”期间
中缅线		缅甸	2520	120	2013.7
中俄线	东线	俄罗斯	4000	380	2020
	西线	俄罗斯	/	300	2020

数据来源：国家发展和改革委员会、新华社、《中国能源报》。

液化天然气方面，进口主要依赖沿海地区建立的液化天然气（LNG）接收站。截至 2017 年 9 月，全国累计投产 14 座 LNG 接收站，接收能力 5190 万吨/年，约 723 亿立方米/年，如表 8—3 所示。2017 年我国进口液化天然气量为 3828.55 万吨，占当年度进口天然气总量的 55%，较 2016 年增长 28.11%。由于 LNG 运输灵活、调配方便，所以增长较快，成为目前我国冬季天然气市场供应主力。

表 8—3　现有 LNG 接收站

建设企业	接收站所在地	设计接收能力（万吨/年）	投产时间
中海油、BP	深圳大鹏	680	2006.6
中石油	江苏如东	650	2011.5
中石油	唐山曹妃甸	650	2013.11
中海油	福建莆田	630	2008.4
中海油、粤电集团	珠海金湾	350	2013.1
中石化	广西北海	300	2016.4
中海油、中能集团	上海洋山	300	2009.1
中石油	辽宁大连	300	2011.3
中海油	浙江宁波	300	2012.3

续表

建设企业	接收站所在地	设计接收能力（万吨/年）	投产时间
中海油	海南洋口	300	2014.8
中石化	青岛董家口	300	2014.11
中海油	天津浮式	220	2016.12
九丰集团	东莞九丰	150	2012.6
广汇能源	江苏启东	60	2017.5

数据来源：国家发展和改革委员会、国家能源局、中石油官网、中石化官网。

对于天然气进口市场，国家应出台相关政策扶持和鼓励企业建设 LNG 接收站，具体措施如下：①允许社会资本以不同方式进入建设 LNG 接收站领域。②鼓励支持企业多方面多渠道开拓 LNG 进口来源。③鼓励支持企业与天然气出国口签订长期合约，锁定 LNG 价格，避免 LNG 价格大幅度波动影响天然气供应。④加快建设天然气输气管道，使管道运输能力能得到充分发挥。

8.1.2.3 构建多层次储备体系

天然气储备分可分为 LNG 储罐和地下储气库两种。LNG 储罐是天然气以液体形式储存，地下储气库是将天然气重新注入地下空间而形成的一种人工气田或气藏。与地面 LNG 储罐等方式相比较，地下储气库具有以下优点：储存量大，机动性强，调峰范围广；虽然造价高，但是经久耐用，使用年限长达 30 年以上；安全系数大，安全性远远高于地面设施。目前世界上典型的天然气地下储气库类型有 4 种：枯竭油气藏储气库、含水层储气库、盐穴储气库、废弃矿坑储气库。

目前我国的储气库运营商有中石油和中石化两家，已投运的储气库在环渤海、长三角、西南、中西部、西北、东北和中南地区均有分布，其中 24 座分布在长江以北地区。截至 2017 年 9 月共建成 LNG 接收站 14 座，总接收能力达 5190 万吨/年；已核准在建的 LNG 接收站 16 座，总接收能力达 9290 万吨/年。在天然气储备方面，我国的储备规模与发达国家有较大差距。截至 2014 年底，全国建成的地下储气库调峰能力仅占天然气年消费量的 1.7%，距世界平均 10%有较大差距，而部分发达国家和地区的调峰应急储备达到年消费量的17%～25%[①]。2018年国务院出台的《关于促进天然气协调稳定发展的若干意见》明确指出：建立以地下储气库和沿海液化天然气（LNG）接收站为主、重点地区内陆集约规模化LNG储罐为辅、管网互联互通为支撑的多层次储气系统。供气企业到2020年形成不低于其年合同销售量10%的储气能力，城镇燃气企业到2020年形成不低于其年用气量5%的储气能力，各地区到2020年形成不低于保障本行政区域3天日均消费量的储气能力。同时，加快放开储气地质构造的使用权，鼓励符合条件的市场主体利用枯竭油气藏、盐穴等建设地下储气库。

有鉴于此，各级政府应尽快出台细则，让政策落地，鼓励支持企业建设LNG接收站和地下储气库，构建多层次的天然气储备体系，提高我国天然气的储备能力，尽快达到世界平均水平。针对我国的实际情况，可以考虑由国家和企业联合建立储备，具体措施有：①出台相应政策，鼓励支持企业建立天然气储备。以国家和企业按一定比例联合出资的方式，投资地下储气库建设，并对储备量达标的企业进行奖励或补贴。②鼓励支持企业建设商业型季节性储气库和调峰储气库。在一些重要城市附近，由国家投资建设战略或应急储气库。当天然气价格逐步市场化以后，企业的商业储备不仅可以用于应急，还可以通过季节性的买进和卖出获得利润，或通过适时的释放和注入途径，平抑天然气价格波动。

8.1.2.4 强化天然气基础设施建设与互联互通

天然气基础设施包括天然气输送管道、储气、设施、液化天然气接收站、天然气液化设施、天然气压缩设施及相关附属设施等[②]。天然气基础设施是一个系统，每个环节有着紧密联系，在建设时必须通盘考虑，予以整体把握。目前我国的天然气基础设施建设基本成体系，但仍有许多不足之处，比如天然气管道建设不足，LNG接收站建设不足等。2013年国务院印发《大气污染防治行动计划》，提出：加快清洁能源替代利用，加大天然气、煤制天然气、煤层气供应，优化天然气使用方式，新增天然气应优先保障居民生活或用于替代燃煤。天然气作为清洁能源，未来的需求会持续不断增加，占能源消费的比例还会持续提升，这些都有赖于天然气基础设施的建设。国家应继续出台政策，鼓

---

① 魏欢、田静、李波等：《中国天然气储气调峰方式研究》，《天然气工业》2016年第8期，第145～150页。

② 国家发展和改革委员会：《天然气基础设施建设与运营管理办法》。

励支持企业加快建设天然气管道和LNG接收站等项目建设，开展天然气管道互联互通重大工程；简化审批手续，缩短审批周期；积极发展沿海、内河小型LNG船舶运输，扩大企业自主权；推动天然气管网等基础设施向第三方市场主体公平开放，激发市场活力。

8.1.2.5 建立完善天然气供应保障应急体系

天然气能源在工业领域和居民生活领域都有着十分重要的作用。受气温影响，天然气有着季节性的波峰波谷波动。在冬季取暖期，某些地区会出现天然气供应缺口，既使采取减限工业用户及启用应急调峰设施补充供给等措施，仍有可能出现居民取暖用气断供的可能，保障供应压力极大。我国应尽快完善天然气供应保障应急体系，发挥煤电油气保障工作部际协调机制作用，具体措施包括：①国家牵头构建上下联动、部门协调的天然气供应保障应急体系。②落实地方各级人民政府的民生用气保供主体责任，严格按照“压非保民”原则做好分级保供预案和用户调峰方案。③建立天然气保供成本合理分摊机制，相应应急支出由保供不力的相关责任方全额承担，参与保供的第三方企业可获得合理收益。

8.1.2.6 深化天然气领域改革，建立健全协调稳定发展体制机制

1. 建立天然气供需预测预警机制

在今后相当长时间里，天然气消费在我国能源消费中的占比会持续增加，我国天然气对外依存度也会稳步上升，因此，天然气供需预警机制的建立和完善，对于保障天然气的正常供应和社会稳定有着十分重要的意义。具体措施如下：①政府应和和企业合作，对国际天然气市场进行监测和预判。②政府联合企业统筹考虑经济发展、城镇化进程、能源结构调整、价格变化等多种因素，精准预测天然气需求，尤其要做好冬季取暖期民用和非民用天然气需求预测。③根据预测结果，政府组织开展天然气生产和供应能力科学评估，努力实现供需动态平衡，牵头建立天然气供需预警机制，及时对可能出现的国内供需问题及进口风险作出预测预警。④建立健全信息通报和反馈机制，确保供需信息在政府与企业之间有效对接，保障用气安全。

2. 建立天然气发展综合协调机制

天然气管道建设完成之后，需要找到长期且稳定的气源。目前我国天然气市场全面实行天然气购销合同制度，但签订的多的是短期合同，政府应鼓励支

持企业签订中长期天然气合同，锁定天然气价格。对于暂时没有条件使用天然气的，以保障正常的生产生活需要为原则，按照宜电则电、宜气则气、宜煤则煤、宜油则油的原则，逐步推广使用清洁能源。对于空气污染严重且实行“煤改气”的地区，要坚持“以气定改”的原则循序渐进地推广天然气使用，重点保障人民群众用气需求。国家主导建立完善天然气领域信用体系，对合同违约及保供不力的地方政府和企业，按相关规定纳入失信名单，对严重违法失信行为实施联合惩戒。

8.2 油气能源需求侧

8.2.1 石油需求侧优化对策

8.2.1.1 大力扶持新能源产业发展

目前我国每年原油生产量稳定在 2 亿吨左右，但原油消费量逐年递增。2016 年我国原油消费量为 5.74 亿吨，原油生产量 1.99 亿吨，对外依存度为 65%并呈现上升趋势。石油消费主要集中在工业与交通运输、仓储与邮政业两行业，2016 年我国工业消费石油 1.9 亿吨，交通运输、仓储与邮政业消费石油 2.1 亿吨，这两个行业消费石油占石油总消费的 69%。在交通运输、仓储与邮政业的石油消费中，机动车汽油消费量占该行业石油消费的绝大部分，截至 2017 年 3 月底，我国机动车保有量突破 3 亿辆，其中汽车保有量达到 2 亿辆，成为仅次于美国（2.53 亿辆）的世界第二大汽车保有量国家。

我国对电动车的研究很早，“八五”期间就将电动车列入“863”科技攻关项目，并一直不间断地实施促进新能源汽车产业快速发展的政策措施。为促进新能源汽车行业快速发展，2012 年 6 月，国务院印发《节能与新能源汽车产业发展规划（2012—2020 年）》（国发〔2012〕22 号），在政策和资金上对新能源汽车产业予以扶持，决定由工业和信息化部牵头，发展和改革委员会、科技部、财政部等部门参与节能与新能源汽车产业发展部际协调，加强组织领导和统筹协调，综合采取多种措施，形成工作合力，加快推进节能与新能源汽车产业发展。在 2012 年以后扶持政策持续发力，购买新能源汽车除了享受国家补贴外，在车辆购置税和车牌方面均有优势。2014 年新能源汽车的产量和销量比起 2013 年增长了 3 倍以上。我国新能源汽车产业进入快速发展期。经过三年的补贴，新能源汽车产业已经逐渐成熟，2015 年 4 月年财政部发布了《关于 2016—2020 年新能源汽车推广应用财政支持政策的通知》，开始逐步减少补贴，增强新能源汽车自我造血功能，为补贴退出创造条件。

总体来说，我国新能源汽车发展可以分为四个阶段。第一阶段为启动阶段（2009—2012 年）。该阶段的特点是补贴领域窄、补贴范围少、补贴区域少，补贴领域起初仅限于公共服务领域，后来扩展到了私人领域，客车补贴范围仅限 10 米以上客车，补贴区域仅有 13 个试点城市和部分非试点城市。第二阶段为扩大阶段（2013—2015 年）。该阶段的补贴在各个方面较第一阶段都有所扩大和提升。第三阶段为退坡阶段（2016—2020 年）。我国目前正处于这一阶段，补贴政策在全国范围内开展，但补贴额度逐步退坡。第四阶段为补贴取消阶段，在此阶段，我国可能全面取消对新能源汽车的补贴，使新能源汽车市场由政策单项驱动转向市场技术双项驱动。2012—2017 年中国新能源汽车产业发展的情况如表 8-4 所示。

表 8-4　2012—2017 年中国新能源汽车数据

年份	新能源生产量（万辆）	新能源销售量（万辆）	公共充电桩（万个）	新能源汽车保有量（万辆）
2012	1.26	1.28	—	—
2013	1.75	1.76	2.12	3.98
2014	7.8	7.48	2.3	12
2015	37.8	33.12	4.96	45.1
2016	51.7	50.7	14	89.8
2017	79.4	77.7	21.39	172.9

数据来源：中国汽车工业协会。

8.2.1.2 推进节能技术，提高石油利用效率

我国石油利用效率较低，应大力推进新技术，提高能源效率，减少单位产能石油消耗。改变经济增长方式，由粗放型改为集约型。改变企业的经营方式，全面提高能源效率。改善产业结构和产品结构，建立能源节约型和环境友好型社会，提倡新工艺，鼓励生产低油耗、低能耗、高技术含量的产品。推出有关燃油的经济标准，要求企业生产符合指标的产品，鼓励生产节能、低耗的石油消费品。国家应支持鼓励企业加大技术研发的投入，研究提高能源效率的

新技术，减少对石油的需求。

8.2.1.3 开发其他新型能源替代进口石油

大力开发多种能源，寻找替代能源，调整能源结构，优化石油在能源结构中的比重，减少我国石油对外的依赖程度，在增强我国抵御能源风险的能力的同时，还可以增强我国未来能源产业的竞争力。由于石油具有不可再生性，以太阳能、生物能、海洋能、风能、核能、地热能为代表的可再生资源越来越受到世界各国的重视。我国的可再生资源丰富，但是开发利用不足。例如我国的水利资源丰富，但是开发率只有15%，不仅落后于世界平均水平，还低于越南、印度、巴西等发展中国家。核能由于其“清洁性”也备受各国瞩目，已经成为发达国家的一种主要能源。2016年全球核能发电量占比为12%，其中欧洲、北美洲和亚洲核能发电量占比分别为43%、37%和18%。我国2016年核电发电量占比仅为3.6%，排名全球第25位，具有广阔的成长空间。

寻找替代能源，调整能源结构需要我国政府以及企业共同努力，并加以推广，形成可再生资源的大规模使用，减少对原油资源的需求，既可以降低石油对外依存度，又可以减少碳排放量，保护环境，为社会做出巨大的贡献。

8.2.2 天然气需求侧优化对策

8.2.2.1 优先保障居民及污染严重地区用气

我国空气污染有两个特点：冬季空气污染比夏季严重，北方空气污染比南方严重。究其原因是我国北方冬季一直把煤炭作为主要的取暖能源，煤炭成本低廉，且北方产煤地较多，但此种采暖方式不仅能源利用效率低，而且会造成严重污染。天然气作为一种清洁能源，具有热值高、清洁等诸多优点，近年来获得国家的大力推广，成为冬季清洁采暖的首选能源。相较于燃煤采暖，燃气采暖在污染物排放、系统操作、清洁采暖等方面有着天然优势。2013年国务院印发《大气污染防治行动计划的通知》（国发〔2013〕37号），指出：控制煤炭消费总量，制定国家煤炭消费总量中长期控制目标，实行目标责任管理。到2017年，煤炭占能源消费总量比重降低到65%以下。京津冀、长三角、珠三角等区域力争实现煤炭消费总量负增长，通过逐步提高接受外输电比例、增加天然气供应、加大非化石能源利用强度等措施替代燃煤。京津冀、长三角、珠三角等区域新建项目禁止配套建设自备燃煤电站，耗煤项目要实行煤炭减量替代。除热电联产外，禁止审批新建燃煤发电项目；现有多台燃煤机组装机容量合计达到30万千瓦以上的，可按照煤炭等量替代的原则建设为大容量燃煤机组。加快清洁能源替代利用，加大天然气、煤制天然气、煤层气供应。到2015年，新增天然气干线管输能力1500亿立方米以上，覆盖京津冀、长三角、珠三角等区域。优化天然气使用方式，新增天然气应优先保障居民生活或用于替代燃煤；鼓励发展天然气分布式能源等高效利用项目，限制发展天然气化工项目；有序发展天然气调峰电站，原则上不再新建天然气发电项目。制定煤制天然气发展规划，在满足最严格的环保要求和保障水资源供应的前提下，加快煤制天然气产业化和规模化步伐。积极有序发展水电，开发利用地热能、风能、太阳能、生物质能，安全高效发展核电。到2017年，运行核电机组装机容量达到5000万千瓦，非化石能源消费比重提高到13%。京津冀区域城市建成区、长三角城市群、珠三角区域要加快现有工业企业燃煤设施天然气替代步伐；到2017年，基本完成燃煤锅炉、工业窑炉、自备燃煤电站的天然气替代改造任务。

2016年，国家能源局发布了能源发展“十三五”规划，提出：全面实施散煤综合治理，逐步推行天然气、电力、洁净型煤及可再生能源等清洁能源替代民用散煤，实施工业燃煤锅炉和窑炉改造提升工程。以京津冀及周边地区、长三角、珠三角、东北地区为重点，推进重点城市“煤改气”工程，增加用气450亿立方米，替代燃煤锅18.9万蒸吨。“十三五”节能减排综合工作方案中亦提出加快推进以气代煤，实施京津冀、长三角、珠三角等区域“煤改气”和“煤改电”工程，扩大城市禁煤区范围。

在实施“煤改气”工程时，环保部提出“以气定改”“宜气则气，宜电则电”原则，各地自主选择煤改气或者煤改电；对于没有完工的项目和地方，继续沿用过去的燃煤取暖方式或其他替代方式；对于已经完工的项目及地方，必须确保气源、电源稳定供应及价格稳定；工业等领域用气用电必须为民用让路，确保群众过冬不受冻。

从结果看，在实施“煤改气”工程，优先保障居民生活用气和污染严重地区用气以后成效显著；从全国的能源消费结构来看，2013年天然气消费占能源消费总量的比重为5.3%，到2017年上升到了7%；从空气污染的角度看，以北京市为例，从2013年到2018年，北京市PM2.5年均浓度从89.5$\mu g/m^3$下降到51$\mu g/m^3$，其变化情况如表8-5所示。

表 8-5　北京市 PM2.5 年均浓度历史数据

年份	年均浓度（μg/m³）
2013	89.5
2014	85.9
2015	80.6
2016	73
2017	58
2018	51

数据来源：国家环保局。

8.2.2.2　完善调峰用户管理办法，健全分级调峰用户制度

天然气的特性决定了天然气只能通过管道进行运输，只能在铺设了天然气管道的地方才能销售和使用。而管道的特性又决定了天然气的供气特点，从经济效益和安全性的角度来看，上游的生产企业希望能够稳定供气。管道的管容又决定了天然气的输送量的大小，在用气量起伏的情况下会出现的一种情况是：某条天然气干线的输送能力能够满足某一地区的全年天然气需求量，但在该地区出现用气高峰时却无法满足天然气的供应。因此，这就需要一些其他的手段来进行调峰，使天然气的供应能够满足用户各个时段特别是高峰期的用气需求。

根据调峰时间，可以对天然气调峰做出三种不同类型划分。第一，针对一天内一部分时间用气的高峰进行的调峰称为小时调峰；第二，针对一个月内部分时间用气的高峰进行的调峰称为日调峰；第三，针对一年中某个季节或某些月份（北方大部分地区为冬季采暖期）用气的高峰进行的调峰称为季节性调峰。此外由于上游供气企业出现的一些突发情况导致的供气不稳定，需要进行的调峰称为事故应急调峰。以下重点分析为天然气季节性需求峰谷差异和应对措施。

天然气需求峰谷差异概念的界定。根据调峰效果，可以将现行季节性天然气调峰方式分为四类：第一类，削峰不填谷类；第二类，填谷不削峰类；第三，削峰填谷类；第四类，既不削峰也不填谷类，这类调峰方式只是满足高峰需求量，并不改变天然气需求的峰谷差异。通过实地走访天然气销售公司，参阅前人的研究成果，了解到目前供给侧对于天然气调峰的方式主要有气田调峰、储气库调峰、LNG 调峰等季节性调峰方式，需求侧对天然气调峰主要是用户调峰。以下将对现有主要调峰方式进行阐述和分析。

气田调峰主要通过对冬季气田增产来满足用天然气户的需求，目前气田调峰是我国冬季调峰的重要手段之一。气田由不同的气井组成，而气田调峰的本质就是冬季用气高峰期提高单个气井的产量。提高气井的产量主要采用放大生产压差等手段。这样一来，单个气井产气量的提高带来了总产量的提升，从而保障了天然气的供应。然而，这是一种对原有稳定生产规律具有较大破坏性的做法。与其他工业产品的生产过程不同，不稳定的生产会在较大程度上增大对气井的气藏动态特征的辨识难度，并会影响气田整个生命周期的产气量。此外，气田的不稳定生产还需对气田的开发方案、开采方式进行实时调整，这都在一定程度上增加了工作难度和工作量。在发达国家，其他几种调峰方式的调峰设施和调峰机制已经相当完善，而我国目前正处于天然气的开发和利用大幅增长时期，供气系统建设的不完善，导致目前国内主要依靠气田调峰来保障冬季高峰期用户的用气。从调峰效果来看，气田调峰这一调峰方式既没有达到“削峰”的作用，也没有起到“填谷”的作用。从本质上来讲，对天然气的峰谷差异状况并没有改善作用，只达到了保障天然气用户的用气目的。气田开发要求气井的产能稳定，而利用气田进行调峰恰恰要求气井的产能随着天然气用户的用气规律进行变化，这一矛盾给上游气田的开发造成了较大的伤害。因此，从长远来看，气田调峰调峰方式并不是一种可持续的调峰方式。

储气库调峰是指将长输管道输送来的天然气重新注入地下储气库的调峰方式，地下储气库一般建设在靠近下游天然气用户城市的附近。地下储气库调峰的原理：在天然气需求处于低谷时，将气田稳定出产天然气的剩余部分注入地下储气库中；在天然气需求处于高峰时，将地下储气库的天然气采出，弥补连续稳定供气无法满足的天然气需求部分。按地质构造划分，地下储气库有以下 4 种类型：枯竭油气藏储气库、含水层储气库、盐穴储气库和废弃矿穴储气库。枯竭油气藏储气库利用枯竭的气层或油层而建设，是目前最常用、最经济的一种地下储气形式，具有造价低、运行可靠的特点。但其建成投产后，需经过多个周期的运行与调整，才能达到设计指标，发挥设定的功能。目前全球共有此类储气库逾 400 座，占地下储气库总数的 75%以上。含水层储气库是用高压气体注入含水层的孔隙中将水排走，并在非渗透性的含水层盖层下直接形成储气场所。含水层储气库是仅次于枯竭油气藏储气库的另一种大型地下储气库形式。目前全球共有逾 80 座含水层储气库，占地下储气库总数的 15%左右。盐穴储气库是在地下盐层中通过水溶解盐而形成空穴，用来储存天然气。

从规模上看，盐穴储气库的容积远小于枯竭油气藏储气库和含水层储气库，单位有效容积的造价高、成本高，而且溶盐造穴需要花费几年的时间。但盐穴储气的优点是储气库的利用率较高，注气时间短，垫层气用量少，需要时可以将垫层气完全采出。目前世界上有盐穴储气库共 44 座，占地下储气库总数的 8%。废弃矿坑储气库利用废弃的符合储气条件的矿坑进行储气。目前这类储气库数量较少，主要原因在于大量废弃矿坑的技术经济条件难以符合要求。地下储气库调峰主要满足天然气需求的季节波动和日波动。地下储气库不仅参与季节性调峰，还可能会参与日调峰和事故应急调峰。在国际上，地下储气库调峰方式应用得最为广泛，因为其是最为直接，也是最为经济、有效的一种调峰方式。从调峰效果来看，地下储气库调峰利用天然气的存储技术，既没有抑制用户的需求，也能够保证上游气田的稳定生产，有效地平衡了天然气的供给和需求，是一种非常高效的调峰方式。目前，我国十分重视地下储气库调峰设施的建设。

LNG 调峰是指建 LNG 调峰站，并安装 LNG 储罐，将气态天然气液化后储存于储罐中，在天然气用气高峰时，补充天然气的供应量。LNG 是指液化天然气，是一种无色、无味、无毒、无腐蚀性的液体，其体积约为同等质量气态天然气体积的 1/600，其质量约为同等体积水的 45%。气态天然气液化后，不仅可以节约存储和运输的空间，还具备热值高、性能好的特点。LNG 从气田中开采出来的天然气，先经过净化处理，再经超低温（−162℃）、常压条件下液化形成。世界范围内通用的 LNG 调峰方式主要有以下三种：一是通过终端储罐进行调峰，在天然气需求高峰时将 LNG 现货储存于终端储罐，直接用于调峰。二是小型 LNG 液化调峰方式，小型 LNG 调峰站主要通过两种方式满足调峰需求：一种是气态天然气直接经由管道输送至调峰站进行液化储存，在用气高峰时，通过气化器气化进管道参与调峰。另一种是调峰站内设有装卸站，用于接收从站外通过槽车运送的 LNG。三是 LNG 卫星站调峰方式。LNG 卫星站相当于小型 LNG 接收气化站，主要用于输气管网不易到达的中小城镇和需要使用清洁能源的特殊制造厂家。因此，该种调峰方式主要用参与所在城市或地区的调峰。

8.2.2.3 提高用户自主选择权

由于历史原因，我国天然气产业从发展之初到现在，一直以来都是实行的上下游一体化的发展模式，这在相当长的时间里极大地促进了我国天然气产业的发展。但在改革开放进一步深化的今天，天然气产业一体化的发展模式，已经逐步显现出了它的弊端。在天然气产业上游勘探开发端，除了页岩气作为独立矿种实行矿权招投标制度外，其余天然气资源勘探开发均实行国家一级登记审批制度，造就了三家公司控制了 98%的天然气产量的局面，上游的高度垄断也带来了活力不足、效率低下等问题。建设中游的长输管道需要提前确定气源与市场，上游的垄断制约了其他主体进行长输管道的投资，并在一定程度上限制了大用户的直购。

在天然气产业上游实施市场化改革，可以使上游企业充分竞争，产生“鲇鱼效应”，提高上游企业勘探开发效率。天然气产业下游实施市场化改革，可以激发下游的供气方的市场活力，让用户自己选择供气方，提高用户的自主选择权。

8.2.2.4 引导用户参与调峰，充分发挥其积极作用

用户调峰是指对天然气用户的需求侧进行管理，针对不同的客户类型，制定不同的政策，通过在用气高峰时期限制或停止大型天然气用户的用气，起到“削峰”作用，通过在用气低谷时期采取一定的措施，刺激用户的天然气消费需求，起到的“填谷”作用，从而达到调峰的目的。

在用气高峰时期，按照用户的用气高峰时段、用气负荷等进行分类，可以将可用于调峰的用户分为三类：①应急响应用户。此类用户的用气需求完全由供气方掌控，若用户同意参与调峰，在遇到供气紧张、抢修管网等突发事件时，可以随时停止该类用户的供气。供气方须提前一定时间通知用户，并在事后给予一定的赔偿或优惠。②提前降低需求类用户。供气方可以在天气发生急剧变化等情况下，调低该类用户的用气负荷，减少供气量，但需提前通知用户，并征得其同意。③可中断供气用户。该类用户具备替代能源，采用双燃料系统，常见于大工业用户中，可以在天然气供给方供气紧张时，选择使用替代能源。

通常来讲，用户调峰手段主要有以下三种：①引导用户对天然气进行合理的利用。随着能源技术的进步，冷热电三联供已经在机场、医院和办公楼等大型建筑中开始使用。通过这种方式引导客户对天然气进行利用，不仅能够推广天然气的应用，更能提高天然气的使用效率，在满足用户功能需求的基础上，也相对缩小了天然气需求的峰谷差异。②引导大工业用户的用气时间，使其避开用气高峰，避免出现需求量高于管网最高输气能力的情况，并保证输气管道输气的稳定性，使天然气的供给和需求方的综合收益达到最大。③鼓励用户使用其他清洁的可替代能源，例如 LPG（液化石油气）。液化石油气是石油产品

之一，便于储存和运输，可以通过天然气管网进行运输，也可通过罐车进行运输，可在冬季天然气用气高峰时充当替代能源。

用户调峰方式还可起到一定的“填谷”作用，通过一些方式增加天然气用户在用气低谷时期的需求，从另一角度实现缩小天然气需求峰谷差异的目的。随着我国经济水平和人民生活水平的提高，夏季空调用户的数量不断攀升，鼓励发电厂采用天然气作为燃料进行发电，发展此类用户可以在一定程度上提高夏季天然气的消费量。

9 主要结论与研究展望

9.1 主要结论

9.1.1 世界各国能源效率均呈现出上升趋势，油气能效差异显著

在经济持续发展带动技术水平整体提升、产业结构不断优化升级、工业化得以逐步推进、能源消费结构逐步朝着多元化方向发展的同时，世界各国能源效率水平均呈现出逐步上升的趋势。在1991—2016年这一考察时序期间内，除经济危机、技术瓶颈、能源市场波动等产生的暂时性影响外，美、英、日、俄、印等国整体能源消耗强度均表现出显著的下降趋势。同时，能源商品特性、能源消费结构、资源禀赋情况、工业化进程等方面的差异，进一步导致各国油气能效情况差异显著。发达国家油气能源效率普遍高于世界平均水平，1991—2016年间表现出逐年提升的变化趋势，整体波动较小；新兴经济体国家油气能源效率受自身资源禀赋情况影响较大，同时其经济发达程度和产业结构完善程度决定了其能效提升难度大，刚需持续提升致使能效水平易受市场波动、金融危机等短期因素的影响。总体来看，在摆脱刚性需求、技术瓶颈、消费观念、资源禀赋等限制下，能源效率水平能够实现逐步提升。

9.1.2 我国总体能源效率呈现出上升趋势，且增速放缓

就区域而言，东部地区能源效率最高，其次是中部地区，西部地区能源效率最低；就行业而言，第一产业能源效率最高，第三产业次之，能源效率最低的是第二产业。我国石油利用效率也呈上升趋势，且增速放缓。就区域而言，中部地区石油效率最高且高于全国平均石油效率水平，东部和西部地区石油效率较低且低于全国平均石油效率水平；就行业而言，第一产业石油利用效率最高，其次是第三产业，第二产业石油利用效率最低。我国天然气能源效率呈现出先升后降的趋势，就区域而言，中部地区天然气效率最高，其次是东部地

区，西部地区天然气效率最低。

9.1.3 资源有限性、环境约束、消费者偏好均会影响产出增长

通过在罗默（1990）模型的基础上引入资源部门，研究在均衡增长路径下能源消耗、技术创新与经济增长之间的内在关联机制，得出以下几点结论：第一，不可再生资源的消耗速度会阻碍产出的增长，如果经济中没有足够的研发人员投入，那么经济就难以克服不可再生资源的不断耗竭的约束，从而难以保证经济的可持续发展；第二，消费者对现在和将来消费时间的选择偏好决定了社会资源的储蓄率，只有消费者的耐心程度越高，长期产出增长才会越高；第三，不可再生能源的可耗竭性决定了平衡增长路径下能源消耗增长率随时间递减，只有在消费者具有足够耐心或研发部门的生产力足够大的情况下，不可再生资源才能促进经济增长。

9.1.4 我国油气能效水平具有显著区域性特征

本书基于 2001—2016 年中国 30 个省（市、自治区）面板数据，在 Undesirable－Window－DEA 模型的基础上分析研究，测算得出中国各地区油气能源效率值。通过对全要素油气能源效率测算结果的整理、分析，得出两点结论：从时间维度上看，影响油气能源效率提升的因素主要是工业化进程、经济发展阶段、技术水平发展；从区域维度上看，对外开放程度、能源消费结构以及产业结构是影响油气能效水平的主导因素。同时，研究结果表明，地理位置、资源禀赋等原因致使我国各区域处于经济、社会发展阶段不同，政策实施侧重点不同，进而导致我国能源消费结构存在显著区域性特征，能效水平呈现出“东高西低”的特征。

9.1.5 油气能源效率持续提升，逐步超越煤炭能效水平

全国的石油与天然气效率均在上升，两者之间的效率值差距由于变动幅度的不同呈现出先拉大后缩小的趋势。东部地区的石油与天然气效率走势基本相同，中西部地区的石油与天然气效率变化与全国平均水平类似。就两者之间的效率值差距而言，西部地区的差距较大，主要原因是其经济发展水平较低。

全国的石油效率与煤炭效率基本走势一致，均呈现出波动上升的趋势，但两者仍存在 13.35％和 25.99％上升空间。在经济较为发达的东部地区，两种能源效率受到经济发展、产业结构、能源结构等外部因素的影响较小，两者的效率值差异也较小，主要差异来源于资源本身的特殊性以及我国对煤炭资源的

高依赖性。在经济较为不发达的中西部地区，两种能源效率受到外部因素的影响较大，两者的效率值差异也较大，整体变化趋势接近全国平均水平，皆是先快速增长再降低增长速度缓慢增长。就总的效率值而言，两种能源效率值在东部地区最高，其次是中部地区，最低的是西部地区。

全国的天然气效率与煤炭效率均呈现出大幅度上升的趋势，但两者仍存在19.18%和25.99%上升空间。前期由于经济快速发展的需要，煤炭效率增长较快，其值超过天然气效率值；后期出于对自然环境的改善和保护，天然气效率增长较快，其值超过煤炭效率值。经济较为发达的东部地区，前期的天然气效率与煤炭效率变化方向和幅度大体一致，后期强调产业结构的优化和能源消费结构的调整，使得天然气效率值高于煤炭效率值。中西部地区的天然气效率与煤炭效率变化趋势与全国平均水平大体一致，区别在于高低地位的交替时间和具体效率值的大小。

9.1.6 电力效率整体变化较为平稳，油气能效与其差距逐渐减小

全国的石油效率与电力效率在2005年后变化趋势大致相同，均表现出缓慢上升的状态。2005年以前，石油效率大幅度上升，由0.2761上升到0.7862；电力效率变化幅度较小，一直围绕0.8000的水平线上下波动。东部地区的石油效率与电力效率变化幅度较小，二者的效率值都较高，且电力效率高于石油效率。中西部地区的石油效率与电力效率变化趋势与全国平均水平虽大体一致，但西部地区的波动幅度更大，主要原因在于中西部地区的经济发展过程中对石油和电力资源的需求差异较大，从而效率值的变动差异也较大。

全国的天然气效率呈现出波动上升的趋势，与之相比，电力效率则是基于0.8000的水平线小幅度地上下波动，但天然气效率最终仍未超过电力效率。电力效率一直围绕较高的水平线小幅度变化的主要原因在于其自身商品的属性。东中西部地区的天然气与电力效率变化趋势与全国平均水平虽基本一致，但就具体的效率值和两种能源之间的关系有所区别。东部地区的两种能源效率差距最小，西部地区的差距最大，且只有西部地区的电力效率值始终大于天然气效率值。

9.2 研究不足与展望

提高我国油气能源效率水平，必须贯彻实行节能环保的国家政策，积极改

变能源消费结构，增加清洁能源天然气的占比；加快产业结构的优化升级，降低第二产业在产业结构中的比重，全面转向集约型经济增长方式；加快工业化发展进程，着力于“创新”发展；加快创新型国家建设，以科技创新带动油气能源效率的巨大提升。那么，如何定量阐释经济发展、产业结构、能源结构、科学技术以及消费观念与油气能效水平乃至整体能效水平的内生关系，并提出绿色发展视角下我国整体能源效率提升的优化路径，如何形成全国范围内能源—经济—环境系统协调发展的长效驱动机制，可以作为本研究的衍生命题，同样具备较强的现实意义，有待将来进一步深入研究。

参考文献

[1] 安旭. 俄罗斯能源消费与经济增长 [J]. 现代交际，2015 (5)：29－30.

[2] 白秋菊，陈建. 日本的能源消费、技术进步与经济增长关系的实证研究 [J]. 现代管理科学，2017，(10)：18－20.

[3] 陈德敏，张瑞，谭志雄. 全要素能源效率与中国经济增长收敛性——基于动态面板数据的实证检验 [J]. 中国人口资源与环境，2012 (1)：130－137.

[4] 陈关聚. 中国制造业全要素能源效率及影响因素研究——基于面板数据的随机前沿分析 [J]. 中国软科学，2014 (1)：180—192.

[5] 陈佳，陈火焱，文明，等. 低碳经济视角下省域工业全要素能源效率分析 [J]. 湖南电力，2018，38 (1)：5－10.

[6] 陈向阳，李奕君. 能源消费、碳排放与经济增长之间的关系研究 ——理论机制与实证检验 [J]. 南京财经大学学报，2018 (5)：98－108.

[7] 戴裔煊. 中国历史上对石油天然气的认识利用及其与西方的关系（上） [J]. 学术研究，1983 (4)：63－70.

[8] 董锋. 中国能源效率的系统分析 [M]. 北京：经济科学出版社，2012.

[9] 范秋芳，崔珊，刘兰廷. 基于 Granger 检验的能源消费与经济增长区域差异性研究 [J]. 工业技术经济，2015，34 (3)：44－48.

[10] 范秋芳，王丽洋. 中国全要素能源效率及区域差异研究——基于 BCC 和 Malmquist 模型 [J]. 工业技术经济，2018，37 (12)：61－69.

[11] 方匡. 印度的能源政策与能源安全 [J]. 国际关系学院学报，2011 (3)：36.

[12] 高振宇，王益. 我国能源生产率的地区划分及影响因素分析 [J]. 数量经济技术经济研究，2006 (9)：46－57.

[13] 顾城天，王进. 日本能源安全战略及其对我国的启示 [J]. 中外能源，2017，22 (10)：10－16.

[14] 韩智勇，魏一鸣，焦建玲，等. 中国能源消费与经济增长的协整性与因果关系分析 [J]. 系统工程，2004，22 (12)：17－21.

［15］何正霞，许士春.考虑污染控制、技术进步和人力资本积累下的经济可持续增长［J］.数学的实践与认识，2011（18）：1-8.

［16］胡本田，皇慧慧.政府环境规制对中国能源效率的影响分析［J］.华北理工大学学报（社会科学版），2018，18（2）：17-23.

［17］胡宗义，蔡文彬，陈浩.能源价格对能源强度和经济增长影响的CGE研究［J］.财经理论与实践，2008（2）：91-95.

［18］黄杰.中国能源环境效率的空间关联网络结构及其影响因素［J］.资源科学，2018，40（4）：759-772.

［19］黄菁，陈霜华.环境污染治理与经济增长：模型与中国的经验研究［J］.南开经济研究，2011（1）：142-152.

［20］黄菁.环境污染与内生经济增长：模型与中国的实证检验［J］.山西财经大学学报，2010（6）：15-22.

［21］黄茂兴，林寿富.污染损害、环境管理与经济可持续增长：基于五部门内生经济增长模型的分析［J］.经济研究，2013，48（12）：30-41.

［22］蒋金荷.提高能源效率与经济结构调整的策略分析［J］.数量经济技术经济研究，2004（10）：16-23.

［23］李德山，徐海锋，张淑英.金融发展、技术创新与碳排放效率：理论与经验研究［J］.经济问题探索，2018（2）：169-174.

［24］李德山.中国能源效率分析及其对策研究［D］.成都：西南石油大学，2012.

［25］李方一，刘卫东."十二五"能源强度指标对我国区域经济发展的影响［J］.中国软科学，2014（2）：100-110.

［26］李金昌，杨松，赵楠.中国能源强度影响因素分析——基于分位数回归法［J］.商业经济与管理，2014（12）：73-80.

［27］李久佳.美国能源支持政策及对我国的启示［D］.北京：中国政法大学，2011.

［28］林伯强，刘泓汛.对外贸易是否有利于提高能源环境效率——以中国工业行业为例［J］.经济研究，2015（9）：127-141.

［29］林嫘.我国天然气价格改革及其影响的研究［D］.厦门：厦门大学，2014.

［30］刘畅，孔宪丽，高铁梅.中国能源消耗强度变动机制与价格非对称效应研究：基于结构VEC模型的计量分析［J］.中国工业经济，2009（3）：59-70.

[31] 刘红玫，陶全.大中型工业企业能源密度下降的动因探析 [J].统计研究，2002 (9)：30－34.
[32] 刘为清，杨春鹏，宋昭峥.天然气不同用途的全生命周期评价分析 [J].中国石油大学胜利学院学报，2017，31 (1)：32－33，37.
[33] 刘晓逸. 基于经济结构调整的能源消费模式改进研究 [J]. 中外能源，2012 (5)：5－11.
[34] 路正南.产业结构调整对我国能源消费影响的实证分析 [J].数量经济技术经济研究，1999 (12)：53－55.
[35] 吕卓.浅谈中国石油利用效率和代替品开发问题 [J].科技创新导报，2008 (22)：166.
[36] 马海良，陈其勇，史路平.长三角能源效率问题研究 [M].北京：化学工业出版社，2013.
[37] 潘荣成. 近代早期英国能源转型及其启示 [J]. 理论月刊，2016 (2)：177－182.
[38] 彭继增，刘运，戴志敏.我国东中西部 FDI、金融发展与产业结构优化的差异比较 [J].社会科学家，2015 (7)：74－79.
[39] 彭水军，包群.经济增长与环境污染——环境库兹涅茨曲线假说的中国检验 [J].财经问题研究，2006 (8)：3－17.
[40] 彭水军，包群.资源约束条件下长期经济增长的动力机制——基于内生增长理论模型的研究 [J].财经研究，2006 (6)：110－119.
[41] 彭月兰.英国的能效政策与启示 [J].经济问题，2016 (6)：89－94.
[42] 齐志新，陈文颖，吴宗鑫.工业轻重结构变化对能源消费的影响 [J].工业经济，2007 (5)：8－14.
[43] 任卓.生态敏感区经济可持续发展研究 [D].武汉：武汉大学，2014.
[44] 邵帅，杨莉莉.自然资源开发、内生技术进步与区域经济增长 [J].经济研究，2011，46 (A2)：112－123.
[45] 沈利生.我国对外贸易结构变化不利于节能降耗 [J].管理世界，2007 (10)：43－50.
[46] 师博，沈坤荣.市场分割下的中国全要素能源效率：基于超效率 DEA 方法的经验分析 [J].世界经济，2008 (9)：49－59.
[47] 史丹，张金隆.新型工业化道路对能源消费的影响 [J].中国能源，2003，25 (6)：37－39.
[48] 史丹.结构调整和生产布局要以能源效率为重要标准 [J].科学决策，

2006，(11)：10－12.

[49] 史丹. 我国能源供应与 GDP 增长的关系分析及政策建议 [J]. 科学新闻，2006 (2)：15－18.

[50] 史丹. 中国能源效率的地区差异与节能潜力分析 [J]. 中国工业经济，2006 (10)：49－58.

[51] 史丹. 中国能源政策回顾与未来的政策取向 [J]. 经济研究参考，2000 (20)：20－26.

[52] 谭忠富，张金良. 中国能源效率与其影响因素的动态关系研究 [J]. 中国人口资源与环境，2010 (4)：43－49.

[53] 汪克亮，杨力，程云鹤. 异质性生产技术下中国区域绿色经济效率研究 [J]. 财经研究，2013 (4)：57－67.

[54] 汪晓文，杜欣. 中国经济增长方式转变的影响因素及路径选择 [J]. 北京理工大学学报（社会科学版），2018，20 (06)：104－111.

[55] 王俊松，贺灿飞. 技术进步、结构变动与中国能源利用效率 [J]. 中国人口（资源与环境），2009 (2)：157－161.

[56] 王庆一. 中国的能源效率及国际比较 [J]. 节能与环保，2005 (6)：10－13.

[57] 王群伟，周德群. 中国全要素能源效率变动的实证研究 [J]. 系统工程，2008 (7)：74－80.

[58] 王荣. 基于内生增长理论的高科技企业增长研究 [D]. 合肥：中国科学技术大学，2006.

[59] 王婷，任庚坡，蔡建军. 英国能源概况和推进节能减排工作的政策、举措和启示 [J]. 上海节能，2013 (7)：27－31.

[60] 卫泽. 金融发展对全要素能源效率的影响研究 [D]. 太原：山西财经大学，2018.

[61] 魏楚，沈满洪. 能源效率及其影响因素：基于 DEA 的实证分析 [J]. 中国社会科学文摘，2008 (1)：36－38.

[62] 魏楚，沈满洪. 能源效率与能源生产率：基于 DEA 方法的省际数据比较 [J]. 数量经济技术经济研究，2007 (9)：110－121.

[63] 魏一鸣，廖华. 能源效率的七类测度指标及其测度方法 [J]. 中国软科学，2010 (1)：128－137.

[64] 吴巧生，成金华. 中国能源消耗强度变动及因素分解：1980—2004 [J]. 经济理论与经济管理，2006 (10)：34－40.

[65] 谢威，李建中.基于因子分析的地区能源供需安全实证研究 [J].江西农业学报，2010 (4)：168－171，178.

[66] 徐盈之，郭进，王进. 能源消费、贸易开放与经济增长 [J].财贸经济，2014 (12)：99－110.

[67] 杨卫东，庞昌伟.中国能源政策目标及协调战略分析 [J] .人民论坛（学术前沿)，2018 (5)：62－66.

[68] 尤济红，高志刚.政府环境规制对能源效率影响的实证研究：以新疆为例 [J].资源科学，2013 (6)：1211－1219.

[69] 余华银，韩璐，宋马林.能源效率与区域经济增长：基于中国数据的实证分析（1992—2010) [J].经济统计学（季刊)，2013 (1)：171－185.

[70] 曾勇，张淑英，李德山.中国全要素天然气利用效率区域差异性 [J].天然气工业，2018，38 (12)：140－145.

[71] 张党辉.能源约束对经济增长的影响研究 [J].经济研究导刊，2011 (1)：8－9.

[72] 张东辉，宋锋华.我国能源效率的地区差异及影响因素——基于异质性随机前沿边界模型的实证分析 [J].厦门理工学院学报，2015，23 (2)：52－59.

[73] 张建伟，杨志明.能源效率对中国经济增长的实证研究 [J].山东社会科学，2013 (10)：170－174，169.

[74] 张清立. 美日能源税制与相关产业发展研究 [D].长春：吉林大学，2014.

[75] 张瑞，丁日佳.我国能源效率与能源消费结构的协整分析 [J].煤炭经济研究，2006，26 (12)：8－11.

[76] 张淑英，万大中.影响中国天然气供应安全的因素及对策探讨 [J]. 中国能源，2007，29 (11)：30－34.

[77] 张玉银，张抗. 印度能源构成特点和发展趋势 [J]. 中外能源，2014 (11)：1－10.

[78] 赵丽霞，魏巍贤.能源与经济增长模型研究 [J].预测，1998 (6)：32－34，49.

[79] 周德群，查冬兰，周鹏. 中国能源效率研究 [M]. 北京：科学出版社，2012.

[80] 周游.浅谈中国天然气市场的现状及发展前景 [J].石化技术，2018，25 (10)：153.

［81］朱彤，从博云. 美国、日本和德国能效管理的经验与启示［J］. 中国发展观察，2018（2）：110－114.

［82］朱晓杰. 基于碳约束的能源效率及其影响因素研究［D］. 杭州：浙江工商大学，2017.

［83］Ayres R U，Van den Bergh J C，Lindenberger D，et al. The underestimated contribution of energy to economic growth［J］. Structural Change and Economic Dynamics，2013，27：79－88.

［84］Boyd G A，Pang J X . Estimating the linkage between energy efficiency and productivity［J］. Energy Policy，2000，28（5）：289－296.

［85］Bretschger L，Suphaphiphat N. Effective climate policies in a dynamic North-South model［J］. European Economic Review，2014，69：59－77.

［86］Didier Bosseboeuf，Bertrand Chateau，Bruno Lapillonne. Cross-country comparison on energy efficiency indicators：the on-going European effort towards a common methodology［J］. Energy Policy. 1997，25（7－9）：673－682.

［87］Garbaccio R F，Ho M S，Jorgenson D W. Why has the energy-output ratio fallen in China?［J］. Energy Journal，1999，20（3）：63－91.

［88］Hu J L，Wang S C. Total-factor energy efficiency of regions in China［J］. Energy Policy，2006（17）：3206－3217.

［89］Ikefuji M，Horii R. Natural disasters in a two-sector model of endogenous growth［J］. Journal of Public Economics，2012，96（9）：784－796.

［90］Jin-Li Hu. Total-factor energy efficiency of regions in China［J］. Energy Policy，2006，34：3206－3217.

［91］Murray G Patterson. What is energy efficiency? Concepts，indicators and methodological issues［J］. Energy Policy. 1996，24（5）：377－390.

［92］Nakicenovic N，Jefferson J M. Global energy perspectives to 2050 and beyond［J］. Technical Report Wec & Iiasa Laxenburg，1995，283（11）：504－505.

［93］Patterson M G. What is energy efficiency?［J］. Energy Policy，1996，24（5）：377－390.

［94］Patterson M G. What is energy efficiency? Concepts，indictors and

methodological issues [J]. Energy Policy，1996，24 (5)：377－390.
[95] Paul Crompton，Yanrui Wu. Energy consumption in China：past trends and future directions [J]. Energy Economics，2005，27 (1)：195—208.
[96] Rocchi B，Landi C，Stefani G，et al. Escaping the resource curse in regional development：a case study on the allocation of oil royalties [J]. International Journal of Sustainable Development，2015，18 (1－2)：115－138.

附 录

表 1 1991—2016 分地区能源效率变化

地区	1991	1992	1993	1994	1995	1996	1997	1998	1999	2000	2001	2002	2003	2004	2005	2006	2007	2008	2009	2010	2011	2012	2013	2014	2015	2016	平均
上海	3.76	3.18	2.50	2.01	1.81	1.65	1.42	1.28	1.24	1.15	1.12	1.07	2.20	1.89	0.90	0.86	0.96	0.75	0.69	0.65	0.59	0.56	0.52	0.47	0.46	0.43	1.31
北京	4.80	4.21	3.68	2.96	2.33	2.05	1.85	1.65	1.49	1.31	1.16	1.03	0.93	0.85	0.79	0.73	0.64	0.57	0.54	0.49	0.43	0.40	0.34	0.32	0.30	0.27	1.39
天津	5.81	5.21	4.25	3.20	2.76	2.23	1.94	1.78	1.70	1.64	1.52	1.41	1.25	1.19	1.05	1.01	0.94	0.80	0.78	0.74	0.67	0.64	0.55	0.52	0.50	0.46	1.71
河北	6.04	5.37	4.65	3.73	3.15	2.59	2.28	2.15	2.08	2.22	1.88	2.23	2.21	2.05	1.98	1.90	1.73	1.52	1.47	1.35	1.20	1.14	1.04	1.00	0.99	0.93	2.26
辽宁	6.01	5.00	4.32	3.74	3.46	3.08	2.64	2.35	2.25	2.28	2.12	1.94	1.87	1.96	1.69	1.61	1.48	1.30	1.26	1.13	1.02	0.95	0.80	0.76	0.76	0.95	2.18
江苏	3.61	2.95	2.21	1.81	1.56	1.35	1.20	1.13	1.06	1.01	0.94	0.91	0.89	0.91	0.92	0.88	0.81	0.72	0.69	0.62	0.56	0.53	0.49	0.46	0.43	0.40	1.12
浙江	2.87	2.53	2.10	1.67	1.29	1.16	1.08	1.03	1.00	1.07	0.95	1.03	0.98	0.93	0.90	0.84	0.77	0.70	0.68	0.61	0.55	0.52	0.49	0.47	0.46	0.43	1.04
福建	2.47	2.07	1.66	1.19	1.09	0.99	0.88	0.82	0.81	0.92	0.78	0.95	0.96	0.95	0.94	0.90	0.82	0.76	0.73	0.67	0.61	0.57	0.51	0.50	0.47	0.43	0.94
山东	—	—	—	—	1.77	1.56	1.40	1.28	1.21	1.36	1.08	1.42	1.38	1.31	1.32	1.22	1.13	0.99	0.96	0.89	0.82	0.78	0.64	0.61	0.60	0.57	1.10
广东	2.39	2.05	1.61	1.40	1.24	1.13	1.02	0.98	0.94	0.88	0.85	0.84	0.83	0.81	0.79	0.75	0.70	0.64	0.62	0.58	0.54	0.51	0.46	0.44	0.41	0.39	0.92
海南	1.48	1.16	0.93	0.84	0.83	0.89	0.95	0.92	0.90	0.91	0.90	0.94	0.96	0.91	0.89	0.86	0.84	0.76	0.75	0.66	0.63	0.59	0.54	0.52	0.52	0.49	0.83
东部平均	3.92	3.37	2.79	2.26	1.94	1.70	1.52	1.40	1.34	1.34	1.21	1.25	1.31	1.25	1.11	1.05	0.98	0.86	0.83	0.76	0.69	0.65	0.58	0.55	0.54	0.52	1.37
黑龙江	6.88	5.76	4.24	3.58	2.98	2.48	2.41	2.15	2.11	1.96	1.78	1.65	1.65	1.57	1.46	1.41	1.32	1.20	1.22	1.08	0.96	0.93	0.82	0.79	0.80	0.80	2.08
吉林	7.71	6.48	5.28	4.11	3.61	3.10	2.96	2.38	2.21	1.93	1.82	1.93	1.94	1.79	1.47	1.38	1.24	1.12	1.06	0.96	0.86	0.79	0.66	0.62	0.58	0.54	2.25

续表

地区	1991	1992	1993	1994	1995	1996	1997	1998	1999	2000	2001	2002	2003	2004	2005	2006	2007	2008	2009	2010	2011	2012	2013	2014	2015	2016	平均
山西	10.25	9.14	8.04	6.29	7.82	5.30	4.73	4.11	3.90	3.65	3.93	4.02	3.64	3.15	3.01	2.89	2.59	2.14	2.12	1.83	1.63	1.60	1.56	1.56	1.52	1.49	3.92
内蒙古	6.96	6.06	4.98	4.05	3.07	2.76	2.92	2.42	2.76	2.31	2.38	2.35	2.42	2.51	2.48	2.27	1.99	1.66	1.58	1.44	1.30	1.25	1.05	1.03	1.06	1.07	2.54
安徽	4.39	3.92	3.17	2.51	2.09	1.93	1.65	1.80	1.73	1.68	1.58	1.51	1.39	1.26	1.21	1.15	1.05	0.94	0.88	0.79	0.69	0.66	0.61	0.58	0.56	0.53	1.55
江西	3.74	3.27	2.69	2.18	2.04	1.53	1.33	1.18	1.15	1.25	1.07	1.20	1.22	1.10	1.06	0.97	0.87	0.77	0.76	0.67	0.59	0.56	0.53	0.51	0.50	0.47	1.28
河南	5.13	4.36	3.53	2.81	2.17	1.83	1.66	1.68	1.63	1.57	1.49	1.50	1.54	1.53	1.38	1.31	1.19	1.05	1.01	0.93	0.86	0.80	0.68	0.66	0.63	0.57	1.67
湖北	4.56	4.11	3.60	3.08	2.68	2.40	2.14	1.94	1.85	1.77	1.56	1.59	1.62	1.62	1.53	1.45	1.30	1.13	1.06	0.95	0.84	0.79	0.63	0.60	0.56	0.52	1.76
湖南	0.00	0.00	0.00	0.00	2.54	2.15	1.69	1.62	1.27	1.15	1.21	1.30	1.35	1.35	1.47	1.38	1.23	1.07	1.02	0.93	0.82	0.76	0.61	0.57	0.54	0.50	1.20
中部平均	5.51	4.79	3.95	3.18	3.22	2.61	2.39	2.14	2.07	1.92	1.87	1.89	1.86	1.76	1.67	1.58	1.42	1.23	1.19	1.06	0.95	0.90	0.79	0.77	0.75	0.72	2.01
四川	0.00	0.00	0.00	0.00	3.90	3.29	2.04	1.94	1.75	1.66	1.59	1.59	1.73	1.68	1.60	1.49	1.35	1.20	1.15	1.04	0.94	0.86	0.73	0.70	0.66	0.62	1.52
重庆	4.17	3.47	2.70	2.04	1.58	1.42	1.76	2.05	2.22	1.36	1.53	1.21	1.20	1.21	1.43	1.37	1.27	1.12	1.08	0.99	0.88	0.81	0.63	0.60	0.57	0.52	1.51
贵州	7.82	7.41	6.09	5.38	5.00	5.10	4.91	5.03	4.29	4.15	3.92	3.59	3.88	3.59	2.81	2.64	2.36	1.99	1.93	1.78	1.59	1.44	1.15	1.05	0.95	0.87	3.49
云南	3.79	3.26	2.67	2.32	2.16	1.82	2.05	1.84	1.73	1.72	1.63	1.79	1.74	1.69	1.74	1.66	1.49	1.32	1.30	1.20	1.07	1.01	0.85	0.82	0.76	0.72	1.70
陕西	5.04	4.59	3.65	3.10	3.02	2.90	2.28	2.07	1.68	1.51	1.62	1.65	1.61	1.50	1.42	1.29	1.18	1.01	0.98	0.88	0.78	0.74	0.65	0.63	0.65	0.62	1.81
甘肃	8.52	7.39	6.74	5.92	4.91	3.88	3.25	3.03	3.05	2.86	2.58	2.58	2.52	2.31	2.26	2.08	1.89	1.69	1.62	1.44	1.29	1.24	1.15	1.10	1.11	1.02	2.98
青海	6.32	5.71	5.11	4.52	4.10	3.79	3.49	3.35	3.92	3.40	3.10	2.99	2.88	2.93	3.07	2.94	2.63	2.24	2.17	1.90	1.91	1.86	1.78	1.73	1.71	1.60	3.12
宁夏	9.67	8.48	6.85	5.44	4.33	3.95	3.58	3.37	3.21	4.00	2.71	3.65	4.52	4.32	4.14	3.90	3.35	2.68	2.50	2.18	2.05	1.95	1.85	1.80	1.86	1.76	3.77
新疆	6.17	5.62	5.04	3.93	3.47	3.58	3.11	2.96	2.76	2.44	2.34	2.31	2.21	2.22	2.11	1.99	1.87	1.69	1.76	1.52	1.50	1.58	1.61	1.61	1.68	1.69	2.65
广西	2.67	2.40	2.08	1.71	1.59	1.43	1.43	1.28	1.25	1.28	1.17	1.24	1.25	1.22	1.22	1.14	1.03	0.93	0.91	0.83	0.73	0.70	0.63	0.61	0.58	0.55	1.23
西部平均	5.42	4.83	4.09	3.43	3.41	3.12	2.79	2.69	2.59	2.44	2.22	2.26	2.35	2.27	2.18	2.05	1.84	1.59	1.54	1.38	1.27	1.22	1.10	1.06	1.05	1.00	2.35
全国平均	4.95	4.33	3.61	2.96	2.86	2.47	2.23	2.08	2.00	1.90	1.76	1.80	1.84	1.76	1.65	1.56	1.42	1.23	1.19	1.07	0.97	0.93	0.83	0.79	0.78	0.75	1.91

表 2　1995—2016 全国石油效率分地区变化

地区	1995	1996	1997	1998	1999	2000	2001	2002	2003	2004	2005	2006	2007	2008	2009	2010	2011	2012	2013	2014	2015	2016	平均
上海	0.5662	0.4900	0.4330	0.3763	0.3922	0.3922	0.3715	0.3546	0.8722	0.7199	0.3070	0.2526	0.2437	0.2035	0.1839	0.1770	0.1589	0.1565	0.1710	0.1359	0.1446	0.1287	0.3287
北京	0.6203	0.5513	0.4779	0.3873	0.3861	0.3410	0.2699	0.2476	0.2073	0.1916	0.1639	0.1401	0.1380	0.1435	0.1367	0.1130	0.0971	0.0860	0.0628	0.0693	0.0615	0.0457	0.2245
天津	0.7486	0.6295	0.6492	0.5556	0.5750	0.5958	0.5578	0.4487	0.4161	0.3612	0.3157	0.2883	0.2584	0.1680	0.1604	0.2427	0.2216	0.1711	0.1740	0.1456	0.1397	0.1145	0.3608
河北	0.2499	0.2216	0.2154	0.2231	0.2198	0.2117	0.1736	0.1656	0.1724	0.1583	0.1432	0.1304	0.1181	0.1211	0.1143	0.0978	0.0912	0.0832	0.0696	0.0659	0.0799	0.0785	0.1457
辽宁	1.2870	1.2182	1.2180	1.0977	1.1522	1.2051	1.1485	1.1042	1.0854	1.1170	0.9606	0.8529	0.7541	0.6214	0.5515	0.5077	0.4310	0.4025	0.3402	0.3176	0.3209	0.4532	0.8249
江苏	0.2801	0.2489	0.2367	0.2235	0.2197	0.2299	0.1990	0.1896	0.1969	0.1786	0.1740	0.1513	0.1347	0.1067	0.1103	0.1034	0.0867	0.0779	0.0812	0.0771	0.0779	0.0755	0.1573
浙江	0.2309	0.2110	0.2111	0.1954	0.2062	0.2588	0.2327	0.2215	0.2098	0.2273	0.2250	0.1922	0.1713	0.1523	0.1557	0.1461	0.1299	0.1126	0.1080	0.0971	0.0948	0.0806	0.1759
福建	0.1535	0.1438	0.1418	0.1262	0.1219	0.1360	0.1219	0.1069	0.1039	0.0968	0.0759	0.0706	0.0544	0.0410	0.0824	0.1107	0.0783	0.0801	0.0658	0.1214	0.1190	0.1036	0.1025
山东	0.3888	0.3462	0.3341	0.2948	0.2817	0.3035	0.2762	0.2264	0.2618	0.3040	0.2567	0.2530	0.2259	0.2137	0.2168	0.2040	0.1835	0.1791	0.1750	0.1879	0.1952	0.2143	0.2510
广东	0.2954	0.2690	0.2552	0.2307	0.2431	0.2602	0.2306	0.2076	0.1889	0.1811	0.1513	0.1508	0.1322	0.1183	0.1342	0.1383	0.1182	0.1129	0.1081	0.1004	0.0961	0.0891	0.1733
海南	0.0000	0.0000	0.0000	0.0036	0.0192	0.0398	0.0333	0.0000	0.0632	0.0242	0.0178	0.3085	0.9298	0.7574	0.7217	0.5945	0.5183	0.4657	0.3316	0.3846	0.4306	0.3943	0.2745
东部平均	0.4383	0.3936	0.3793	0.3377	0.3470	0.3613	0.3287	0.2975	0.3435	0.3236	0.2537	0.2537	0.2873	0.2406	0.2335	0.2214	0.1923	0.1752	0.1534	0.1548	0.1600	0.1616	0.2745
黑龙江	0.8640	0.7768	0.7602	0.7304	0.7564	0.7259	0.6808	0.6230	0.5701	0.4860	0.4625	0.4255	0.3793	0.2983	0.3436	0.2902	0.2499	0.2261	0.2102	0.2035	0.2012	0.2052	0.4759
吉林	0.6197	0.5649	0.6433	0.6081	0.6049	0.5144	0.4779	0.4449	0.4751	0.3812	0.3821	0.3191	0.2666	0.2035	0.1672	0.1549	0.1439	0.1169	0.1097	0.1034	0.0976	0.1016	0.3409
山西	0.0000	0.0000	0.0000	0.0000	0.0000	0.0000	0.0000	0.0000	0.0000	0.0000	0.0000	0.0000	0.0000	0.0000	0.0000	0.0000	0.0000	0.0000	0.0000	0.0000	0.0000	0.0000	0.0000
内蒙古	0.1455	0.1401	0.1403	0.1302	0.1308	0.1172	0.1109	0.0928	0.0771	0.0621	0.0482	0.0402	0.0318	0.0318	0.0281	0.0172	0.0118	0.0078	0.0347	0.0331	0.0307	0.0331	0.0680
安徽	0.1975	0.1849	0.1610	0.1607	0.1542	0.1699	0.1268	0.1250	0.1220	0.1260	0.1102	0.1038	0.0875	0.0688	0.0645	0.0552	0.0452	0.0350	0.0410	0.0513	0.0448	0.0319	0.1031
江西	0.2816	0.2346	0.2219	0.2090	0.2185	0.2362	0.1967	0.1733	0.1598	0.1502	0.1296	0.1239	0.0977	0.0842	0.0843	0.0710	0.0528	0.0561	0.0516	0.0429	0.0475	0.0560	0.1354
河南	0.1922	0.1565	0.1583	0.1614	0.1772	0.1726	0.1545	0.1424	0.0077	0.1177	0.0902	0.0805	0.0679	0.0558	0.0576	0.0517	0.0464	0.0487	0.0428	0.0346	0.0327	0.0250	0.0943
湖北	0.3463	0.3214	0.2975	0.2295	0.2560	0.2699	0.2099	0.2019	0.1913	0.1912	0.1782	0.1596	0.1393	0.1115	0.1043	0.0925	0.0747	0.0609	0.0678	0.0674	0.0628	0.0542	0.1676

续表

地区	1995	1996	1997	1998	1999	2000	2001	2002	2003	2004	2005	2006	2007	2008	2009	2010	2011	2012	2013	2014	2015	2016	平均
湖南	0.2338	0.1952	0.1801	0.1686	0.2140	0.2176	0.1642	0.1620	0.1557	0.1559	0.1431	0.1067	0.1017	0.0759	0.0619	0.0523	0.0556	0.0597	0.0549	0.0423	0.0434	0.0381	0.1219
中部平均	0.3201	0.2860	0.2847	0.2664	0.2791	0.2693	0.2357	0.2184	0.1954	0.1856	0.1716	0.1510	0.1302	0.1033	0.1013	0.0872	0.0756	0.0679	0.0681	0.0643	0.0623	0.0606	0.1675
四川	0.0179	0.0167	0.0150	0.0153	0.0152	0.0141	0.0186	0.0175	0.0203	0.0258	0.0272	0.0288	0.0325	0.0324	0.0319	0.0292	0.0246	0.0210	0.0166	0.0433	0.0470	0.0395	0.0250
重庆	0.0000	0.0000	0.0000	0.0000	0.0000	0.0000	0.0001	0.0002	0.0002	0.0002	0.0012	0.0012	0.0000	0.0000	0.0000	0.0000	0.0000	0.0000	0.0000	0.0000	0.0000	0.0000	0.0005
贵州	0.0000	0.0000	0.0000	0.0000	0.0000	0.0000	0.0000	0.0000	0.0000	0.0000	0.0000	0.0000	0.0000	0.0000	0.0000	0.0000	0.0000	0.0000	0.0000	0.0000	0.0000	0.0000	0.0000
云南	0.0376	0.0000	0.0358	0.0382	0.0377	0.0000	0.0000	0.0000	0.0000	0.0000	0.0000	0.0000	0.0000	0.0000	0.0000	0.0000	0.0000	0.0000	0.0000	0.0000	0.0000	0.0000	0.0373
陕西	0.2121	0.2317	0.3051	0.3352	0.4001	0.4131	0.4393	0.4465	0.4803	0.4827	0.4512	0.4484	0.3992	0.3447	0.3270	0.2970	0.2393	0.2242	0.1966	0.1817	0.1666	0.1343	0.3253
甘肃	1.7247	1.4001	1.4146	1.2939	1.1863	1.1952	1.1261	1.0846	1.0389	0.9770	0.9080	0.8302	0.7570	0.6290	0.6076	0.4854	0.4655	0.3904	0.3556	0.3067	0.3043	0.2713	0.8524
青海	0.7148	0.4664	0.3641	0.3588	0.3528	0.3368	0.3113	0.2618	0.2443	0.2557	0.2498	0.2338	0.1974	0.1532	0.1084	0.1354	0.1336	0.1097	0.0984	0.0889	0.0912	0.0830	0.2432
宁夏	0.5534	0.4827	0.5327	0.5098	0.5001	0.4485	0.0000	0.0000	0.6428	0.4232	0.3896	0.3433	0.2437	0.2180	0.1928	0.1486	0.0623	0.2588	0.2568	0.2212	0.2341	0.2599	0.3146
新疆	1.2757	1.3268	1.2965	1.3216	1.2349	1.1224	1.0309	0.9993	0.9006	0.8498	0.8935	0.8508	0.7596	0.6627	0.6673	0.6065	0.5616	0.4939	0.4333	0.4149	0.3814	0.3631	0.8385
广西	0.0405	0.0414	0.0400	0.0430	0.0416	0.0422	0.0385	0.0398	0.0371	0.0343	0.0350	0.0356	0.0375	0.0271	0.0300	0.0591	0.1297	0.1614	0.1281	0.1267	0.1215	0.1045	0.0634
西部平均	0.4577	0.3966	0.4004	0.3916	0.3769	0.3572	0.2965	0.2850	0.3364	0.3049	0.2956	0.2772	0.2427	0.2067	0.1965	0.1761	0.1617	0.1660	0.1485	0.1383	0.1346	0.1256	0.2669
全国平均	0.4053	0.3587	0.3548	0.3319	0.3343	0.3293	0.2870	0.2669	0.2918	0.2714	0.2403	0.2273	0.2201	0.1836	0.1771	0.1616	0.1432	0.1364	0.1233	0.1191	0.1190	0.1159	0.2363

表 3 1995—2016 年全国天然气效率变化

地区	1995	1996	1997	1998	1999	2000	2001	2002	2003	2004	2005	2006	2007	2008	2009	2010	2011	2012	2013	2014	2015	2016	平均
上海	0.0000	0.0000	0.0000	0.0000	0.0035	0.0071	0.0084	0.0100	0.0232	0.0389	0.0272	0.0324	0.0366	0.0291	0.0296	0.0349	0.0384	0.0424	0.0444	0.0409	0.0412	0.0383	0.0239
北京	0.0102	0.0107	0.0116	0.0209	0.0376	0.0459	0.0600	0.0647	0.0563	0.0596	0.0611	0.0666	0.0630	0.0726	0.0759	0.0705	0.0602	0.0685	0.0664	0.0709	0.0849	0.0841	0.0556
天津	0.0561	0.0456	0.0307	0.0284	0.0274	0.0422	0.0547	0.0401	0.0375	0.0366	0.0308	0.0334	0.0361	0.0333	0.0320	0.0331	0.0306	0.0336	0.0348	0.0385	0.0515	0.0554	0.0383

续表

地区	1995	1996	1997	1998	1999	2000	2001	2002	2003	2004	2005	2006	2007	2008	2009	2010	2011	2012	2013	2014	2015	2016	平均
河北	0.0322	0.0282	0.0217	0.0207	0.0200	0.0204	0.0168	0.0171	0.0159	0.0153	0.0121	0.0033	0.0118	0.0143	0.0178	0.0192	0.0190	0.0226	0.0233	0.0254	0.0326	0.0292	0.0199
辽宁	0.1006	0.0826	0.0770	0.0647	0.0598	0.0574	0.0500	0.0458	0.0417	0.0315	0.0245	0.0187	0.0170	0.0158	0.0144	0.0137	0.0234	0.0341	0.0385	0.0390	0.0257	0.0303	0.0412
江苏	0.0005	0.0003	0.0002	0.0003	0.0004	0.0004	0.0003	0.0013	0.0007	0.0028	0.0097	0.0191	0.0228	0.0271	0.0245	0.0230	0.0254	0.0278	0.0277	0.0261	0.0313	0.0297	0.0137
浙江	0.0000	0.0000	0.0000	0.0000	0.0000	0.0000	0.0000	0.0000	0.0000	0.0004	0.0022	0.0101	0.0128	0.0110	0.0112	0.0153	0.0181	0.0184	0.0200	0.0259	0.0249	0.0247	0.0089
福建	0.0000	0.0000	0.0000	0.0000	0.0000	0.0000	0.0000	0.0000	0.0000	0.0014	0.0010	0.0010	0.0007	0.0019	0.0092	0.0263	0.0287	0.0253	0.0300	0.0278	0.0232	0.0224	0.0090
山东	0.0345	0.0259	0.0153	0.0124	0.0062	0.0072	0.0071	0.0060	0.0106	0.0104	0.0130	0.0137	0.0120	0.0148	0.0158	0.0160	0.0155	0.0179	0.0166	0.0168	0.0174	0.0193	0.0147
广东	0.0023	0.0018	0.0037	0.0034	0.0025	0.0018	0.0000	0.0000	0.0011	0.0011	0.0015	0.0072	0.0191	0.0194	0.0380	0.0178	0.0286	0.0271	0.0264	0.0262	0.0265	0.0276	0.0129
海南	0.0000	0.0812	0.1653	0.1679	0.1423	0.1333	0.1506	0.0000	0.4486	0.3876	0.3036	0.2992	0.2481	0.2370	0.2005	0.1915	0.2576	0.2212	0.1926	0.1748	0.1652	0.1355	0.1956
东部平均	0.0215	0.0251	0.0296	0.0290	0.0272	0.0287	0.0316	0.0168	0.0578	0.0532	0.0442	0.0459	0.0436	0.0433	0.0426	0.0419	0.0496	0.0490	0.0473	0.0466	0.0477	0.0451	0.0394
黑龙江	0.1730	0.1308	0.1167	0.1117	0.1037	0.0972	0.0864	0.0739	0.0687	0.0569	0.0589	0.0525	0.0575	0.0503	0.0465	0.0384	0.0328	0.0327	0.0320	0.0314	0.0316	0.0329	0.0689
吉林	0.0214	0.0207	0.0268	0.0272	0.0242	0.0203	0.0189	0.0171	0.0154	0.0170	0.0227	0.0187	0.0163	0.0286	0.0304	0.0338	0.0244	0.0254	0.0245	0.0218	0.0202	0.0194	0.0225
山西	0.0058	0.0050	0.0083	0.0086	0.0087	0.0082	0.0104	0.0110	0.0116	0.0110	0.0102	0.0164	0.0153	0.0120	0.0249	0.0418	0.0378	0.0411	0.0473	0.0525	0.0676	0.0707	0.0239
内蒙古	0.0000	0.0000	0.0000	0.0000	0.0000	0.0001	0.0011	0.0015	0.0114	0.0193	0.0216	0.0387	0.0549	0.0478	0.0605	0.0516	0.0378	0.0317	0.0342	0.0333	0.0292	0.0331	0.0231
安徽	0.0000	0.0000	0.0000	0.0000	0.0000	0.0000	0.0000	0.0000	0.0000	0.0004	0.0021	0.0042	0.0073	0.0108	0.0129	0.0134	0.0175	0.0192	0.0192	0.0220	0.0211	0.0216	0.0078
江西	0.0000	0.0000	0.0000	0.0000	0.0000	0.0000	0.0000	0.0000	0.0000	0.0000	0.0004	0.0019	0.0024	0.0048	0.0045	0.0054	0.0072	0.0103	0.0124	0.0129	0.0143	0.0144	0.0041
河南	0.0417	0.0328	0.0313	0.0286	0.0310	0.0296	0.0315	0.0322	0.0325	0.0315	0.0298	0.0328	0.0294	0.0282	0.0283	0.0272	0.0271	0.0332	0.0330	0.0293	0.0283	0.0305	0.0309
湖北	0.0048	0.0038	0.0031	0.0035	0.0038	0.0034	0.0026	0.0029	0.0026	0.0022	0.0123	0.0116	0.0123	0.0183	0.0170	0.0163	0.0169	0.0175	0.0172	0.0195	0.0181	0.0169	0.0103
湖南	0.0000	0.0000	0.0000	0.0000	0.0000	0.0000	0.0000	0.0000	0.0000	0.0001	0.0020	0.0074	0.0082	0.0095	0.0104	0.0093	0.0104	0.0113	0.0111	0.0120	0.0122	0.0119	0.0053
中部平均	0.0274	0.0215	0.0207	0.0200	0.0190	0.0176	0.0168	0.0154	0.0158	0.0154	0.0178	0.0205	0.0226	0.0234	0.0262	0.0264	0.0235	0.0247	0.0256	0.0261	0.0270	0.0279	0.0219
四川	0.3752	0.3372	0.2139	0.2176	0.2138	0.1986	0.1954	0.1969	0.1862	0.1681	0.1612	0.1624	0.1412	0.1150	0.1194	0.1356	0.0987	0.0852	0.0747	0.0770	0.0757	0.0739	0.1647

续表

地区	1995	1996	1997	1998	1999	2000	2001	2002	2003	2004	2005	2006	2007	2008	2009	2010	2011	2012	2013	2014	2015	2016	平均
重庆	0.0000	0.0000	0.2268	0.1991	0.2393	0.2470	0.1787	0.1628	0.1496	0.1330	0.1362	0.1363	0.1238	0.1119	0.1008	0.0947	0.0821	0.0827	0.0751	0.0766	0.0748	0.0670	0.1226
贵州	0.1062	0.0826	0.0822	0.0861	0.0882	0.0739	0.0704	0.0586	0.0508	0.0396	0.0361	0.0281	0.0237	0.0177	0.0142	0.0120	0.0111	0.0102	0.0138	0.0152	0.0169	0.0193	0.0435
云南	0.0513	0.0510	0.0450	0.0355	0.0357	0.0342	0.0329	0.0296	0.0291	0.0249	0.0235	0.0182	0.0153	0.0123	0.0097	0.0067	0.0063	0.0055	0.0048	0.0048	0.0062	0.0069	0.0222
陕西	0.0049	0.0016	0.0060	0.0175	0.0290	0.0492	0.0717	0.0827	0.0939	0.1372	0.0634	0.0797	0.0955	0.0938	0.0814	0.0778	0.0664	0.0607	0.0577	0.0558	0.0610	0.0673	0.0616
甘肃	0.0148	0.0110	0.0107	0.0321	0.0019	0.0107	0.0141	0.0298	0.0700	0.0672	0.0662	0.0699	0.0638	0.0504	0.0488	0.0459	0.0420	0.0477	0.0488	0.0490	0.0510	0.0488	0.0407
青海	0.0507	0.0888	0.1443	0.1613	0.1928	0.1972	0.2592	0.4400	0.5164	0.5111	0.5412	0.4672	0.3378	0.2990	0.3021	0.2336	0.2552	0.2817	0.2605	0.2344	0.2442	0.2391	0.2844
宁夏	0.0114	0.0072	0.0018	0.0060	0.0060	0.0054	0.0000	0.0000	0.3016	0.1676	0.1439	0.1455	0.1301	0.1215	0.1177	0.1219	0.1175	0.1163	0.1010	0.0864	0.0943	0.0940	0.0862
新疆	0.1874	0.2076	0.2474	0.2438	0.2549	0.2286	0.3089	0.2851	0.2859	0.3252	0.2883	0.2841	0.2635	0.2220	0.2112	0.1960	0.1912	0.1807	0.2007	0.2436	0.2080	0.1825	0.2385
广西	0.0000	0.0000	0.0000	0.0000	0.0000	0.0000	0.0000	0.0000	0.0000	0.0001	0.0037	0.0034	0.0031	0.0019	0.0021	0.0024	0.0029	0.0032	0.0042	0.0070	0.0066	0.0094	0.0023
西部平均	0.0802	0.0787	0.0978	0.0999	0.1062	0.1045	0.1131	0.1285	0.1684	0.1574	0.1464	0.1395	0.1198	0.1046	0.1007	0.0926	0.0873	0.0874	0.0841	0.0850	0.0839	0.0808	0.1067
全国平均	0.0430	0.0418	0.0494	0.0496	0.0508	0.0503	0.0538	0.0536	0.0806	0.0753	0.0695	0.0686	0.0620	0.0571	0.0565	0.0536	0.0535	0.0537	0.0524	0.0525	0.0528	0.0513	0.0560

表 4　2001—2016 年中国全要素石油能源效率

地区	2001	2002	2003	2004	2005	2006	2007	2008	2009	2010	2011	2012	2013	2014	2015	2016	年平均
辽宁	0.8845	0.6252	1.0000	0.8289	0.4399	0.3742	0.3594	0.3423	1.0000	1.0000	0.4387	0.3469	0.4528	0.5336	0.4792	0.4088	0.5946
北京	1.0000	0.8474	0.9627	0.8848	0.8905	0.8813	0.9299	0.9161	0.9174	1.0000	1.0000	0.9759	1.0000	1.0000	1.0000	1.0000	0.9504
天津	0.5261	0.5193	0.6473	0.7597	0.8295	0.7941	0.8008	0.9916	0.9615	0.8357	0.8477	0.9371	0.9650	1.0000	1.0000	1.0000	0.8385
河北	8.95E—06	0.0556	0.3813	0.7499	0.9065	0.8629	0.8239	0.7674	0.8948	0.8883	0.8789	0.8935	0.9219	0.9639	0.9088	1.0000	0.7436
山东	1.86E—05	0.1705	0.4932	0.8043	0.8740	0.7998	0.8278	0.8786	1.0000	1.0000	1.0000	0.9451	1.0000	1.0000	1.0000	1.0000	0.7996
上海	1.0000	1.0000	1.0000	1.0000	0.8804	0.8730	0.9571	1.0000	1.0000	0.9895	1.0000	1.0000	0.9059	1.0000	1.0000	1.0000	0.9754

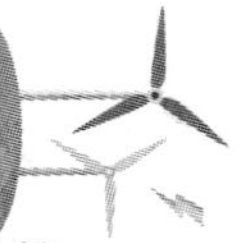

续表

地区	2001	2002	2003	2004	2005	2006	2007	2008	2009	2010	2011	2012	2013	2014	2015	2016	年平均
江苏	1.0000	0.7995	1.0000	0.8671	0.9663	0.9819	1.0000	0.9886	1.0000	1.0000	1.0000	1.0000	1.0000	1.0000	1.0000	1.0000	0.9752
浙江	—	0.7870	1.0000	1.0000	0.9318	0.9660	0.9655	1.0000	1.0000	1.0000	0.9897	1.0000	1.0000	1.0000	1.0000	1.0000	0.9760
福建	1.0000	1.0000	1.0000	1.0000	0.9771	0.9867	1.0000	1.0000	1.0000	0.9806	1.0000	1.0000	0.9476	0.8366	0.9722	0.9774	0.9799
广东	1.0000	1.0000	1.0000	1.0000	1.0000	1.0000	1.0000	1.0000	1.0000	1.0000	1.0000	1.0000	1.0000	0.9811	1.0000	1.0000	0.9988
东部平均	0.7123	0.6805	0.8484	0.8895	0.8696	0.8520	0.8665	0.8884	0.9774	0.9694	0.9155	0.9098	0.9193	0.9315	0.9360	0.9386	0.8815
吉林	4.00E—06	0.1929	0.2426	0.4302	0.3891	0.4914	0.5815	0.9360	1.0000	1.0000	0.9291	0.9595	0.9515	0.9243	0.9974	1.0000	0.6891
黑龙江	1.92E—06	0.2130	0.2985	0.4831	0.4498	0.3902	0.4409	0.5375	0.8200	0.7727	0.7886	0.8977	0.8909	1.0000	0.9174	1.0000	0.6188
山西	1.60E—06	0.3561	0.6667	1.0000	1.0000	1.0000	1.0000	0.9271	0.8593	0.9272	0.9937	1.0000	1.0000	1.0000	1.0000	1.0000	0.8581
内蒙古	1.27E—05	0.0624	0.4894	0.7596	0.7944	0.5733	0.7497	0.7720	0.7545	0.7478	0.7960	0.9109	0.9358	0.9960	1.0000	1.0000	0.7089
河南	9.45E—06	0.1694	0.5818	0.7576	0.9969	0.9713	0.9950	1.0000	0.9542	0.9067	0.8818	1.0000	0.9811	1.0000	1.0000	1.0000	0.8247
安徽	1.0000	1.0000	1.0000	1.0000	1.0000	1.0000	1.0000	1.0000	1.0000	1.0000	1.0000	1.0000	1.0000	1.0000	1.0000	1.0000	1.0000
湖北	7.51E—06	0.0706	0.2652	0.4940	0.6854	0.6180	0.5562	0.5192	0.5844	0.7189	0.8298	0.9363	0.8958	0.8127	0.9490	1.0000	0.6210
湖南	—	0.5343	0.6385	0.7303	0.7486	0.8242	0.7792	0.9269	0.9105	0.8609	0.8961	0.9398	1.0000	1.0000	0.9753	1.0000	0.8510
江西	0.0431	0.3357	0.5894	0.9311	0.9289	0.7372	0.8206	0.9019	1.0000	0.8667	0.9739	0.9532	0.8512	0.8819	0.8082	0.7420	0.7728
中部平均	0.1304	0.3260	0.5302	0.7318	0.7770	0.7339	0.7692	0.8356	0.8759	0.8668	0.8988	0.9553	0.9451	0.9572	0.9608	0.9713	0.7666
陕西	3.15E—06	0.0528	0.2046	0.3651	0.5322	0.4661	0.4396	0.4403	0.4456	0.4268	0.4470	0.4562	0.5083	0.4639	0.5766	0.6638	0.4056
广西	7.38E—06	0.5000	0.6667	0.7391	1.0000	1.0000	1.0000	1.0000	1.0000	0.9664	1.0000	1.0000	1.0000	0.9622	1.0000	1.0000	0.8646
甘肃	2.97E—06	6.34E—06	0.1195	0.2397	0.3742	0.3820	0.3655	0.3807	0.3675	0.3977	0.3659	0.3679	0.3561	0.3816	0.4070	0.4275	0.3083
青海	7.64E—07	1.81E—05	0.2114	0.4154	0.6571	0.7266	0.6760	0.5573	0.5525	0.5459	0.5046	0.4888	0.4978	0.5174	0.5203	0.5188	0.4619

续表

地区	2001	2002	2003	2004	2005	2006	2007	2008	2009	2010	2011	2012	2013	2014	2015	2016	年平均
宁夏	3.32E—06	—	0.1558	0.2286	0.2996	0.3417	0.2985	0.2925	0.3278	0.3115	0.4463	0.2145	0.2092	0.2350	0.2138	0.2199	0.2530
新疆	8.98E—06	0.0157	0.1196	0.2364	0.2814	0.2957	0.3339	0.3537	0.3571	0.3310	0.3208	0.3355	0.3431	0.3455	0.3843	0.4028	0.2785
贵州	—	0.0692	0.3388	0.6667	0.9768	0.8762	0.9409	0.8488	0.8528	0.7706	0.7814	0.8848	0.7638	0.7805	0.7121	0.6628	0.7284
四川	1.10E—05	0.3622	0.5478	0.8619	1.0000	1.0000	1.0000	0.9191	0.9006	1.0000	1.0000	1.0000	0.9827	0.9922	1.0000	1.0000	0.8479
云南	6.34E—06	4.08E—05	3.98E—05	0.5000	1.0000	1.0000	0.9301	0.8723	0.9210	0.8339	0.8913	0.9501	1.0000	1.0000	1.0000	1.0000	0.7437
重庆	1.35E—05	0.3905	0.5274	0.7688	1.0000	1.0000	1.0000	1.0000	1.0000	1.0000	1.0000	1.0000	1.0000	1.0000	1.0000	1.0000	0.8554
西部平均	6.38E—06	0.1545	0.2892	0.5022	0.7121	0.7088	0.6985	0.6665	0.6725	0.6584	0.6757	0.6698	0.6661	0.6678	0.6814	0.6896	0.5696
全国平均	0.2570	0.3838	0.5568	0.7070	0.7866	0.7660	0.7784	0.7955	0.8407	0.8303	0.8276	0.8412	0.8400	0.8486	0.8559	0.8629	0.7361

表 5　2001—2016 年中国全要素天然气能源效率

地区	2001	2002	2003	2004	2005	2006	2007	2008	2009	2010	2011	2012	2013	2014	2015	2016	平均
辽宁	0.0911	0.4782	1.0000	0.8961	0.2898	0.1949	0.5438	0.7177	1.0000	1.0000	0.9769	0.7530	0.7739	0.8810	1.0000	1.0000	0.7248
北京	0.1409	0.0673	0.8610	0.7582	0.6415	0.6351	0.8339	0.8891	0.9038	1.0000	1.0000	0.9770	1.0000	1.0000	1.0000	1.0000	0.7942
天津	0.0786	0.0784	0.1091	0.1790	0.3872	0.5809	0.5851	0.6616	0.9944	0.9077	0.9995	0.9937	0.9872	0.9919	0.9395	1.0000	0.6546
河北	0.0001	0.0020	0.0062	0.0364	0.0554	0.1027	0.1261	0.1242	0.2358	0.4816	0.7659	0.9887	1.0000	0.9955	0.9366	1.0000	0.4286
山东	0.0007	0.0034	0.3494	0.5395	0.9225	0.9028	0.8782	1.0000	1.0000	1.0000	1.0000	1.0000	1.0000	1.0000	1.0000	1.0000	0.7873
上海	1.0000	1.0000	1.0000	1.0000	0.9861	0.9603	0.9762	1.0000	1.0000	1.0000	1.0000	1.0000	0.9429	1.0000	1.0000	1.0000	0.9916
江苏	1.0000	0.0040	0.4684	0.4227	0.4089	0.5475	0.5540	0.7044	1.0000	1.0000	1.0000	0.9729	0.9578	1.0000	0.9788	1.0000	0.7512
浙江	1.0000	0.8932	1.0000	1.0000	0.7739	0.6682	0.8779	1.0000	1.0000	1.0000	0.9696	1.0000	1.0000	1.0000	1.0000	1.0000	0.9489

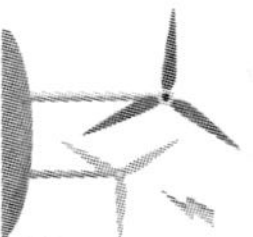

续表

地区	2001	2002	2003	2004	2005	2006	2007	2008	2009	2010	2011	2012	2013	2014	2015	2016	平均
福建	1.0000	1.0000	1.0000	1.0000	0.9863	0.9496	1.0000	1.0000	1.0000	0.9125	0.8913	1.0000	0.8840	0.9245	1.0000	1.0000	0.9718
广东	1.0000	1.0000	0.9376	1.0000	1.0000	1.0000	1.0000	1.0000	1.0000	1.0000	1.0000	1.0000	1.0000	1.0000	1.0000	1.0000	0.9961
东部平均	0.5311	0.4527	0.6732	0.6832	0.6451	0.6542	0.7375	0.8097	0.9134	0.9302	0.9603	0.9685	0.9546	0.9793	0.9855	1.0000	0.8049
吉林	0.0001	0.0002	0.0002	0.0261	0.0523	0.4230	0.6014	0.8775	0.9980	0.9344	1.0000	0.9953	0.9357	0.9510	0.9876	1.0000	0.6114
黑龙江	1.59E—05	0.0072	0.0103	0.0181	0.0561	0.2162	0.3108	0.3901	0.8290	0.9299	1.0000	1.0000	1.0000	1.0000	1.0000	1.0000	0.5480
山西	1.46E—06	0.0095	0.3657	1.0000	0.7958	0.4259	0.4954	0.1316	0.1881	0.3096	0.5991	0.8360	0.9217	0.9708	0.8574	0.7091	0.5385
内蒙古	0.0014	0.0047	0.0199	0.0337	0.0417	0.0213	0.0567	0.2809	0.3543	0.4343	0.5968	0.7268	0.6767	0.8603	1.0000	1.0000	0.3818
河南	4.72E—05	0.0025	0.3347	0.0282	0.0453	0.0758	0.0806	0.1638	0.2975	0.4169	0.5218	0.6783	0.7173	0.7232	0.8116	1.0000	0.3686
安徽	1.0000	1.0000	1.0000	1.0000	1.0000	1.0000	1.0000	1.0000	1.0000	1.0000	1.0000	1.0000	1.0000	1.0000	1.0000	1.0000	1.0000
湖北	0.0007	0.0222	0.0178	0.2212	0.0337	0.0872	0.1562	0.5597	0.7916	0.7520	0.9523	1.0000	1.0000	1.0000	1.0000	1.0000	0.5372
湖南	1.0000	0.7119	0.8313	0.3548	0.0819	0.1419	0.1330	0.2155	0.4774	0.7499	0.9143	0.9977	1.0000	1.0000	1.0000	1.0000	0.6631
江西	1.0000	0.9963	0.7649	0.6909	0.6395	0.5781	0.2755	0.9329	1.0000	1.0000	0.9433	1.0000	1.0000	1.0000	1.0000	1.0000	0.8638
中部平均	0.3336	0.3061	0.3717	0.3748	0.3052	0.3299	0.3455	0.5058	0.6595	0.7252	0.8364	0.9149	0.9168	0.9450	0.9618	0.9677	0.6125
陕西	2.17E—05	0.0013	0.0041	0.0200	0.0444	0.1258	0.1749	0.1663	0.2323	0.2835	0.3062	0.3188	0.3306	0.3601	0.3462	0.3249	0.1900
广西	0.3652	0.7020	0.8151	0.3988	0.5945	0.8444	0.7418	1.0000	1.0000	0.9047	1.0000	1.0000	1.0000	1.0000	1.0000	1.0000	0.8354
甘肃	0.0001	0.0003	0.0059	0.0112	0.0185	0.0457	0.1454	0.1872	0.3387	0.3415	0.4080	0.4981	0.4797	0.4944	0.5242	0.5765	0.2547
青海	5.99E—06	1.80E—05	0.0009	0.0017	0.0340	0.0538	0.0730	0.0623	0.0729	0.0968	0.0879	0.0785	0.0876	0.1009	0.1050	0.1072	0.0602
宁夏	0.0002	0.2516	0.0026	0.0141	0.0062	0.0175	0.0084	0.0895	0.1407	0.1350	0.1366	0.1398	0.1676	0.2041	0.2007	0.1971	0.1070
新疆	3.85E—06	0.0002	0.0013	0.0076	0.0391	0.0659	0.0939	0.1122	0.1410	0.1504	0.1517	0.1611	0.1420	0.1144	0.1439	0.1666	0.0932

续表

地区	2001	2002	2003	2004	2005	2006	2007	2008	2009	2010	2011	2012	2013	2014	2015	2016	平均
贵州	2.22E—05	0.0005	0.0300	0.0948	0.1467	0.1340	0.0822	0.0873	0.3353	0.6305	0.9297	0.9732	1.0000	0.9369	0.8493	0.7434	0.4359
四川	9.00E—06	0.0006	0.0318	0.2907	1.0000	1.0000	0.4143	0.1044	0.1406	0.1661	0.2329	0.2781	0.0507	0.3490	0.4644	0.5575	0.3176
云南	4.47E—05	0.0002	0.0217	0.0656	0.1124	0.1207	0.1133	0.1588	0.3117	0.5143	0.6114	0.9523	0.9222	0.7303	0.8223	0.6313	0.3805
重庆	8.65E—06	0.0005	0.3336	0.6141	1.0000	1.0000	1.0000	0.6467	1.0000	0.9057	0.7689	0.9328	0.9057	1.0000	0.9283	0.9462	0.7489
西部平均	0.0366	0.0957	0.1247	0.1519	0.2996	0.3408	0.2847	0.2615	0.3713	0.4128	0.4633	0.5333	0.5086	0.5290	0.5384	0.5251	0.3423
全国平均	0.3226	0.3079	0.4108	0.4241	0.4398	0.4640	0.4777	0.5421	0.6594	0.6902	0.7343	0.7816	0.7701	0.7939	0.8047	0.8082	0.5895

表 6 2001—2016 年中国全要素煤炭能源效率

地区	2001	2002	2003	2004	2005	2006	2007	2008	2009	2010	2011	2012	2013	2014	2015	2016	年平均
辽宁	3.87E—07	0.0886	0.1180	0.2014	0.2645	0.3437	0.3196	0.3810	0.6018	0.5135	0.6522	0.1925	0.5649	0.5391	0.6421	0.7707	0.3871
北京	0.6022	0.4326	0.8663	0.7240	0.7145	0.7101	0.7493	0.8725	0.8823	1.0000	1.0000	0.9842	1.0000	1.0000	1.0000	1.0000	0.8461
天津	0.1297	0.2234	0.3151	0.3527	0.4061	0.4006	0.4153	0.4886	0.8262	0.5268	0.7382	0.7004	0.6893	0.8086	0.8058	1.0000	0.5517
河北	7.23E—07	0.0477	0.1311	0.2679	0.2717	0.3252	0.3634	0.3620	0.3957	0.4614	0.4290	0.3155	0.3245	0.3142	0.2388	0.2199	0.2793
山东	4.80E—06	0.1513	0.3748	0.6532	0.6917	0.8549	0.9289	0.8531	1.0000	1.0000	1.0000	0.8039	1.0000	1.0000	1.0000	1.0000	0.7695
上海	1.0000	1.0000	1.0000	1.0000	0.9064	0.9275	0.9318	1.0000	1.0000	0.9968	1.0000	1.0000	0.9447	1.0000	1.0000	1.0000	0.9817
江苏	1.0000	0.3637	0.7864	0.6320	1.0000	1.0000	0.9788	0.9909	1.0000	1.0000	0.9657	0.9122	0.9138	1.0000	0.9423	1.0000	0.9054
浙江	—	0.4786	1.0000	1.0000	0.5540	0.6508	0.8077	1.0000	1.0000	1.0000	0.9968	1.0000	1.0000	1.0000	1.0000	1.0000	0.8992
福建	1.0000	1.0000	1.0000	1.0000	0.9670	0.9657	1.0000	1.0000	1.0000	0.5219	0.5549	0.5355	0.7034	0.5608	0.7088	0.8236	0.8339
广东	1.0000	1.0000	0.9119	1.0000	1.0000	1.0000	1.0000	1.0000	1.0000	1.0000	1.0000	1.0000	1.0000	0.9922	1.0000	1.0000	0.9940
东部平均	0.5258	0.4786	0.6504	0.6831	0.6776	0.7179	0.7495	0.7948	0.8706	0.8020	0.8337	0.7444	0.8141	0.8215	0.8338	0.8814	0.7424

续表

地区	2001	2002	2003	2004	2005	2006	2007	2008	2009	2010	2011	2012	2013	2014	2015	2016	年平均
吉林	1.48E—06	0.1455	0.1924	0.3164	0.4247	0.4748	0.4761	0.5635	0.8933	0.7217	0.8144	0.2503	0.7761	0.7834	0.9076	1.0000	0.5463
黑龙江	1.29E—06	0.1661	0.2411	0.4500	0.5642	0.7200	0.6548	0.6382	0.9182	0.8451	0.7917	0.8303	0.7573	1.0000	0.9343	1.0000	0.6570
山西	1.37E—06	0.0872	0.4124	1.0000	0.9058	0.5837	0.5423	0.2657	0.3038	0.3600	0.3659	0.3706	0.3576	0.7660	0.3458	0.3299	0.4373
内蒙古	0.9261	1.1170	1.2593	0.6891	0.3950	0.2836	0.4825	0.5024	0.9058	0.9401	0.2869	0.2543	0.2330	0.2072	0.3437	0.3025	0.5705
河南	1.03E—06	0.2072	0.4622	0.4486	0.4715	0.4851	0.4714	0.5582	0.6292	0.6686	0.6820	0.4822	0.4400	0.7144	0.7972	1.0000	0.5324
安徽	1.0000	1.0000	1.0000	1.0000	1.0000	1.0000	1.0000	1.0000	1.0000	1.0000	1.0000	1.0000	1.0000	1.0000	1.0000	1.0000	1.0000
湖北	1.64E—06	0.1056	0.1859	0.3314	0.4041	0.5548	0.6894	0.7270	0.6892	0.5840	0.4855	0.6406	0.7154	0.6920	0.9129	1.0000	0.5449
湖南	—	0.3506	0.3841	0.7530	0.3460	0.4186	0.4774	0.5281	0.5882	0.7207	0.7851	0.8490	1.0000	1.0000	0.9853	1.0000	0.6791
江西	0.0821	0.2971	0.5238	0.7179	0.8665	0.8249	0.9252	0.9824	1.0000	1.0000	0.9754	0.9183	0.9484	0.9840	0.9467	0.9977	0.8119
中部平均	0.2510	0.3863	0.5179	0.6340	0.5975	0.5940	0.6355	0.6406	0.7697	0.7600	0.6874	0.6217	0.6920	0.7941	0.7971	0.8478	0.6392
陕西	1.35E—06	0.0188	0.0801	0.1460	0.1541	0.1912	0.2475	0.2594	0.2506	0.2415	0.2177	0.1965	0.2022	0.2300	0.1947	0.2051	0.1890
广西	2.48E—06	0.5000	0.6667	0.7425	1.0000	0.8892	0.7814	1.0000	1.0000	0.9480	1.0000	1.0000	1.0000	0.9388	1.0000	1.0000	0.8978
甘肃	8.21E—07	0.0000	0.0501	0.1042	0.1502	0.1648	0.1888	0.2298	0.2492	0.2467	0.2241	0.1739	0.1955	0.1862	0.1894	0.1979	0.1701
青海	1.61E—06	0.0000	0.1074	0.2262	0.2601	0.1668	0.1788	0.2316	0.2712	0.2871	0.2658	0.2461	0.2373	0.2291	0.2135	0.2088	0.2087
宁夏	6.30E—07	—	0.0323	0.0574	0.1156	0.1317	0.1957	0.1487	0.1346	0.1277	0.1199	0.1122	0.1045	0.0904	0.0818	0.0813	0.1096
新疆	8.41E—07	0.0071	0.0549	0.1129	0.1727	0.1626	0.1618	0.1496	0.1215	0.1214	0.1094	0.0908	0.1083	0.1047	0.0964	0.0773	0.1101
贵州	4.39E—07	0.0181	0.0905	0.1857	0.2649	0.2295	0.2004	0.2202	0.2504	0.3060	0.3401	0.3101	0.3259	0.2928	0.2855	0.3019	0.2415
四川	2.01E—06	0.3491	0.4876	0.8014	1.0000	1.0000	0.9762	0.7581	0.7066	0.6571	0.7198	0.6431	0.7221	0.5934	0.6572	0.8378	0.7273
云南	1.28E—06	0.0000	0.2820	0.5806	0.5009	0.4657	0.4355	0.4416	0.4672	0.5540	0.6599	0.8192	1.0000	1.0000	1.0000	1.0000	0.6138

续表

地区	2001	2002	2003	2004	2005	2006	2007	2008	2009	2010	2011	2012	2013	2014	2015	2016	年平均
重庆	1.49E—06	0.1345	0.4318	0.7233	1.0000	1.0000	1.0000	0.8616	1.0000	0.9317	0.7706	0.8679	0.9625	1.0000	0.8961	1.0000	0.8387
西部平均	1.30E—06	0.1142	0.2284	0.3680	0.4618	0.4401	0.4366	0.4301	0.4451	0.4421	0.4427	0.4460	0.4858	0.4665	0.4615	0.4910	0.4107
全国平均	0.2589	0.3263	0.4655	0.5617	0.5790	0.5840	0.6072	0.6218	0.6952	0.6681	0.6546	0.6040	0.6640	0.6940	0.6974	0.7401	0.6109

表 7　2001—2016 年中国全要素电力能源效率

	2001	2002	2003	2004	2005	2006	2007	2008	2009	2010	2011	2012	2013	2014	2015	2016	年平均
辽宁	0.7889	0.8494	1.0000	0.9366	0.9146	0.9384	0.9563	0.9944	1.0000	1.0000	1.0000	0.9728	0.9093	0.8614	1.0000	0.9825	0.9440
北京	0.8361	0.8551	0.9939	0.9813	0.9787	0.9640	0.9546	0.9730	0.9891	1.0000	1.0000	0.9861	1.0000	1.0000	1.0000	1.0000	0.9695
天津	0.8876	0.9109	0.9562	0.9823	0.9664	0.9336	0.9092	0.9744	0.9999	0.9529	1.0000	0.9906	1.0000	1.0000	1.0000	1.0000	0.9665
河北	0.7870	0.6296	0.6640	0.6589	0.7265	0.7285	0.7185	0.7649	0.7369	0.6883	0.6559	0.6811	0.6619	0.6746	0.7583	0.7564	0.7057
山东	1.0000	0.9099	0.9605	0.9764	1.0000	1.0000	1.0000	1.0000	1.0000	1.0000	1.0000	1.0000	1.0000	1.0000	1.0000	1.0000	0.9904
上海	1.0000	1.0000	1.0000	1.0000	0.9661	0.9668	0.9675	1.0000	1.0000	0.9891	1.0000	1.0000	0.9387	1.0000	1.0000	1.0000	0.9893
江苏	1.0000	0.9753	1.0000	0.9949	0.9872	0.9738	0.9725	0.9918	1.0000	1.0000	0.9948	0.9588	0.9573	1.0000	1.0000	1.0000	0.9879
浙江	1.0000	0.9414	1.0000	1.0000	0.9510	0.8845	0.8941	1.0000	1.0000	1.0000	0.9902	1.0000	1.0000	1.0000	1.0000	1.0000	0.9788
福建	1.0000	1.0000	1.0000	1.0000	0.9982	0.9977	1.0000	1.0000	1.0000	0.9726	0.9258	0.9633	0.9546	0.9073	0.9807	0.9912	0.9807
广东	1.0000	1.0000	1.0000	1.0000	1.0000	1.0000	1.0000	1.0000	1.0000	1.0000	1.0000	1.0000	1.0000	0.9923	1.0000	1.0000	0.9995
东部平均	0.9300	0.9072	0.9575	0.9531	0.9489	0.9387	0.9373	0.9698	0.9726	0.9603	0.9567	0.9553	0.9422	0.9436	0.9739	0.9730	0.9512
吉林	0.8500	0.7581	0.8024	0.8438	1.0000	1.0000	1.0000	1.0000	1.0000	1.0000	1.0000	1.0000	1.0000	1.0000	1.0000	1.0000	0.9534
黑龙江	0.7918	0.8956	0.9166	0.9684	1.0000	1.0000	1.0000	1.0000	1.0000	1.0000	1.0000	1.0000	1.0000	1.0000	1.0000	1.0000	0.9733
山西	0.4679	0.4029	0.6233	1.0000	0.8645	0.6196	0.6216	0.5001	0.5207	0.4716	0.4559	0.4474	0.4435	0.8060	0.4550	0.4584	0.5724

续表

	2001	2002	2003	2004	2005	2006	2007	2008	2009	2010	2011	2012	2013	2014	2015	2016	年平均
内蒙古	0.7293	0.5888	0.6254	0.6033	0.6349	0.4153	0.5195	0.5593	0.6103	0.5895	0.5535	0.5404	0.5292	0.4798	1.0000	1.0000	0.6237
河南	0.7879	0.6375	0.7438	0.5883	0.7057	0.7397	0.7253	0.7002	0.6632	0.6682	0.6332	0.7152	0.7306	0.7107	0.7244	1.0000	0.7171
安徽	1.0000	1.0000	1.0000	1.0000	1.0000	1.0000	1.0000	1.0000	1.0000	1.0000	1.0000	1.0000	1.0000	1.0000	1.0000	1.0000	1.0000
湖北	1.0000	0.8341	0.8846	0.8829	0.9306	1.0000	1.0000	1.0000	1.0000	1.0000	0.9921	0.9870	0.9591	0.9794	0.9945	1.0000	0.9653
湖南	1.0000	0.9781	0.9450	0.8455	0.8442	0.8276	0.8553	0.8944	0.9126	0.9074	0.8751	0.9578	1.0000	1.0000	0.9992	1.0000	0.9276
江西	1.0000	1.0000	1.0000	0.9425	0.9891	1.0000	1.0000	1.0000	1.0000	1.0000	1.0000	0.9745	0.9009	0.8244	0.8431	0.8424	0.9573
中部平均	0.8474	0.7884	0.8379	0.8527	0.8854	0.8447	0.8580	0.8504	0.8563	0.8485	0.8344	0.8469	0.8404	0.8667	0.8907	0.9223	0.8545
陕西	0.7546	0.6025	0.6353	0.6702	0.7952	0.7587	0.7547	0.7934	0.8407	0.7836	0.7598	0.7733	0.7707	0.7941	0.8189	0.7325	0.7524
广西	0.9336	0.9801	0.9701	0.8619	0.9428	0.9634	0.9837	1.0000	1.0000	0.9945	1.0000	1.0000	1.0000	0.9696	1.0000	1.0000	0.9750
甘肃	0.4686	0.3652	0.3896	0.3946	0.4860	0.4889	0.4612	0.0491	0.4756	0.4879	0.4586	0.3983	0.3967	0.4129	0.4343	0.4778	0.4153
青海	0.3206	0.2404	0.2461	0.2207	0.2812	0.2625	0.2484	0.2572	0.2667	0.2146	0.1978	0.2074	0.1949	0.1906	0.2216	0.2458	0.2385
宁夏	0.2288	0.1698	0.2055	0.1553	0.1777	0.1669	0.1625	0.1754	0.1801	0.1758	0.1458	0.1530	0.1493	0.1448	0.1477	0.1573	0.1685
新疆	0.7610	0.6299	0.7127	0.7366	0.7307	0.6582	0.5794	0.5450	0.4992	0.4440	0.3783	0.2898	0.2186	0.1889	0.1769	0.1755	0.4828
贵州	0.4090	0.2463	0.2502	0.2749	0.3914	0.3736	0.4085	0.4579	0.4333	0.4096	0.3963	0.4240	0.3968	0.4156	0.4474	0.4693	0.3877
四川	0.9171	0.7694	0.8229	0.8522	1.0000	1.0000	0.9262	0.9335	0.9512	0.9663	0.8687	0.9340	0.9803	0.9875	1.0000	1.0000	0.9318
云南	0.7899	0.5567	0.6043	0.5585	0.6179	0.6378	0.6462	0.6509	0.6751	0.6585	0.6550	0.7988	1.0000	1.0000	1.0000	1.0000	0.7406
重庆	1.0000	0.7302	0.8457	0.8804	1.0000	1.0000	1.0000	0.9555	1.0000	0.9649	0.9519	0.9966	0.9654	1.0000	0.9831	1.0000	0.9546
西部平均	0.6583	0.5290	0.5682	0.5605	0.6423	0.6310	0.6171	0.5818	0.6322	0.6100	0.5812	0.5975	0.6073	0.6104	0.6230	0.6258	0.6047
全国平均	0.8119	0.7415	0.7879	0.7888	0.8255	0.8048	0.8041	0.8007	0.8204	0.8063	0.7908	0.7999	0.7966	0.8069	0.8292	0.8404	0.8035